城市轨道交通岗位技能培训教材

机电设备检修工

车站设备监控系统检修

JIDIAN SHEBEI JIANXIUGONG CHEZHAN SHEBEI JIANKONG XITONG JIANXIU

人力资源和社会保障部教材办公室
广州市地下铁道总公司 组织编写

中国劳动社会保障出版社

图书在版编目(CIP)数据

机电设备检修工．车站设备监控系统检修/人力资源和社会保障部教材办公室，广州市地下铁道总公司组织编写．—北京：中国劳动社会保障出版社，2012

城市轨道交通岗位技能培训教材

ISBN 978-7-5167-0078-5

Ⅰ.①机… Ⅱ.①人… ②广… Ⅲ.①机电设备-检修-技术培训-教材②城市铁路-铁路车站-车站设备-监控系统-检修-技术培训-教材 Ⅳ.①TM07②U239.5

中国版本图书馆CIP数据核字(2012)第309838号

中国劳动社会保障出版社出版发行

(北京市惠新东街1号　邮政编码：100029)

出版人：张梦欣

*

中国标准出版社秦皇岛印刷厂印刷装订　新华书店经销

787毫米×1092毫米　16开本　19.5印张　435千字

2012年12月第1版　2020年5月第3次印刷

定价：38.00元

读者服务部电话：(010) 64929211/84209101/64921644

营销中心电话：(010) 64962347

出版社网址：http://www.class.com.cn

城市轨道交通岗位技能培训教材

编委会

城市轨道交通岗位技能培训教材
——机电检修工系列教材
编 审 人 员

主　编　俞军燕

副主编　王晓夏　谭　林

主　审　胡铁军

参　审　桓素娟

机电设备检修工
——车站设备监控系统检修
编 审 人 员

主　编　吴　辉

编　者　杨　华　罗晓臻

主　审　俞军燕

序

我国城市轨道交通自1965年北京地铁一期工程建设开始，经过40余年的建设和发展，取得了显著成就，截至2007年底全国已有11个城市开通了城市轨道交通，总运营里程达761千米。当前城市轨道交通正处于大规模高速发展时期，其中以北京、上海、广州为代表的特大城市已进入网络化建设阶段，尚有沈阳、哈尔滨、杭州、西安、成都等33个城市正在建设或规划中。实践证明，发展城市轨道交通是解决大城市交通问题的必由之路，对拉动城市经济的持续发展也起到了重要的作用。

城市轨道交通作用的发挥，依靠系统的安全和高效运营。然而，城市轨道交通系统设备先进、结构复杂，高新技术应用越来越普及，要保障这样庞大系统的安全和高效，必须依靠与之相协调的高素质的人员。轨道交通行业职工队伍中一半以上是技术工人，他们是企业的主体，他们的素质高低直接关系到企业的生存和发展。因此，企业必须拥有一支高素质的技术工人队伍，培养一批技术过硬、技艺精湛的能工巧匠，才能确保安全生产，提高工作效率，提升非正常情况下的应急应变能力。

岗位技能培训是人才培养的重要途径，是提高企业核心竞争力的重要手段，而岗位技能培训的过程和结果需要适合的培训教材作为技术支撑，广州市地下铁道总公司在多年的实践中对这方面有深切的感受。教材的缺乏使我们下定决心依靠自己的力量编写教材，于是从1997年至2007年我们陆续编印了51种岗位技能培训内部教材，对广州市地下铁道总公司的职工技术培训、职业技能鉴定提供了强有力的技术支持。

2006年底原国家劳动和社会保障部张小建副部长在看到我们的自编教材后积极肯定，并鼓励我们充分发挥企业的优势把教材推向全国以飨国内同行，为我国城市轨道交通事业的发展做出贡献。为了落实部领导的指示，我们与人力资源和社会保障部教材办公室合作，在对国内城市轨道交通行业进行广泛调研的基础上，按照相关国家职业标准的要求，调整、规范了岗位名称，推出了系列“城市轨道交通岗位技能培训教材”，涉及站务员、列车司机、车辆检修工、机电设备检修工、变电设备检修工、接触网检修工、通信检修工、信号检修工、自动售检票系统检修工等岗位，同时配备《城市轨道交通概论》、《城市轨道交通运营安全》等通用教材。

“城市轨道交通岗位技能培训教材”由广州市地下铁道总公司组织从事城市轨道交通建设和运营管理的专家编写。在教材内容方面，力求技术和操作的全面完整，在注重操作的基础上，尽可能将理论问题讲解清楚，并在表达上能够深入浅出。该系列教材既可以作为各技能鉴定单位开展城市轨道交通行业工种鉴定的依据，又可作为城市轨道交通管理部门运营和设备检修人员的岗位技能培训教材，还可作为大、中专院校相应专业师生用书。

在全国普遍缺乏轨道交通行业岗位技能培训教材的情况下，广州市地下铁道总公司带着时代赋予的使命感和高度的责任感，填补了这一空白，祝愿每位立志于轨道交通事业的同仁都能学有所获、握有所长，在自己的岗位上创出优异的业绩。

城市轨道交通岗位技能培训教材　编委会

前言

城市轨道交通系统设备先进、结构复杂、高新技术应用日益广泛，整个城市轨道交通运营线路的正常运作，依靠各专业系统包括车辆、车站机电设备、变电设备、接触网、通信、信号、自动售检票系统等的正常运作及良好协同。其中，车站机电设备肩负着为乘客提供安全、舒适、便利的车站乘车环境，在灾害发生情况下及时报警并协助救灾等重任，分别由环控系统、给排水系统、低压电气、屏蔽门、电梯、车站设备监控系统、消防自控系统、综合监控系统等部分组成。

由于城市轨道交通车站机电设备种类繁多，各城市轨道交通运营企业的管理思路和要求有所不同，因此在车站机电设备检修组织方面存在单一工种负责车站机电设备中多个系统的检修工作，或部分工种负责车站机电设备中多个系统低等级检修工作、部分工种负责较为专项的中高等级检修工作等多种组合情况。为有效响应各城市轨道交通运营企业在车站机电设备检修管理组织方面的不同需求，我们在总结轨道交通车站机电设备检修管理经验的基础上，将机电设备检修工岗位技能培训教材按各专业系统分册编写，分别为《机电设备检修工（环控系统检修）》、《机电设备检修工（给排水系统检修）》、《机电设备检修工（低压电气检修）》、《机电设备检修工（屏蔽门检修）》、《机电设备检修工（电梯检修）》、《机电设备检修工（消防自控系统检修）》、《机电设备检修工（车站设备监控系统检修）》、《机电设备检修工（综合监控系统检修）》。其中，各分册均包括初级、中级、高级、技师四个级别，分别安排了本级别需要掌握的知识及技能，高一级别检修工须掌握低级别检修工所有的知识及技能。

由于编者水平有限，书中存在不足在所难免，敬请广大使用单位和个人不吝赐教，提出宝贵意见和建议。

广州市地下铁道总公司

目录

第 1 部分　初级

第1部分 初 级

轨道交通系统中的设备监控系统是采用计算机控制和网络技术实现轨道交通系统车站机电设备自动控制管理的系统，它包含了设备自动控制、计算机控制及计算机网络等技术。设备监控系统初级检修工的技能要求是了解系统设备的基本组成，完成系统主要设备巡视及操作，实现系统应急处理操作。

第一章 设备监控系统基础技术

设备监控系统实现对轨道交通系统线路站点中机电设备的现场控制，由计算机网络实现监控系统与现场设备信息传递、收集，并由计算机界面实现监控系统与操作者的交互。其系统基础技术包括电气控制基础、计算机控制系统及计算机网络等知识。

第一节 电气控制基础

电气控制是实现机电设备逻辑控制及保护的基础，被控设备电气连接后才可实现其功能，成为系统。电气连接设备包括基本电气元件、电气控制电路、设备电气接地、接零及漏电保护等。

一、基本电气元件

基本电气元件是电气控制电路的基本组成，包括按钮、熔断器、开关、接触器、继电器等。

1. 按钮

按钮是一种手动操作接通或断开控制电路的主令电器。它主要控制接触器和继电器触点的接通或断开，用来控制机械或程序的某些功能，也可作为电路中的电气联锁。按钮的种类较多，按钮按触点的分合状况可分为常开按钮、常闭按钮和复合按钮。一般而言，红色按钮（见图1—1）用来使某一功能停止，而绿色按钮用于开始某一项功能。对于设备监控系统来说，多应用于现场被控设备的手动控制操作及显示。

2. 熔断器

熔断器俗称保险，如图1—2所示。熔断器是当电流超过规定值时，以本身产生的热量使熔体熔断，断开电路的一种电气元件，主要由熔断体和放置熔断体的绝缘管或绝缘座组成，熔断体（熔丝）是熔断器的核心部分。熔断器与电路串联，主要进行短路保护或严重过载保护。熔断器可分为磁插式熔断器、螺旋式熔断器、管式熔断器。对于设备监控系统来说，多应用于现场被控设备的保护回路中。

图1—1　按钮

图1—2　熔断器

3. 开关

开关是一种手动电器，是用来接通和断开电路的元件。开关可分为开启式负荷开关、封闭式负荷开关、组合开关、熔断器式开关、空气开关等。

（1）开启式负荷开关。开启式负荷开关又称刀开关，它是手控电器中最简单而使用又较广泛的一种低压电器，它由瓷座、刀片、刀座及胶木盖等组成，通常用于隔离电源，以便能安全地对电气设备进行检修或更换熔丝。刀开关（见图1—3）一般没有灭弧装置，仅以胶盖为遮护以防止电弧伤人，用于不频繁地接通或断开的电路。轨道交通系统中基本不应用。

（2）封闭式负荷开关。封闭式负荷开关又称铁壳开关（见图1—4），它由安装在铸铁或钢板制成的外壳内的刀式触头和灭弧系统、熔断器以及操作机构等组成。它与刀开关基本相同，但有速断弹簧，使闸刀快速接通和断开，消除电弧；并且还设有联锁装置，在闸刀闭合状态时，开关盖不能开启，以保证安全。轨道交通系统中，铁壳开关应用在电流较大的回路中。

图 1—3　刀开关

图 1—4　铁壳开关

（3）组合开关。组合开关又称为转换开关（见图 1—5），它的动触点是转动的，能组成各种不同的线路，动触点装在有手柄的绝缘方轴上，方轴可旋转，动触点随方轴的旋转使其与静触点接通或断开。组合开关多应用于轨道交通系统中机电设备切换控制权的控制回路中。

（4）空气开关。空气开关是一种只要电路中电流过大就会自动断开的开关，如图 1—6 所示。除了能完成接触和分断电路外，对电路或电气设备发生的短路、严重过载及欠电压等进行保护，可以用于不频繁启动的电气设备，在设备监控系统中，主要用于系统供电回路的分合、过载保护，并广泛应用于轨道交通各系统电源回路中，开合设备电源，进行过流、漏电保护。

图 1—5　组合开关

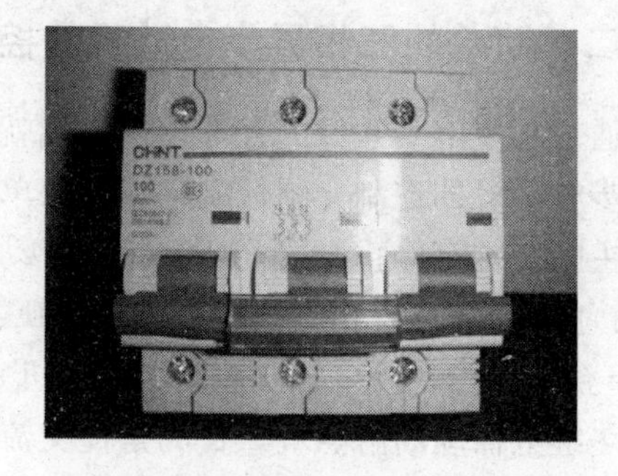

图 1—6　空气开关

4. 接触器

接触器是利用线圈流过电流产生磁场，使触点闭合，以达到控制负载的电气元件，如图 1—7 所示。接触器由电磁系统（铁心、静铁心、电磁线圈）、触点系统（常开触点和常闭触点）和灭弧装置组成。其原理是当接触器的电磁线圈通电后，会产生很强的磁场，使静铁心产生电磁吸力吸引衔铁，并带动触点动作：常闭触点断开，常开触点闭合，两者是联动的。当线圈断电时，电磁吸力消失，衔铁在释放弹簧的作用下释放，使触点复原：常闭触点闭合，常开触点断开。接触器用来频繁接通和断开电路的自动切换电器，同时还具有欠电压、失电压保护的功能，但不具备短路保护和过载保护功能。接触器触点按通断能力，可分为主触点和辅助触点。主触点主要用于通断较大电流的电路（此电路称主电路），一般由三对常开触点组成。辅助触点主要用于通断较小电流的电路，辅助触点有常开触点和常闭触点两种。接触器通常用于轨道交通系统电源回路中，控制设备电源开合，通过辅助触点显示状态。

5．继电器

继电器是一种根据外来电信号接通或断开电路，实现对电路的控制和保护作用的自动切换电气元件，如图1—8所示。继电器一般不直接控制主电路，而反映的是控制信号。继电器的种类很多，根据用途可分为控制继电器和保护继电器；根据反映的不同信号可分为电压继电器、电流继电器、中间继电器、时间继电器、热继电器、速度继电器、温度继电器和压力继电器等。继电器在设备监控系统中通常用来进行开关量输入输出的隔离，有效保护主控制器的输入输出端电路。

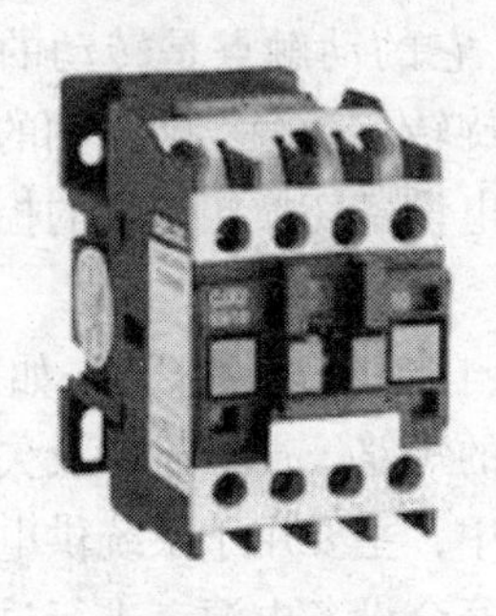

图1—7　接触器

图1—8　继电器

二、简单的三相异步电动机的控制

通过基本电气元件的合理设计连接就能够对常用的电气设备实现控制，下面就简单的三相异步电动机的控制介绍控制电路。简单的三相异步电动机电气控制原理图如图1—9所示。图中主电路中有停止开关SB1、正转启动按钮SBF、反转启动按钮SBR、熔断器FU、反转交流接触器KMR、正转交流接触器KMF、热继电器KH等电气基本元件，被控设备为电动机M3。电气控制回路与被控制的电动机是串联的，控制电路包括按钮、继电器、接触器线圈、热继电器动断触点等，目的是使交流接触器电磁线圈通电或失电，主触点闭合和断开，来控制电路。电动机实现正反转控制可由通入定子绕组的任意两根电源线对掉实现。控制主电路中使用反转交流接触器KMR和正转交流接触器KMF的两组触点实现电源线路的对掉。当正转的接触器主触点KMF吸合后，电动机正转；当另一个接触器的主触点KMR吸合后，由于对掉了电源正负极所以电动机反转。若在同一时间里KMR和KMF两组触点同时闭合，就会造成电源相间短路，所以在两个接触器之间必须有防止同时吸合的控制，进行必要的保护联锁。

1．电动机控制模式

（1）正向启动过程。电动机正向启动过程为按下启动按钮SBF，接触器KMF线圈通电，常开主触点闭合，电动机定子正向供电正转启动；同时，与SBF并联的KMF的辅助常开触点闭合，以保证KMF线圈持续通电，保证SBF按钮松开后串联在电动机回路中的KMF的主触点能够持续闭合，电动机连续正向运转。

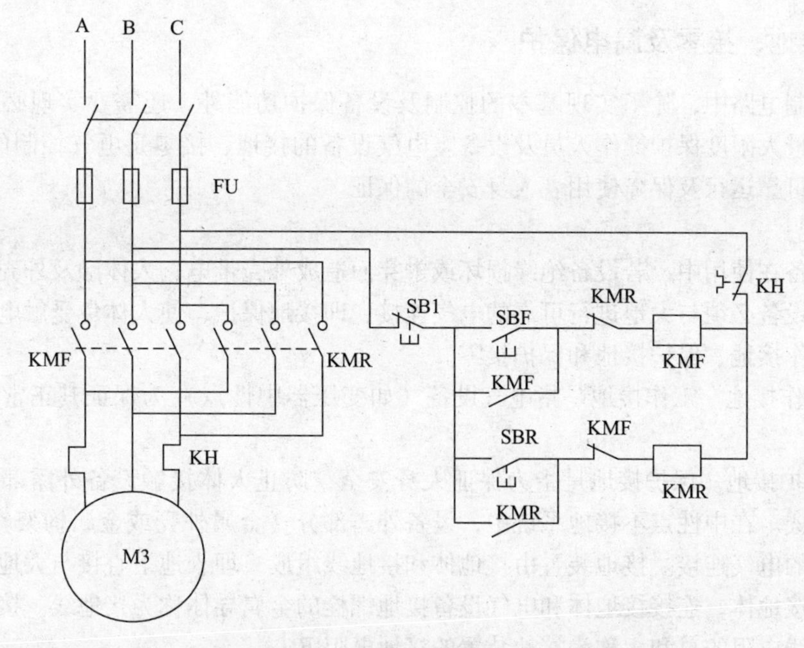

图 1—9　简单的三相异步电动机电气控制原理图

（2）停止过程。电动机停止过程为按下停止按钮 SB1，接触器 KMF 线圈断电，与 SBF 并联的 KMF 的辅助触点断开，以保证 KMF 线圈持续失电，串联在电动机回路中的 KMF 的主触点持续断开，切断电动机定子电源，电动机停转。

（3）反向启动过程。电动机反向启动过程为按下启动按钮 SBR，接触器 KMR 线圈通电，常开主触点闭合，电动机定子反向供电反转启动；同时，与 SBR 并联的 KMR 的辅助常开触点闭合，以保证 KMR 线圈持续通电，保证 SBR 按钮松开后串联在电动机回路中的 KMR 的主触点能够持续闭合，电动机连续反向运转。

（4）联锁控制。将接触器 KMF 的辅助常闭触点串入 KMR 的线圈回路中，从而保证在 KMF 线圈通电时 KMR 线圈回路总是断开的；将接触器 KMR 的辅助常闭触点串入 KMF 的线圈回路中，从而保证在 KMR 线圈通电时 KMF 线圈回路总是断开的。这样接触器的辅助常闭触点 KMF 和 KMR 保证了两个接触器线圈不能同时通电，这种控制方式称为联锁或者互锁，这两个辅助常开触点称为联锁或者互锁触点。

2. 电气控制的要点

（1）了解设备、工艺、过程及控制要求。

（2）理清控制系统中各电动机、电器的作用以及它们的控制关系。

（3）主电路、控制电路分开。

（4）控制电路中，根据控制要求按自上而下、自左而右的顺序进行。

（5）电气图中同一个电器的所有线圈、触头名字统一。

（6）使用国家统一符号标注，且均按未通电状态表示。

（7）继电器、接触器的线圈只能并联，不能串联。

（8）控制顺序只能由控制电路实现，不能由主电路实现。

三、接地、接零及漏电保护

电气控制电路中，除了实现基本的控制及设备保护功能外，还需要实现必要的电气接地、接零，最大限度保护操作人员及设备。电气设备的接地、接零是电气控制的重要环节，是电气设备可靠运行及保障使用者人身安全的保证。

1. 接地

电气设备在使用中，若设备绝缘损坏或击穿而造成外壳带电，人体触及外壳时有触电的可能，电气设备必须与大地进行可靠的电气连接，即接地保护，使人体免受触电的危害。接地可分为工作接地、保护接地和保护接零。

（1）工作接地。工作接地是指电气设备（如变压器中性点）为保证其正常工作而进行的接地。

（2）保护接地。保护接地是指为保证人身安全，防止人体接触设备外露部分而触电的一种接地形式。在中性点不接地系统中，设备外露部分（金属外壳或金属构架），必须与大地进行可靠的电气连接。接地装置由接地体和接地线组成，埋入地下直接与大地接触的金属导体，称为接地体，连接接地体和电气设备接地螺栓的金属导体称为接地线。接地体的对地电阻和接地线电阻的总和，称为接地装置的接地电阻 R_0。

在中性点不接地系统中，设备外壳不接地且意外带电，外壳与大地间存在电压，人体触及外壳，人体将有电容电流流过，如图 1—10a 所示。如果将外壳接地，人体与接地体相当于电阻并联，流过每一通路的电流值将与其电阻的大小成反比。人体电阻 R_r 通常为 600 ~ 1 000 Ω，接地电阻通常小于 4 Ω，流过人体的电流 I_r 很小，这样就完全能保证人体的安全，如图 1—10b 所示。

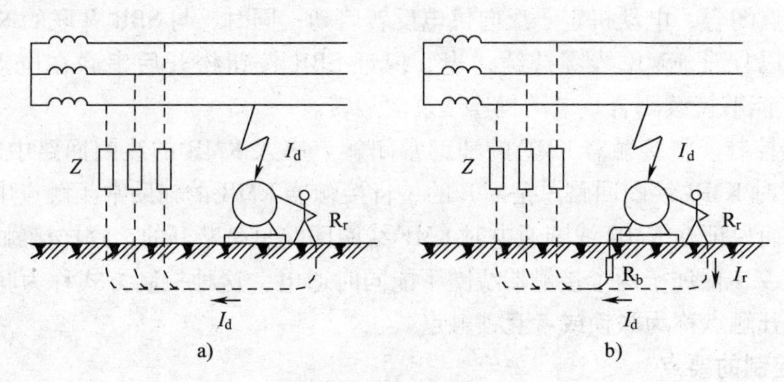

图 1—10　保护接地

a）中性点不接地系统　b）中性点接地系统

保护接地适用于中性点不接地的低压电网。在不接地电网中，由于单相对地电流较小，利用保护接地可使人体避免发生触电事故。

（3）保护接零。保护接零是指在电源中性点接地的系统中，将设备需要接地的外露部分与电源中性线直接连接，相当于设备外露部分与大地进行了电气连接。在中性点接地电网中，由于单相对地电流较大，保护接地就不能完全避免人体触电的危险，要采用保护接零。

当设备正常工作时，外露部分不带电，人体触及外壳相当于触及零线，无危险，如图1—11所示。采用保护接零时，应注意不宜将保护接地和保护接零混用，而且中性点工作接地必须可靠。

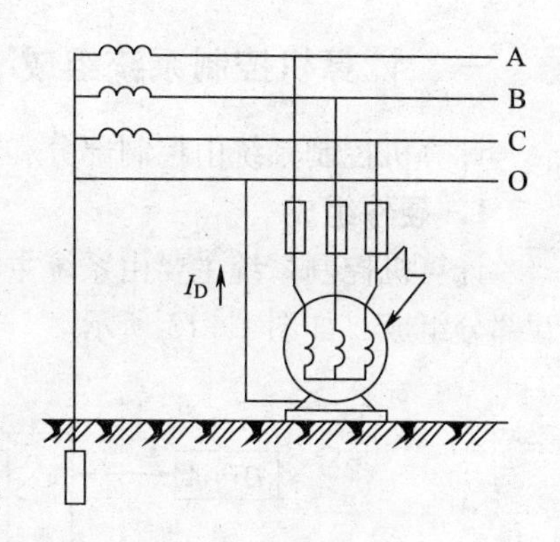

图1—11　保护接零

在电源中性线做了工作接地的系统中，为确保保护接零的可靠，还需相隔一定距离将中性线或接地线重新接地，称为重复接地。

从图1—12a可以看出，一旦中性线断线，设备外露部分带电，人体触及同样会有触电的可能。而在重复接地的系统中，如图1—12b所示，即使出现中性线断线，因外露部分重复接地而使其对地电压大大下降，对人体的危害也大大下降。不过应尽量避免中性线或接地线出现断线的现象。

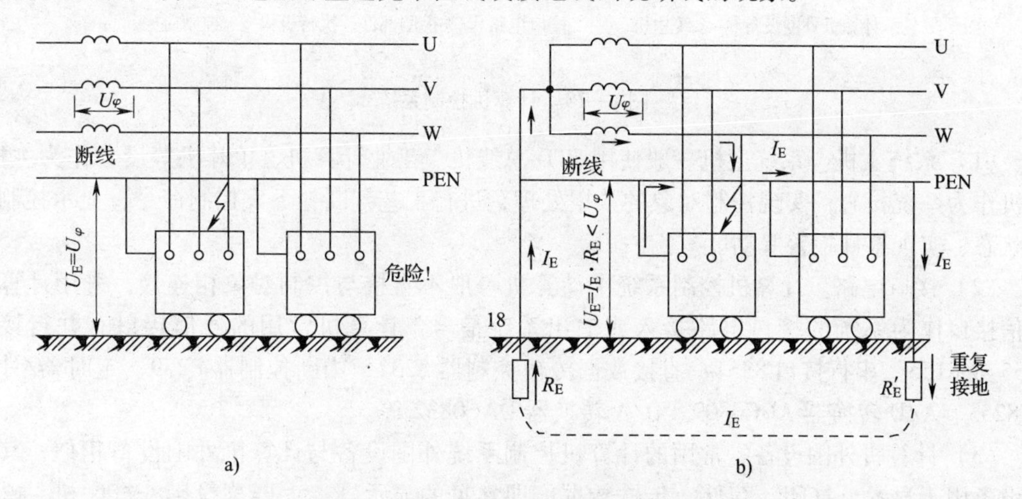

图1—12　重复接地

a）中性线不重复接地系统　b）中性线重复接地系统

2. 漏电保护

漏电保护为一种新的防止触电的保护装置。在电气设备中发生漏电或接地故障而人体尚未触及时，漏电保护装置已切断电源；或者在人体已触及带电体时，漏电保护器能在非常短的时间内切断电源。

第二节　计算机控制系统基础

计算机控制系统是应用计算机参与控制并借助一些辅助部件与被控对象相联系，以获得一定控制目的而构成的系统。其中的辅助部件主要指输入输出接口、检测装置和执行装置等。计算机控制的控制目的是使被控对象的状态或运动过程达到某种要求，或达到某种最优化目标。

一、计算机控制系统组成

计算机控制系统由控制部分和被控对象组成，其控制部分包括硬件部分和软件部分。

1. 硬件组成

计算机控制系统主要由系统主机、接口电路、计算机外围设备、检测部件、执行机构等五部分组成，如图1—13所示。

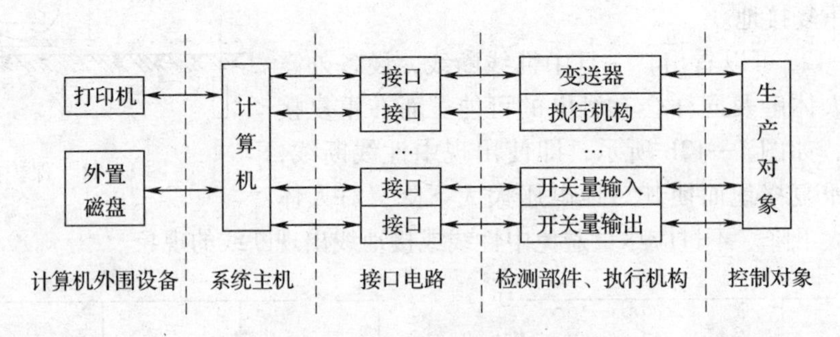

图1—13 计算机控制系统

（1）系统主机。系统主机一般使用STD总线机、工业计算机、单片机等设备作为主机。主机作为系统核心，实现控制对象的数据处理，进行工艺判断，下发控制命令，显示控制对象状态、实现事件报警等功能。

（2）接口电路。计算机控制系统中计算机一般不直接与控制对象相连接，采用计算机通信接口作为系统的接口电路接入或输出系统信号，计算机常用的通信接口有并行接口8255或8155、串行接口8251、直接数据传输控制器8237、中断控制器8259、定时器/计数器8253、A/D转换器ADC0809、D/A转换器DAC0832等。

（3）计算机外围设备。常用的计算机控制系统外围设备与计算机外围设备相似，其外部设备用于显示、打印、存储、传输数据，即常见的显示器、大屏幕投影、打印机、磁带机、刻录机、存储阵列及网络设备等。

（4）检测部件。计算机控制系统检测部件的作用是对控制对象的各种信息进行采集，将非电信号、非标准信号转换成标准电信号（0～5 V或4～20 mA）。轨道交通设备监控系统常用的检测部件为温度传感器、湿度传感器、二氧化碳探测器、压力传感器（或差压传感器）、液位传感器、流量传感器及水流开关等设备。

（5）执行机构。计算机控制系统执行机构的作用是根据计算机控制系统控制信号的指令进行动作，如改变转速、流量、温度等。轨道交通设备监控系统常用的执行机构为阀门执行机构、变频器等。

（6）操作台。计算机控制系统操作台是实现人机对话，进行各种操作的平台，可由功能键、数字键、开关、按钮、LED数码管或CRT显示器等设备组成。轨道交通设备监控系统常用的操作台形式为人机操作界面、综合应急操作盘及大屏幕投影等。

2. 系统软件

计算机控制系统的软件是指应用软件，包含过程监控、过程控制计算及公共服务等几方面内容。

（1）过程监控。系统软件过程监控功能包括巡回检测、数据处理、事件报警、操作界面服务、数字滤波、标度变换、工艺判断、过程分析等。

（2）过程控制计算。系统软件过程控制包括控制算法（PID算法、最优控制、串级调节、比值调节、前馈调节、系统辨识等）、事故处理、信息管理（信息生成与管理、文件管理、输出、打印、显示等）。

（3）公共服务。系统软件公共服务主要包括基本运算、函数运算、数码转换、格式编辑等。

二、计算机控制系统分类

计算机控制系统一般分为操作指导系统、直接数字控制系统、计算机监督系统、分布控制系统、计算机集成制造系统及现场总线控制系统。

1. 操作指导控制系统

操作指导是指计算机输出不直接用来控制生产对象，而只是对系统过程参数进行收集、加工处理，然后输出数据，操作人员根据这些数据进行必要的操作。如图1—14所示，该系统的特点是较简单、安全可靠，常用于试验调试过程。该系统的缺点是要人工操作，速度不能太快，操作不能太多。

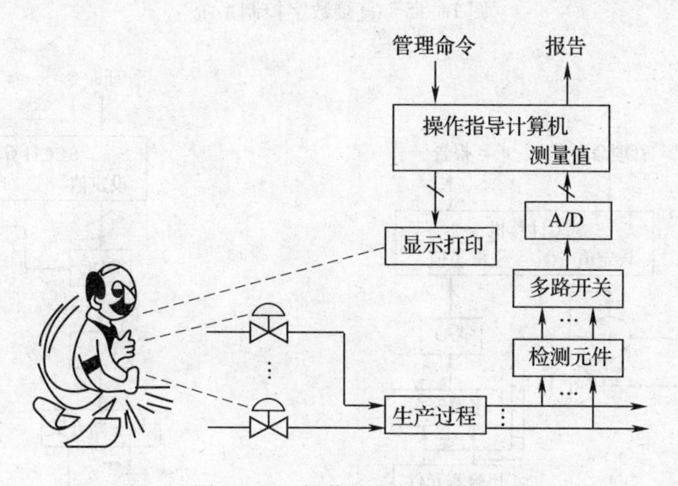

图1—14　操作指导控制系统

2. 直接数字控制系统

直接数字控制系统简称DDC，是Direct Digital Control缩写。DDC系统是用一台计算机对多个被控参数进行巡回检测，检测结果与设定值进行比较，再按PID规律或直接数字控制方法进行控制运算，然后将运算结果输出到执行机构，使被控参数稳定在给定值上。如图1—15所示，DDC控制的特点是可一机多控，经济、灵活、可靠，可实现各种复杂控制，如串级、前馈、自选控制、大滞后控制等。

3. 计算机监督系统

计算机监督系统（Supervisory Computer Control）简称SCC。SCC系统由计算机按照生产过程的数学模型计算出最佳给定值，将其值送给模拟调节器或DDC计算机控制生产过程，优点是可以进行给定值控制、顺序控制、最优控制和自适应控制等，是操作指导系统和DDC系统的综合与发展。由于生产过程的复杂性，其数学模型的建立比较困难，因此该系统的实现比较困难。计算机监督系统的两种结构如图1—16所示。SCC+模拟调节器的控制系统与SCC+DDC的控制系统结构上基本一致，它们的区别是前者的模拟调节器给定值不变，后者则由DDC系统根据系统运算给定。

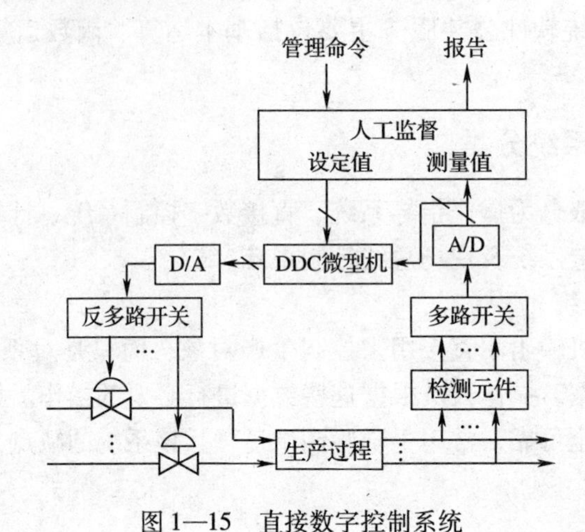

图1—15　直接数字控制系统

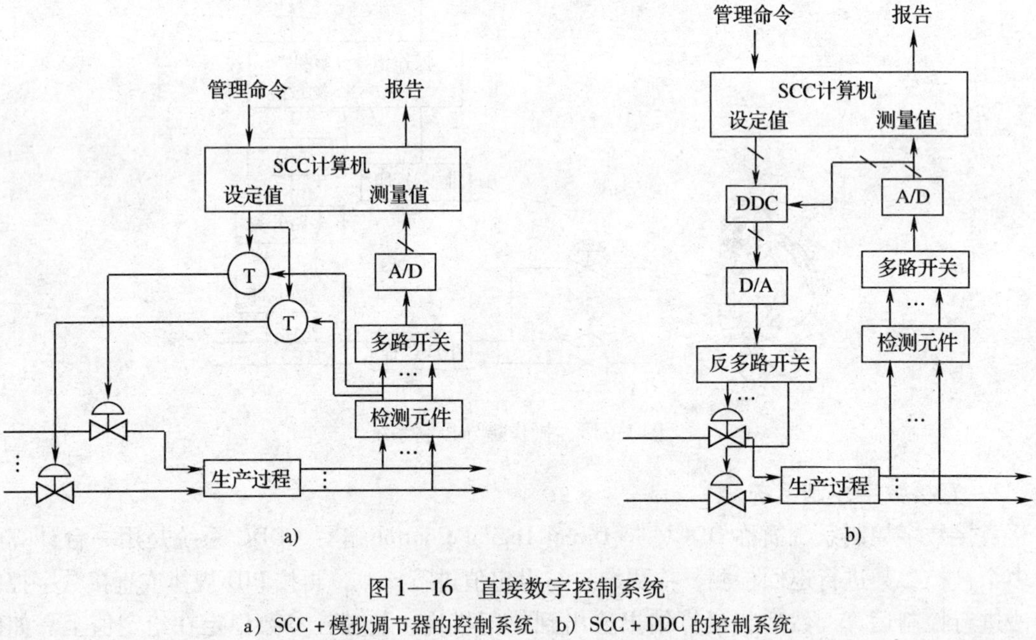

图1—16　直接数字控制系统

a）SCC+模拟调节器的控制系统　b）SCC+DDC的控制系统

4. 分布控制系统

分布控制系统（Distributed Control System）也称集散控制系统，简称DCS。

（1）系统结构。分布控制系统由底层的分散过程控制级（DDC）、中间层的监督控制级（SCC）、上层的生产管理级（MIC）三级组成，系统结构如图1—17所示。

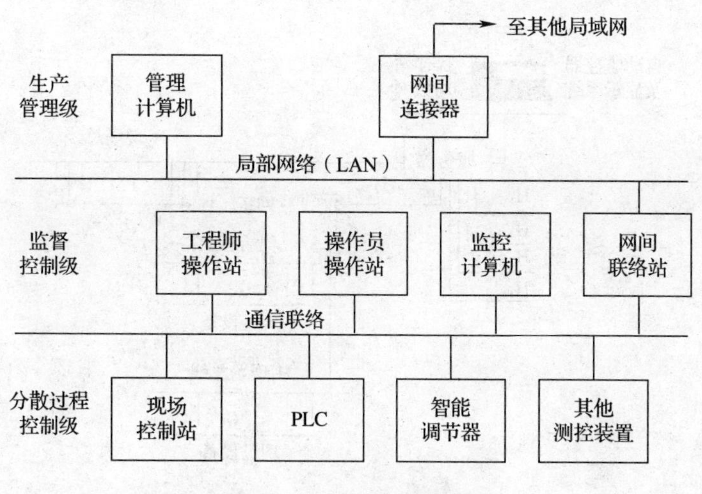

图 1—17　分布控制系统

1）分散过程控制级用于直接生产控制，完成数据采集、顺序控制或某一闭环控制，向监控级发送数据，并接收监控级发来的信息，通常由多个以计算机为核心的工作站组成。

2）监督控制级的任务是对生产过程的监视与操作，与生产管理级、分散过程控制级传送数据和指令。

3）生产管理级是整个系统的中枢，接受管理者的指令，对信息进行存储与管理，给管理者提供各种信息与报表，根据下级提供的信息及生产任务要求，选择数学模型和控制策略，对下一级下达指令等。

（2）分布控制系统的特点为通用性强、系统组态灵活、控制功能完善、数据处理方便、显示操作集中、系统规范、调试方便、运行安全可靠，能提高自动化水平、管理水平、产品质量、生产效率，降低消耗，创造最佳经济效益、社会效益等。

5. 计算机集成制造系统

计算机集成制造系统 CIMS 是 Computer Integrated Manufacturing System 的缩写。CIMS 是把企业的计划、采购、生产、销售等各个环节作为整体，将其信息进行采集、传递、加工、协调、回控，做整体优化决策。CIMS 体现了一种对企业生产过程与生产管理进行优化的新哲理。

CIMS 采用多任务、分层体系结构，有多种结构，如五层递阶控制结构、面向集成平台的 CIMS 结构、连续型 CIMS 结构和局域网型 CIMS 结构等。其基本思想都是递阶控制（Hierarchical Control）。递阶控制是一种把所需完成的任务按层次分级的层状或树状的命令/反馈控制方式，高一级的控制次一级的，次一级的功能更具体。

6. 现场总线控制系统

现场总线系统（Fieldbus Control System，简称 FCS）是分布控制系统（DCS）的更新换代产品。该系统是一种用数字通信协议连接智能现场设备和自动化系统的数字式、全分散、双向传输、多分支结构的通信网络，是一种用数字局域网络连接起来的分布式控制系统。其结构如图 1—18 所示。

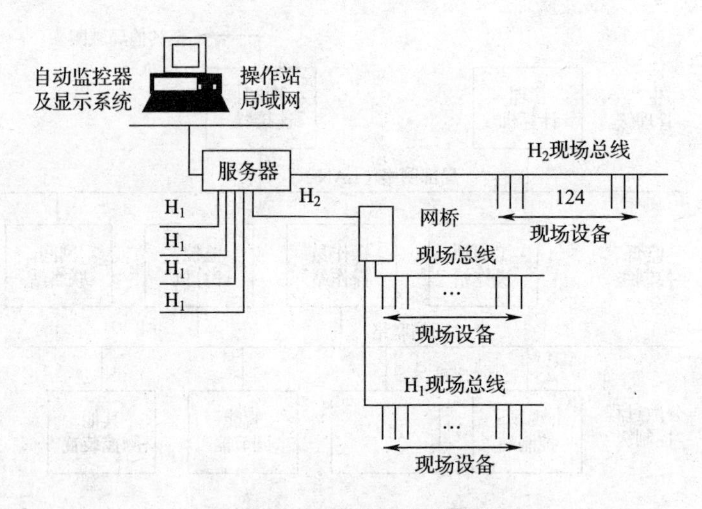

图1—18　现场总线控制系统

（1）采用的技术。现场总线控制系统一般采用控制技术、仪表工业技术、计算机网络技术等几种技术。

（2）FCS特点

1）数字化的信息传输。

2）分散的系统结构。

3）方便的互操作性。

4）开放的互联网络。

5）多种传输媒介的拓扑结构。

（3）FCS系统的基本设备。现场总线的节点设备称为现场设备或现场仪表，基本设备如下：

1）传感器变送器。

2）执行器。

3）服务器和网桥。

4）辅助设备。

5）监控设备。

现场总线系统与分布控制系统的区别，前者为一条总线连接，后者为星形联结。

第三节　计算机网络基础

计算机网络是指将地理位置不同的具有独立功能的多台计算机及其外部设备，通过通信线路连接起来，在网络操作系统、网络管理软件及网络通信协议的管理和协调下，实现资源共享和信息传递的计算机系统。简单地说，计算机网络就是通过电缆、电话线或无线通信将两台以上的计算机互联起来的集合。设备监控系统计算机网络基础包含计算机网络分类及组成等内容。

一、计算机网络分类

按照地理范围可以把计算机网络划分为局域网、城域网、广域网和互联网四种。

1. 局域网

局域网是在局部地区范围内的网络，它所覆盖的地区范围较小。局域网在计算机数量配置上没有太多的限制，少的可以只有两台，多的可达几百台。在网络所涉及的地理距离上一般来说可以是几米至10 km以内。局域网一般位于一个建筑物或一个单位内，不存在寻径问题，不包括网络层的应用。

2. 城域网

一般来说是在一个城市，但不在同一地理小区范围内的计算机互联系统，称为城域网。城域网与局域网相比扩展的距离更长，连接的计算机数量更多，在地理范围上可以说是局域网网络的延伸。在一个大型城市或都市地区，一个城域网网络通常连接着多个局域网。如连接政府机构的局域网、医院的局域网、电信的局域网、公司企业的局域网等。

3. 广域网

广域网也称为远程网，所覆盖的范围比城域网更广，它一般是在不同城市之间的局域网或者城域网网络互联，地理范围可从几百千米到几千千米。因为距离较远，信息衰减比较严重，所以要租用专线，通过接口信息处理协议和线路连接起来，构成网状结构，解决寻径问题。城域网因为所连接的用户多，总出口带宽有限，所以用户的终端连接速率一般较低。

4. 互联网

互联网又称为因特网，它已是人们每天都要打交道的一种网络，无论从地理范围，还是从网络规模来讲它都是最大的一种网络，有人们常说的“Web”“WWW”和“万维网”等多种叫法。从地理范围来说，它可以是全球计算机的互联，这种网络的最大的特点就是不定性，整个网络的计算机每时每刻随着人们网络的接入不断变化。当用户连在互联网上的时候，用户的计算机可以算是互联网的一部分，但一旦用户的计算机断开互联网的连接，用户的计算机就不属于互联网了。

二、计算机网络组成

计算机网络是由两个或多个计算机通过特定通信模式连接起来的一组计算机，完整的计算机网络系统是由网络硬件系统和网络软件系统组成的。计算机网络硬件除了网络服务器、网络工作站计算机网络管理设备外，还有基本的网络接口卡、中继器、集线器、交换机、路由器等连接设备及传输介质。

1. 连接设备

（1）网络接口卡。网络接口卡（NIC）是一种物理连接设备，它将数据分解为适当大小的数据包，然后把它们发送至网络。图1—19所示为常见的网络接口卡，它使工作站、服务器、打印机或其他结点通过网络介质接收并发送数据。网络接口卡又常称为网络适配器，它只传输信号而不分析高层数据，属于OSI模型的物理层。

网络接口卡的类型根据它所依赖的网络传输系统不同（如以太网与令牌环网）而不同，

还与网络传输速率（如10 Mbit/s与100 Mbit/s）、连接器接口（如BNC与RJ－45）以及兼容的主板或设备的类型有关。

（2）中继器。中继器常用于两个网络节点之间物理信号的双向转发工作，是最简单的网络互联设备。图1—20所示为常见的网络中继器，主要完成物理层的功能，由于信号因传输距离过长存在损耗，在线路上传输的信号功率会逐渐衰减，衰减到一定程度时将造成信号失真，因此会导致接收错误；中继器负责在两个节点的物理层上按位传递信息，完成信号的复制、调整和放大功能，对衰减的信号进行放大，保持与原数据相同，以此来延长网络的长度。中继器是对信号进行再生和还原的网络设备OSI模型的物理层设备。

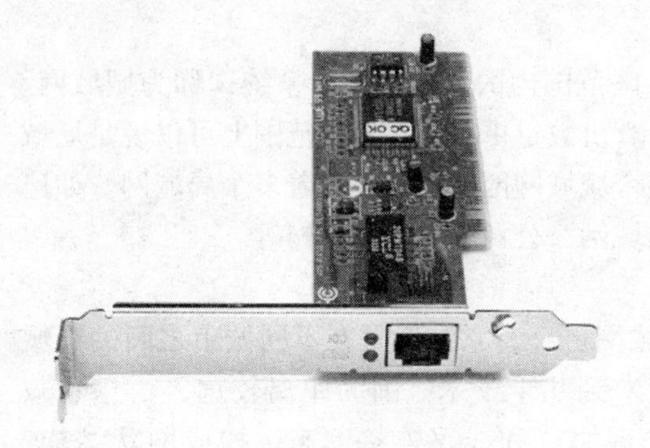

图1—19 网络接口卡

图1—20 中继器

（3）集线器。集线器的主要功能是对接收到的信号进行再生整形放大，以扩大网络的传输距离，同时把所有节点集中在以它为中心的节点上。图1—21所示为常见的集线器，它也是一种物理层设备，集线器与网卡、网线等一样属于局域网中的基础设备，采用CSMA/CD访问方式，集线器起了多端口中继器的作用。

图1—21 集线器

（4）交换机。交换机拥有一条很高带宽的背部总线和内部交换矩阵，交换机的所有端口都挂接在这条背部总线上，控制电路收到数据包以后，处理端口会查找内存中的地址对照表以确定目的MAC（网卡的硬件地址）的NIC（网卡）挂接在哪个端口上，通过内部交换矩阵迅速将数据包传送到目的端口，目的MAC若不存在才广播到所有的端口，接收端口回应后交换机会“学习”新的地址，并把它添加入内部MAC地址表中。交换机就是一种在通

信系统中完成信息交换功能的设备，交换机具有以下特点及功能。

1）特点

①所有端口都在一个广播域内。

②每个端口带宽是独立的。

③每个端口都是独立的冲突域。

④能够识别数据链路层的控制信息。

2）功能

①学习。以太网交换机了解每一端口相连设备的 MAC 地址，并将地址同相应的端口映射起来存放在交换机缓存中的 MAC 地址表中。

②转发过滤。当一个数据帧的目的地址在 MAC 地址表中有映射时，它被转发到连接目的节点的端口而不是所有端口（如该数据帧为广播/组播帧则转发至所有端口）。

③消除回路。当交换机包括一个冗余回路时，以太网交换机通过生成树协议避免回路的产生，同时允许存在后备路径。

交换机除了能够连接同种类型的网络之外，还可以在不同类型的网络之间起到互联作用。如今许多交换机都能够提供支持快速以太网或 FDDI 等的高速连接端口，用于连接网络中的其他交换机或者为带宽占用量大的关键服务器提供附加带宽。一般来说，交换机的每个端口都用来连接一个独立的网段，但是有时为了提供更快的接入速度，可以把一些重要的网络计算机直接连接到交换机的端口上。这样，网络的关键服务器和客户机就拥有更快的接入速度，支持更大的信息流量。

（5）路由器。路由器是使用一种或者更多度量因素的网络层设备，它决定网络通信能够通过的最佳路径。路由器依据网络层信息将数据包从一个网络前向转发到另一个网络，是一种连接多个网络或网段的网络设备，它能将不同网络或网段之间的数据信息进行“翻译”，以使它们能够相互“读”懂对方的数据，从而构成一个更大的网络。所以，路由器有两大典型功能，即数据通道功能和控制功能。数据通道功能包括转发决定、背板转发以及输出链路调度等，一般由特定的硬件来完成；控制功能一般用软件来实现，包括与相邻路由器之间的信息交换、系统配置、系统管理等。

对于路由器而言，要找出最优的数据传输路径是一件比较有意义却又很复杂的工作。为了找出最优路径，各个路由器间要通过路由协议来相互通信。路由协议只用于收集关于网络当前状态的数据并负责寻找最优传输路径。根据这些数据，路由器就可以创建路由表来用于以后的数据包转发。

总的来说，路由器提供以下功能：

1）网络互联。路由器支持各种局域网和广域网接口，主要用于互联局域网和广域网，实现不同网络互相通信。

2）数据处理。提供包括分组过滤、分组转发、优先级、复用、加密、压缩和防火墙等功能。

3）网络管理。路由器提供包括配置管理、性能管理、容错管理和流量控制等功能。

2. 网络介质

网络信息可以通过两种方式传输，即模拟或数字。模拟信号是一种连续波，这种连续波可变且不能精确地传输；数字信号基于电或光脉冲通过二进制形式表示信息。随着网络信息传输技术的发展，数字传输逐步替代模拟传输方式。数字传输介质通常有同轴电缆、双绞线电缆、光缆、无线传输介质等。

（1）同轴电缆。同轴电缆是 Ethernet 网络的基础，曾经是一种最流行的传输介质。同轴电缆是由绝缘体包围的一根中央铜线、一个网状金属屏蔽层以及一个塑料封套。在同轴电缆中，铜线传输电磁信号；网状金属屏蔽层一方面可以屏蔽噪声，另一方面可以作为信号地。同轴电缆的绝缘体和防护屏蔽层使其对噪声干扰有较高的抵抗力。同轴电缆还要求网络段的两端通过一个电阻器进行终结。同轴电缆存在 10Base5、10Base2 等不同规格。

1）10Base5。10Base5 是一种用于原始 Ethernet 网络，物理特性为大约 1 cm 的硬同轴电缆（粗同轴电缆）。10Base5 中的“10”代表它的数据传输速度为 10 Mbit/s，“Base”代表基带传输，“5”代表了 Thicknet 电缆的最大传输距离为 500 m。

2）10Base2。10Base2 是一种用于 Ethernet 网络，物理特性为 0.64 cm 的细同轴电缆。10Base2 中的“10”代表了它的数据传输速度为 10 Mbit/s，“Base”代表了它使用基带传输，“2”代表了 Thinnet 电缆的最大传输距离为 185（或粗略为 200）m。

Thinnet 使用 BNC T 型连接器将电缆与网络设备相连。一个具有 3 个开放口的 BNC 连接器的 T 形底部连接到 Ethernet 的网络接口卡上，两边连接 Thinnet 电缆，以便允许信号进出网络接口卡。

Thicknet 和 Thinnet 电缆都需要一个 50 Ω 的电阻器以终结网络的每一端。这些电缆的一端必须接地。如果将同轴电缆网络的两端都接地或根本什么也不做，将会遇到一些时有时无的数据传输错误。

（2）双绞线电缆。双绞线（TP）电缆类似于电话线，由绝缘的彩色铜线对组成，每根铜线的直径为 0.4～0.8 mm，两根铜线互相缠绕在一起。

1）按照屏蔽区分。双绞线电缆又有屏蔽双绞线和非屏蔽双绞线两种。

①屏蔽双绞线。屏蔽双绞线（STP）电缆中的缠绕电线对被一种金属箔制成的屏蔽层所包围，而且每个线对中的电线也是相互绝缘的。

②非屏蔽双绞线。非屏蔽双绞线（UTP）电缆包括一对或多对由塑料封套包裹的绝缘电线对。正如名字所示，UTP 没有用来屏蔽双绞线的额外的屏蔽层。

IEEE 已将 UTP 电缆命名为“10 BaseT”，其中“10”代表最大数据传输速度为 10 Mbit/s，“Base”代表采用基带传输方法传输信号，“T”代表 UTP。

2）双绞线分类

①5 类线（CAT5）。用于新网安装及更新到快速 Ethernet 的最流行的 UTP 形式。CAT5 包括四个电线对，支持 100 Mbit/s 吞吐量和 100 Mbit/s 信号速率。除 100 Mbit/s Ethernet 之外，CAT5 电缆还支持其他的快速联网技术，例如异步传输模式（ATM）。

②超 5 类线。这是 CAT5 电缆的更高级别的版本。它包括高质量的铜线，能提供一个高的缠绕率，并使用先进的方法以减少串扰。增强 CAT5 能支持高达 200 MHz 的信号速率，是常规 CAT5 容量的 2 倍。

3）连接方式

①接头。双绞线电缆使用RJ－45连接头，以RJ－45连接头对着自己，锁扣朝上，那么从右到左各插脚的编号依次是1～8，如图1—22所示。

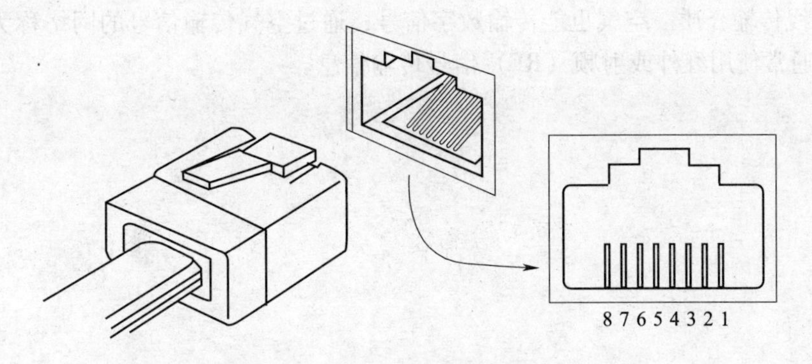

图1—22　RJ－45连接头

②连接方式。双绞线通常有直连线和交叉线两种连接方式。两种连接方式的比较见表1—1。

表1—1　**直连线和交叉线的比较**

连接方式	直连线	交叉线
引脚排序	PIN 1 2 3 6 4 5 7 8 — PIN 1 2 3 6 4 5 7 8	PIN 1 2 3 6 4 5 7 8 — PIN 1 2 3 6 4 5 7 8
使用场合	将终端设备（服务器、客户机等）连接到网间连接设备（集线器、交换机等），如PC－HUB、HUB－HUB普通口—级连口、HUB（级联口）－SWITCH、SWITCH－ROUTER	网间连接设备（集线器、交换机等）之间的连接，如PC－PC、HUB－HUB普通口、HUB－HUB级连口—级连口、HUB－SWITCH、SWITCH－SWITCH、ROUTER－ROUTER

（3）光缆。光导纤维简称光缆，在它的中心部分包括了一根或多根玻璃纤维，通过从激光器或发光二极管发出的光波穿过中心纤维来进行数据传输。光缆的优点是带宽大、高抗噪及安全性，而且光缆传输信号的距离也比同轴电缆或双绞线电缆所能传输的距离要远得多。但每根光缆必须包括两股——一股用于发送数据，另一股用于接收数据。光缆分成单模式和多模式两大类。

1）单模式。单模光缆携带单个频率的光将数据从光缆的一端传输到另一端。通过单模光缆，数据传输的速度更快，并且距离也更远。

2）多模式。多模光缆则可以在单根或多根光缆上同时携带几种光波。与单模光缆相比，多模光缆的传输性能较差。

（4）无线传输介质。空气也能传输数字信号，通过空气传输信号的网络称为无线网络。无线局域网通常使用红外或射频（RF）信号传输信息。

第二章

设备监控系统概述

设备监控系统是城市轨道交通沿线车站、区间、车辆段及相关建筑内的通风空调系统、低压配电、广告照明及疏散指示、给排水、电扶梯及屏蔽门等设备，以集中监控及科学管理为目的而构成的综合自动化设备监控系统。

第一节　系统组成及功能

设备监控系统从组成架构上看由中央级、车站级和就地级组成。

一、中央级

设备监控系统中央级设于城市轨道线路的控制中心，为轨道线路环境调度提供监控全线通风空调系统设备的状态和全线的环境状况操作平台，具备向各站统一发布控制命令功能，定时记录设备运行状态，记录车站温度、湿度等原始数据，同时可根据操作人员的需要绘制曲线图，定制报表等。其主要设备由工作站、服务器、大屏幕投影等组成。

1. 工作站

设备监控系统工作站是中央级设备的重要组成设备，主要面对轨道交通线路的环境控制调度人员，显示整个线路车站机电设备的运行情况，环境调度人员可以根据系统的实际情况对车站机电设备进行工况调节控制。

2. 服务器

设备监控系统服务器负责系统数据存储，系统服务器一般配备数据记录设备、打印机。数据记录设备可提供系统历史数据备份、归档信息。

3. 大屏幕投影

设备监控系统大屏幕投影可以直观显示全线重要机电设备运行状态、重要报警、主要运行参数等，便于线路环境调度、行车调度及维修调度掌握线路总体机电设备运行情况，及时发现设备问题，其主要显示内容如下。

(1) 隧道通风设备运行信息。

(2) 列车阻塞信息。

(3) 车站区域火灾信息。

(4) 车站主要机电设备运行信息。

(5) 车站温度信息。

二、车站级

设备监控系统车站级设于城市轨道线路的车站，它为车站工作人员提供相应的人机界面，监控本站及所辖区间隧道的通风空调系统、给排水、广告照明及疏散指示、电扶梯、屏蔽门、防淹门、车站事故广告照明及疏散指示电源等设备的运行状态。其主要设备有工作站、综合紧急操作盘、维修工作站等。

1. 工作站

工作站是车站级设备的重要组成设备，主要面对车站工作人员，显示整个车站机电设备的运行情况，车站工作人员可以根据系统的实际情况对车站机电设备进行工况、单体设备调节控制，工作站通常配有在线式不间断电源和历史（报表）打印机。

2. 综合紧急操作盘

综合紧急操作盘是车站出现灾害性情况时的紧急操作平台，综合紧急操作盘以火灾及紧急工况操作为主，采用按键式操作，操作程序简便直接。当车站或所辖区间发生火灾、列车阻塞等情况时，由线路环境调度授权车站操作人员按不同的事故区域在综合紧急操作盘上启动相对应的应急工况。综合紧急操作盘上设有投入/切除钥匙开关，利用此开关可以实现模拟屏幕控制功能的投入和切除，防止出现误操作。

3. 维修工作站

维修工作站是系统维修人员专用的远程维修终端，具备最高的操作级别和一定的软件修改权限，可以对系统软件进行维护、组态、运行参数的定义、系统数据库的形成及用户操作画面的修改、增加；可以监视全线系统运行情况，及时反映现场故障，迅速组织系统抢修；可以为系统开发、优化提供平台，减少对在线系统运营的影响。

三、就地级

设备监控系统就地级通常集中于通风空调系统电控室、车站的重要房间（水泵房、冷水机房等）及公共区等地。它实现对所监控设备的直接控制，并传送设备的运行状态及故障信息到车站工作站，执行车站级发出的指令。就地级设备有控制器、传感设备及执行机构等设备。

1. 控制器

设备监控系统的就地控制器一般主要集中设置于车站或相关建筑的通风空调系统电控室内，部分分散设置于现场被监控设备的附近，为提高设备监控系统的可靠性，主控制器可采用冗余配置。

就地控制器实现对被控设备实现被控对象设备顺序动作控制，同时须具备软件联锁保护功能，并联设备故障切换控制，并联设备运行时间平衡计算及选择控制。系统各种运行参数

的采集及存储等功能可通过一定的计算，来实现优化控制和各种工况控制。对中央级、车站级下达的控制指令和控制工况、设定值的更改和其他关联参数的修正，就地控制器处理后执行。

2. 传感设备及执行机构

设备监控系统的传感设备及执行机构有温度传感器、湿度传感器、水温、压力、压差、流量、液位传感器及二通阀执行机构等。

温湿度传感器分布在公共区站厅/台、上下行线隧道口、新风道、排风道、混合室、送风室及重要设备房分别设置温湿度传感器，测量环境中需要重点监测及控制的参数。

水温、压力、压差、流量、液位传感器分布在水系统管路上，检测水系统重要的监测及控制参量。

二通阀执行机构分布在冷冻水管路上，设置二通或三通流量调节阀，对冷量进行调节。

第二节　设备监控系统的运行及维修管理

设备监控系统是利用自动控制系统对车站机电设备实现自动、高效管理的系统，是实现城市轨道交通内机电设备科学管理、高效运行的工具。设备监控系统的良好运行管理为广大乘客提供了舒适的乘车环境，大大提高了城市轨道交通对意外安全事件的反应处理能力，极大地保证了乘客的人身安全。设备监控系统运行由车站站务人员和控制中心环控调度进行管理，而维护保养则由维修人员负责管理维修。为最大限度地发挥系统效能，安全可靠的控制和科学管理车站设备，就必须制定合理的运营管理方案，规范系统运行管理及维修管理。

一、运行管理

设备监控系统中央级工作站由控制中心环境调度使用并负责日常管理，车站级工作站管理由车站人员使用并负责日常管理。

1. 环控调度使用管理

环境调度负责对相关城市轨道交通线路辖下的车站及隧道环境的控制和调度，按运营需要对设备监控系统自动运作是否合理作出人为判断，确定是否需要人工干预，以保证城市轨道交通环境的舒适性；环境调度还负责对城市轨道交通突发事件进行反应，调度城市轨道交通相关防灾设备执行灾害工况。环境调度是设备监控系统中央级的使用者，通过设备监控系统中央级工作站对全线车站及区间隧道内设备的运行状态、故障情况以及设备监控系统自动运行情况进行监视，控制全线环控设备动作。

（1）环境调度对设备监控系统的使用管理

1）环境调度人员对全线通风空调系统进行调度控制，保证城市轨道交通环境的舒适性。

2）监视并及时调整通风空调系统设备及其他车站设备的运行状态，出现故障及时报告维修调度。

3）通过火灾自动报警系统中央级发现火灾报警、指挥执行火警处理程序，通过设备监控系统中央级工作站或下令车站人员执行相应的灾害工况。

4）授权车站人员通过设备监控系统对设备进行操控。

5）对设备监控系统中央级设备进行设备表面清洁等日常保养工作。

（2）操作设备监控系统的基本要求

1）必须熟悉设备监控系统操作方法，熟练掌握通风空调工艺工况。

2）理解设备监控系统软件控制原则，处理简单操作上的问题。

3）熟练掌握火灾处理程序，组织相应的火灾工况。

2. 车站人员使用管理

车站人员负责本站内的车站机电设备的操作，设备监控系统车站级设备是车站人员监控站内机电设备的工具，通过设备监控系统车站级工作站对本站所辖设备的运行状态、故障情况以及设备监控系统自动运行情况进行监视，接受环境调度指令，控制车站内机电设备动作，并对设备执行情况进行确认。

（1）车站人员使用管理

1）监视本站机电设备的运行状态，通过工作站定时对设备进行巡视，出现异常，通知环境调度，同时报告设备故障给维修调度。

2）对火灾报警并现场确认，执行火警处理程序，在环境调度指挥下，通过设备监控系统工作站或车站模拟屏执行相应灾害工况的应对方案。

3）在设备监控系统故障情况下在环控电控房对设备进行操控。

4）对设备监控系统中央级设备进行设备表面清洁等日常保养工作。

（2）操作设备监控系统的基本要求

1）必须熟悉设备监控系统的操作方法，包括工作站和综合紧急操作盘，理解环控工艺工况。

2）必须熟悉车站设备的现场操作方法，理解基本环控工艺工况。

3）熟练掌握本站火灾处理程序，组织相应的火灾工况应对工作。

二、维修维护

设备监控系统的维修维护及故障处理工作由专业维修人员完成，在维修部门设立设备监控系统维修工班，对设备监控系统进行维护，确保为使用部门提供运行良好的系统设备。

1. 维修维护工作内容

（1）对设备监控系统进行计划性维护维修，确保系统良好运行。

（2）对设备监控系统进行故障维修，确保系统功能完整。

（3）对系统缺陷进行整改、优化，根据实际需要扩展系统功能，最大限度地发挥系统作用。

（4）对使用部门进行培训，规范系统操作，并做好技术支持，保证系统的正确使用。

（5）分配并维护使用部门用户权限，保障系统使用安全。

（6）编写相应的技术文本，包括操作及维修手册等。

2. 设备监控系统的用户接口关系

设备监控系统一般由车站人员、环境调度使用，维修部门负责对相关用户进行操作使用培训，并对系统进行维护，保障系统功能完善。正常状态下，设备监控系统处于全自动运行，无须人为介入运行，各使用单位按各自权限和责任通过设备监控系统对车站设备运行状态进行监视，并按要求打印设备运行报表。

正常状态下，车站人员对本站内设备进行监控，并检查实际设备动作情况，若需对设备进行操控调整，须向环境调度报告申请，得到环境调度授权后，方可对设备进行操控。火灾状况下，设备监控系统自动接受火灾自动报警系统指令，车站操作人员应实时监控环控工况及设备运行情况，如有错误，应立即人工更改工况指令或模拟屏发送新的指令；环境调度需在控制中央级对设备运行状况进行监控，并随时干涉系统运行。

发现设备监控系统有故障情况，车站人员及环境调度应立即通知维修部门对系统进行维修处理；如此时发生火灾等紧急情况，环境调度可通过环境调度电话通知车站人员通过综合应急操作盘或就地对现场设备进行操作（取决于系统故障情况）。

（1）正常运营运行规程。正常运行情况下，设备监控系统自动根据预先设定程序运行，并由车站站务人员和环境调度进行监控。环境调度随时通过机电设备系统中央级工作站和中央模拟屏掌握全线环控设备的运行状态，并及时正确地进行调度指挥。

1）环控大系统及隧道通风系统属于环境调度管辖范围，设备监控系统根据列车运营方案、季节以及站内温度、湿度等，自动执行各种工况下环控系统运行工况，并可根据实际情况选择运行工况。

2）车站环控小系统，在正常状况下，车站站务人员可根据各自车站的实际情况对系统运行进行介入，运行相应工况。当设备发生故障，车站站务人员须及时报告环境调度，当车站站务人员认为会影响列车正常运行或车站正常运作时，应及时报告环境调度和行车调度，在得到同意后方可控制设备运行。

3）若需车站站务人员控制环控运行工况，可以以环境调度命令的形式通过录音调度电话下达给各车站执行。车站站务人员按环境调度命令要求直接输入设备监控系统指令，控制环控系统的运行，完成操作后应及时报告环境调度。

4）正常情况下，设备维修人员或操作人员不得任意改变系统运行工况，当设备发生故障时，应首先报告环境调度，得到命令，然后进行操作。在危及人身或设备安全的紧急情况下，设备值班员可不经环境调度同意先行操作，但事后须尽快报告环境调度。

5）车站人员应熟悉管辖范围内的各种设备和消防设施，了解其分布情况。对设备操作必须严格按操作规程进行，并保证设备处于良好的工作状态。车站人员应通过车站防灾报警系统和设备监控系统车站级工作站，对车站各火灾保护区域、环控系统和各种机电设备进行不间断的监控，随时掌握运行情况，及时做好值班记录。遇到异常情况应及时报告环境调度和维修调度。

6）环境调度应不断收集各种防灾资料、信息、设备运行数据，认真填写各种类统计报表，建立系统运营档案，定期进行整理、汇总、分析。各种报表、记录、命令、打印数据必须完整，妥善保管，不得任意更改或丢失。

（2）非正常运营设备监控系统的运行规程。根据城市轨道交通运营特点，城市轨道交通内火灾区域可主要分为以下几类公共区（站厅、站台）；站台轨行区；设备管理用房，包括气体保护房间（如环控电控、通信、信号设备室等）、非气体保护房间（如车控室、环控机房等）、区间隧道。设备监控系统的火警运行原则如下。

1）设备监控系统与火灾自动报警系统在车站控制室设有通信连接和硬线连接，当火灾自动报警系统接到火警信号后，若通道处于开启状态，则将相应的防火分区信号传输给设备监控系统；若处于通道关闭状态，则由车站操作人员确认火灾后，打开通道，传输防火分区信号给设备监控系统。设备监控系统接到火警后，若此时处于工况自动运行状态，则自动执行相应的防火排烟工况，否则由环境调度或车站人员人工选择火灾工况指令。

2）火灾工况指令执行后，环境调度及车站人员应检查相应火灾工况的执行情况，以及设备的动作情况，并及时调整设备动作指令。若工况无法自动执行，由车站在综合应急操作盘上实行相应工况，或由环境调度下令在环控电控室就地执行。

3）重要设备房若安装了气体自动灭火系统，在火灾发生时，设备监控系统执行气体自动灭火系统工况（手动或自动）进行灭火工作，直到火灾报警信息完成复位，气体灭火工况执行完毕后需人工启动排毒工况进行排毒。

4）列车在车站站台内发生火灾报警后，按应急方案下达站台火灾环控工况命令。组织气流对站台实施排烟。列车在区间隧道发生火灾时，若列车在区间失火并无法执行驶入车站，设备监控系统会从轨道信号系统接到相应列车停车位置信号，由环境调度按行调通知确认列车失火部位，选择执行合适的火灾工况指令。

3. 维修管理规程

设备监控系统是城市轨道交通系统机电设备正常运营、安全生产的重要自动控制系统，是城市轨道交通机电设备协调良好运行的关键，尤其是在轨道交通运输发生事故的状态下，更肩负着及时控制防火排烟设施执行灾害工况的任务，因此它又是重要的救灾设施。设备监控系统的良好维修管理直接影响整个轨道交通系统机电设备的正常运作，设备监控系统在轨道交通状态中的定位，是建立轨道交通系统机电设备科学的维修规程和管理组织可靠运行的基础。

（1）基本原则

1）检修方式。设备监控系统设备的维修管理按照预防与维修相结合，以预防为主的原则，按期进行计划性维修。在维修中应采取多种手段进行检测，充分利用系统本身的检测功能，根据设备状态参数进行早期设备故障诊断，积极推进设备监控系统维修由系统投运初期的计划维修和故障维修逐步向状态维修过渡。维修工作按维修工作性质分为计划性维修及故障维修。

2）维修制度。在加强对系统、设备定期维修的同时，加强对系统、设备的管理。执行“三定”（定设备、定人、定维修周期）、“四化”（维修工作制度化、维修作业标准化、维修手段现代化、维修记录图表化）的设备维修制度。

3）优化改进。在进行系统、设备维修的过程中应严格控制维修成本和维修质量，在确保维修质量的前提下减少不必要的浪费、合理安排人力和物料消耗。积极开展科研、技改国产化项目，不断完善系统功能、优化系统软件，根据实际需要开发报表功能，使机电设备监控系统更好地为城市轨道交通安全运营服务。运营管理部门及班组必须坚持对员工进行政治思想教育与专业技能培训，不断提高员工的思想素质与业务素质，建立一支思想素质高、遵章守纪、专业技能过硬的维修队伍。

（2）计划性维修

1）计划制订。计划性维修按维修内容可分为一级保养、二级保养、小修（三级）、中修（四级）；按维修周期可分为日检、季度检、半年检、年检等。下面以广州地铁设备监控系统计划性检修内容为例进行说明，以供参考。

机电设备监控系统年度维修计划由专业工程师参照《设备监控系统设备维修周期与工作内容》（见表2—1）制订。系统专业工程师将《设备监控系统设备维修周期与工作内容》中的工作内容根据系统实际情况进行分解、细化，制订设备监控系统的年度生产计划，制订相应的月度维修计划、临时维修计划。

表2—1　　设备监控系统设备维修周期与工作内容

序号	设备（数量）	修程	检修工作内容		周期
1	服务器及外围设备	一级保养	巡视系统外观，系统运行、报警及报表		每日
		二级保养	检查各硬件日常功能及外部清洁		每季
		小修	系统软件维护		每半年
		中修	系统部件硬件检修		每年
		大修	更换系统硬件		每八年
2	系统工作站及外围设备	一级保养	巡视系统外观，系统运行、报警及报表		每日
		二级保养	检查各硬件日常功能及外部清洁		每季
		小修	系统软件维护		每半年
		中修	系统部件硬件检修		每年
		大修	更换系统硬件		每五年
3	控制器	二级保养	控制器电源模块	1. 检查模块外观	每半年
				2. 观察通信指示灯闪烁情况，判断是否异常	
				3. 检查模块安装是否紧固	
				4. 检查并紧固模块供电线缆连接	
				5. 检查模块发热情况是否正常	
				6. 测量输入电压应为220 V（±5%）	
				7. 测量接地点对地电阻应≤1 Ω	
				8. 模块除尘清洁	
			CPU模块	1. 检查模块外观	每季
				2. 观察状态指示灯闪烁情况，判断是否异常	
				3. 检查模块安装是否紧固	
				4. 检查并紧固网络电缆连接	
				5. 检查模块发热情况是否正常	
				6. 模块除尘清洁	

续表

序号	设备（数量）	修程	检修工作内容		周期
3	控制器	二级保养	接口通信模块	1. 检查模块外观	每半年
				2. 检查接口运行指示灯，判断是否异常	
				3. 检查模块安装是否紧固	
				4. 模块除尘清洁	
				5. 检查模块发热情况是否正常	
				6. 检查并紧固接口电缆连接	
				7. 检查防淹门接口信息是否正确	
				8. 检查屏蔽门接口信息是否正确	
			以太网模块	1. 检查模块外观	每季
				2. 观察通信指示灯闪烁情况，判断是否异常	
				3. 检查模块安装是否紧固	
				4. 检查模块发热情况是否正常	
				5. 检查并紧固网络电缆连接	
				6. 模块除尘清洁	
			总线模块	1. 检查模块外观	每半年
				2. 观察通信指示灯闪烁情况，判断是否异常	
				3. 检查模块安装是否紧固	
				4. 检查模块发热情况是否正常	
				5. 检查并紧固总线电缆连接	
				6. 检查终端电阻连接是否紧固	
				7. 模块除尘清洁	
			区间远程 I/O 电源模块	1. 检查模块外观	每季度
				2. 检查模块安装是否紧固，锁紧开关处于锁紧位置	
				3. 检查并紧固模块供电线缆连接	
				4. 检查模块发热情况是否正常	
				5. 测量输入电压应为 220 V（±5%）	
				6. 测量接地点对地电阻应≤1 Ω	
				7. 模块除尘清洁	
			车站远程 I/O 电源模块	1. 检查模块外观	每半年
				2. 检查模块安装是否紧固，锁紧开关处于锁紧位置	
				3. 检查并紧固模块供电线缆连接	
				4. 检查模块发热情况是否正常	
				5. 测量输入电压应为 220 V（±5%）	
				6. 测量接地点对地电阻应 1 Ω	
				7. 模块除尘清洁	

续表

序号	设备（数量）	修程		检修工作内容	周期
3	控制器	二级保养	区间外围总线模块	1. 检查模块外观	每季度
				2. 观察状态指示灯，判断是否异常	
				3. 检查模块安装是否紧固	
				4. 检查模块发热情况是否正常	
				5. 检查并紧固总线电缆连接	
				6. 检查终端电阻连接是否紧固	
				7. 模块除尘清洁	
			车站外围总线模块	1. 检查模块外观	每半年
				2. 观察状态指示灯，判断是否异常	
				3. 检查模块安装是否紧固	
				4. 检查模块发热情况是否正常	
				5. 检查并紧固总线电缆连接	
				6. 检查终端电阻连接是否紧固	
				7. 模块除尘清洁	
			区间 I/O 模块	1. 检查模块外观	每季度
				2. 检查模块安装是否紧固，锁紧开关处于锁紧位置	
				3. 检查并紧固模块 I/O 电缆及信号电源电缆连接	
				4. 检查模块发热情况是否正常	
				5. 观察状态指示灯，判断是否异常	
				6. 模块除尘清洁	
				7. 测试区间设备输入信号，检查输入 LED 与实际是否相符	
			车站 I/O 模块	1. 检查模块外观	每半年
				2. 检查模块安装是否紧固，锁紧开关处于锁紧位置	
				3. 检查并紧固模块 I/O 电缆及信号电源电缆连接	
				4. 检查模块发热情况是否正常	
				5. 观察状态指示灯，判断是否异常	
				6. 模块除尘清洁	
		中修	控制器电源模块	更换后备电池	每三年

续表

序号	设备（数量）	修程	检修工作内容	周期
4	交换机	二级保养	1. 外观检查	每季
			2. 检查设备安装是否紧固	
			3. 观察状态及通信指示灯，判断是否异常	
			4. 检查设备发热情况是否正常	
			5. 测量供电电源电压应为 24 VDC（±5%）	
			6. 测量接地点对地电阻应≤1 Ω	
			7. 检查并紧固电源电缆、网络电缆、状态反馈电缆及光纤连接	
			8. 除尘清洁	
		小修	1. 包括半年检内容	每年
			2. 检查所有交换机 DIL 开关设置	
5	冷机、变频器接口	二级保养	1. 外观检查	每季
			2. 检查设备安装是否紧固	
			3. 观察状态及通信指示灯，判断是否异常	
			4. 检查设备发热情况是否正常	
			5. 检查并紧固电源电缆、通信电缆连接	
			6. 除尘清洁	
6	模拟屏	二级保养	1. 外观检查	每季
			2. 检查设备安装是否紧固	
			3. 检查模拟屏（等离子电视）显示信息是否正确	
			4. 检查并紧固电源电缆、通信电缆连接	
			5. 除尘清洁	
7	RS485 转换器合并到接口检修	二级保养	1. 外观检查	每季
			2. 检查设备安装是否紧固	
			3. 观察状态及通信指示灯，判断是否异常	
			4. 检查设备发热情况是否正常	
			5. 测量供电电源电压	
			6. 检查并紧固电源电缆、通信电缆连接	
			7. 除尘清洁	
8	开关电源	二级保养	1. 检查设备外观	每季
			2. 检查设备安装是否紧固	
			3. 检查并紧固设备输入及输出电源电缆连接	
			4. 检查设备发热情况是否正常	
			5. 测量输入电压应为 220 VAC（±5%）	
			6. 测量输出电压应为 24 VDC（±5%）	
			7. 测量接地点对地电阻应≤1 Ω	
			8. 模块除尘清洁	

续表

序号	设备（数量）	修程	检修工作内容	周期
9	UPS	一级保养	UPS 状态检查，查看显示面板的信息	每日
		二级保养	1. 外观检查	每季
			2. 检查主机指示灯指示状态是否异常	
			3. 检查主机通风情况	
			4. 检查旁路开关位置	
			5. UPS 逆变输出功能测试	
			6. UPS 主机及电池柜内、外部清洁	
			7. 检查并紧固 UPS 输入、输出电缆及主机与电池柜连接电缆	
		小修	1. 包括二级保养内容	每年
			2. 测量 UPS 输入、输出电压应为 220 VAC（±5%）	
			3. 通过 UPS 自检功能检查设备状态是否正常	
			4. 旁路供电功能测试	
			5. 测量电池组供电电压	
			6. 测量电池单体电压应为 12 VDC（±5%）	
			7. 检查电池有无漏液，电极有无氧化	
			8. UPS 主机及电池柜内、外部清洁	
			9. 检查并紧固电池连接电缆，清洁电池电极	
		中修	更换后备电池组	每五年
10	继电器	二级保养	1. 外观检查	每半年
			2. 检查固定情况	
			3. 检查线圈发热情况	
			4. 紧固接线	
11	冷冻水二通流量调节阀执行器及手动不锈钢球阀	二级保养	1. 外观检查	每半年
			2. 由工作站分别输出开度 0、5%、50%、100%，并检查控制器接收反馈值是否正确	
			3. 测量二通阀变压器电源供电是否正常	
			4. 测量二通阀反馈电压和控制电压是否在正常范围内	
			5. 清洁二通阀执行器清洁	
			6. 检查并紧固电缆接线	
			7. 现场检查阀体和执行机构的动作情况	
		小修	1. 包括二级保养内容	每年
			2. 执行器上油保养	

续表

序号	设备（数量）	修程	检修工作内容	周期
12	温度、湿度传感器	二级保养	1. 外观检查	每半年
			2. 检查工作站温度测点的测量情况	
			3. 检查并紧固电缆接线	
			4. 传感器表面清洁	
		小修	1. 校验温度传感器精度	每年
			2. 清洁温度传感器	
13	流量传感器	二级保养	1. 外观检查	每半年
			2. 检查流量信号是否正常	
			3. 检查并紧固电缆接线	
			4. 零位反馈信号检查	
			5. 传感器表面清洁	
		小修	1. 校验流量传感器精度	每五年
			2. 拆卸流量计并进行内部清洁	
14	水管温度计	二级保养	1. 检查工作站温度测点的测量情况	每半年
			2. 检查温度传感器外观	
			3. 检查并紧固电缆接线	
			4. 传感器表面清洁	
		小修	校验温度传感器精度	每年
15	差压传感器	二级保养	1. 外观检查	每半年
			2. 检查工作站压差测点的测量情况	
			3. 检查并紧固电缆接线	
			4. 传感器表面清洁	
		小修	校验差压传感器精度	每年
16	压力传感器	二级保养	1. 外观检查	每半年
			2. 检查工作站压力测点的测量情况	
			3. 检查并紧固电缆接线	
			4. 传感器表面清洁	
		小修	校验压力传感器精度	每五年
17	液位传感器	二级保养	1. 外观检查	每半年
			2. 检查工作站液位测点的测量情况	
			3. 检查并紧固电缆接线	
			4. 传感器表面清洁	
		小修	校验液位传感器精度	每五年

续表

序号	设备（数量）	修程	检修工作内容	周期
18	控制箱、柜	二级保养	1. 外观检查	每半年
			2. 检查固定情况	
			3. 内外部清洁	
			4. 门校检查	
			5. 门锁检查	
			6. 测量空气开关输入电源电压应为220 VAC（±5%）	
			7. 检查并紧固柜内所有电缆接线	
			8. 检查光电转换器发热情况是否正常	
			9. 观察光电转换器通信指示灯判断设备运行情况是否正常	
			10. 检查柜内光纤（含尾纤、跳线）是否损伤，有无过度弯曲	
19	区间管线	二级保养	1. 检查区间管线固定螺钉是否齐全	每季度
			2. 检查区间管线是否松动并进行固定	
20	大屏幕投影墙	二级保养	1. 投影墙外观检查	每季度
			2. DIGICOM 外观检查	
			3. 控制 PC 外观检查	
			4. 检查电源、网络及视频电缆是否整齐牢固	
			5. 检查操作系统运行情况	
			6. 检查设备状态信息显示	
			7. 检查系统时间与主时钟偏差	
			8. 检查键盘、鼠标功能是否正常	
			9. 检查画面显示情况	
			10. 检查屏幕色彩及亮度情况	
			11. 背投单元、DIGICOM 及控制 PC 清洁	
		中修	1. 包括季检内容	每一年
			2. DIGICOM 及控制 PC 内部清洁	
			3. 投影机芯内部清洁及光学校准	
			4. 更换投影机芯磨损件	
21	车站系统功能测试	小修	1. 检查并验证所有环控、照明、导向系统工况设备动作是否正确	每年
			2. 检查并验证所有 FAS 自动通道信号及相应工况联动功能是否正确	
			3. 检查并验证所有消防联动柜手动通道信号及相应工况联动功能是否正确	
			4. 检查并验证所有 PLC 冗余功能是否正常	
			5. 检查并验证车站内光纤环网断点冗余功能是否正常	
			6. 检查并验证与信号系统接口的所有信息传递及相应工况联动功能是否正确	

续表

序号	设备（数量）	修程	检修工作内容	周期
22	系统升级	大修	全面更换工作站、控制器及传感器等设备	15 年
23	紧急综合操作盘	二级保养	1．控制柜外观检查，清洁系统控制柜内外	每季
			2．模块外观检查，观察模块指示灯闪烁情况，判断是否异常	
			3．检查模块安装是否紧固	
			4．检查模块发热情况是否正常	
			5．检查并紧固光纤、网络电缆、电源电缆及信号电缆连接	
		小修	1．二级保养全部内容	每年
			2．模块除尘清洁	
			3．测量进线电源电压，应为 220 VAC ±5%	
			4．测量 24 VAC/DC 开关电源电压，输入电压应为 220 VAC ±5%，输出电压应为 24 VDC ±5%	
24	照度传感器	二级保养	1．检查传感器外观	每季
			2．传感器安装检查	
			3．检查传感器供电电源	
			4．检查传感器接线	
			5．测量传感器变送器的输出值	
			6．检查温度信号是否正常	
			7．校准反馈值	
		大修	更换传感器	8 年

2）维修安全管理。安全是城市轨道交通运营工作的生命线，运营管理部门须给各专业维修人员创造良好的维修条件，机电设备监控系统的维修工作必须严格执行相关的安全操作规程，遵守国家、公司相关的安全规章制度。

设备监控系统维修员工应严格进行岗前和定期的安全教育和专业技能培训，安全教育和专业技能培训合格者方可进行本专业的维修工作。

建立、健全各级安全管理网络，在工班管理中设立工班兼职安全员，在工班员工中树立“安全第一，预防为主”的思想，在实际工作中对安全问题实行“安全隐患未排除不放过、安全措施未落实不放过、安全责任未明确不放过”的三不放过方针，加强对安全工作的检查和落实。

3）维修技术档案管理

①技术档案。运营维修部门应建立相应的系统设备技术档案，在专业设备维修管理部门保存设备监控系统的各项原始技术资料，应保存的技术资料与图表如下：

a．设备监控系统的合同技术需求文件。

b．设备监控系统维护手册。

c．设备监控系统操作手册。

d．设备监控系统竣工资料，包括机电设备监控系统设备平面布置图、机电设备监控系统原理图、机电设备监控系统设备安装及接线端子图等。

e. 机电设备监控系统安装调试验收资料。

②技术改造变更档案

a. 运行参数修改记录。

b. 软件修改记录。

c. 安装接线修改记录、测试记录。

d. 系统设备技术改造的立项申请、实施合同、验收文本文件。

③运行档案。监控系统运行的运行档案包括运行检修记录、标准运行参数等原始数据内容及累次的维修记录、故障记录等运行中的有关数据、内容。内容如下：

a. 监控系统的检修周期与内容。

b. 年度检修计划。

c. 各种设备的安装手册、维护手册、操作手册、竣工资料系统及作业任务书。

d. 设备质量检查情况汇总表和建立在原始维修记录基础上的统计分析报表。

e. 对作业完成情况、故障情况、计划性检修消耗、故障消耗、设备质量等进行统计分析。机电设备监控系统维修工班应备的记录有：机电设备监控系统巡视记录、维修记录、故障处理记录。机电设备监控系统工班应按系统及设备的技术要求定期对系统设备进行全面测试，应使设备所有技术性能符合原设计的要求，对系统设备、软件、功能的变更必须经技术部门审批。

4）维修质量管理

①在各类维修工作的进行过程中及完成后，工班应根据设备监控系统设备维修标准，立即对维修工作质量进行检查，并做好记录。

②专业工程师对维修工作质量的检查采用抽查的形式。每周抽查应不少于两次，且每次抽检率应不低于5%。

③工班所在维修部门根据公司的工作目标安排和设备运行实际情况，并根据城市轨道交通运营特点，在有重大活动和节假日前对维修工作质量进行检查。

5）维修工器具、备品备件、材料管理。为保障设备监控系统良好运行，需要根据系统特点配备电气、电子常用维修工具，为使各种工器具、材料、备品备件能满足实际系统运行需要，必须对工器具、材料、备品备件实施有效的管理，并需根据实际消耗及需要进行相关计划编制及相关仪器的采购、验收、使用、保管、维护保养等。为满足上述管理要求，可在维修工班内设置工班兼职材料员，对设备物资进行管理。

(3) 故障维修管理。城市轨道交通肩负着客流运输的任务，社会影响大，一旦发生事故（故障)，抢险组织工作人员必须牢固树立“安全第一”的思想，贯彻“高度集中，统一指挥，逐级负责”的原则，采取“先通后复”的办法，尽快恢复运营的原则。

机电设备监控系统发生故障后，应尽快组织对故障设备进行测试、诊断、分析，找出故障原因并修复故障，恢复设备使用。在故障修复时应详细记录故障现象及处理修复过程，以备分析故障及在进行其他修程时做出进一步的处理与修复。在故障处理后，应能保证设备恢复使用功能，正常投入运行；如无法达到时，应降级使用，限制故障范围；尽量防止设备带病运行，防止故障扩大化。

1）事故处理原则

①对发生故障的设备进行及时的判断分析，及时排除故障，确保安全时先行运行。

②对重要故障的设备进行测试、诊断，进而修复或暂时修复。

③详细记录故障现象及修复过程，以备在其他修程开展时做出进一步的处理与修复。

④保证故障设备能恢复使用功能，如无法达到，至少应确保设备恢复运营所必须具备的功能。

⑤及时向有关人员通报对故障的测试、诊断及处理过程。

2）事故处理有关规定

①在轨道交通范围内任何人都有报告故障的义务。

②环控设备巡视操作人员及工班维修人员有报告故障、事故的义务，并有在各自的职责范围内处理故障，避免或控制事故，有降低事故破坏程度的责任和义务。

③对影响行车的故障，在保证安全的前提下按照“先通车后恢复”的原则进行处理。

第三节 设备监控系统人机界面

设备监控系统人机界面为操作管理者提供人机互动的设备，包括操作工作站、服务器工作站、维修工作站、综合应急操作盘（简称 IBP）及辅助设备等设备。

一、操作工作站

操作工作站有车站和调度操作站两大类，它们为车站、调度人员提供操作人机界面，一般连接在系统的信息层网络上，实现设备监控显示、操作等功能。操作工作站设备由工控机及系统人机界面软件等组成。

工控机是专门为工业现场设计的计算机，其组成原理图如图 2—1 所示。工控机和商用微型计算机的组成原理十分相似，但工控机的主机板和其他各板卡之间通过 ISA 总线或 PCI 总线实现互联。

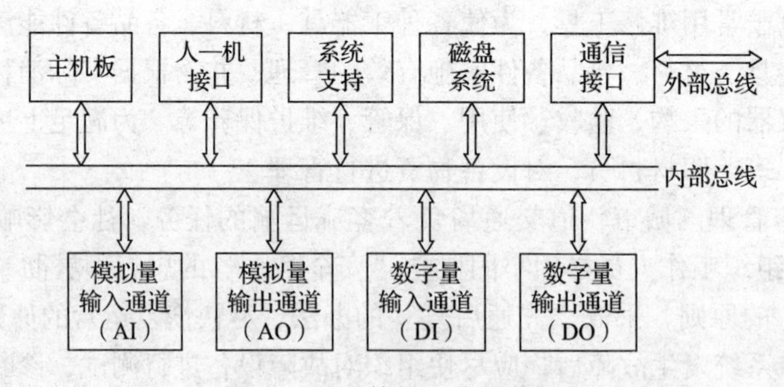

图 2—1 工控机组成原理图

1. 工控机特点

（1）采用符合“EIA”标准的全钢化工业机箱，增强了抗电磁干扰能力。

（2）采用总线结构和模块化设计技术。CPU 及各功能模块皆使用插板式结构，并带有

压杆软锁定，提高了抗冲击、抗振动能力。

（3）机箱内装有双风扇，正压对流排风，并装有滤尘网用于防尘。

（4）配有高度可靠的工业电源，并有过压、过流保护。

（5）电源及键盘均带有电子锁开关，可防止非法开、关和非法键盘输入。

（6）具有自诊断功能。

（7）可视需要选配 I/O 模板。

（8）设有“看门狗”定时器，在因故障死机时，无须人为干预，可自动复位。

（9）开放性和兼容性好，吸收了 PC 的全部功能，可直接运行 PC 的各种应用软件。

（10）可配置实时操作系统，便于多任务的调度和运行。

（11）可采用无源母板（底板），方便系统升级。

2. 工控机的主要结构

（1）全钢机箱（见图 2—2）。工控机的全钢机箱是按标准设计的，抗冲击、抗振动、抗电磁干扰，内部可安装同 PC－bus 兼容的无源底板。

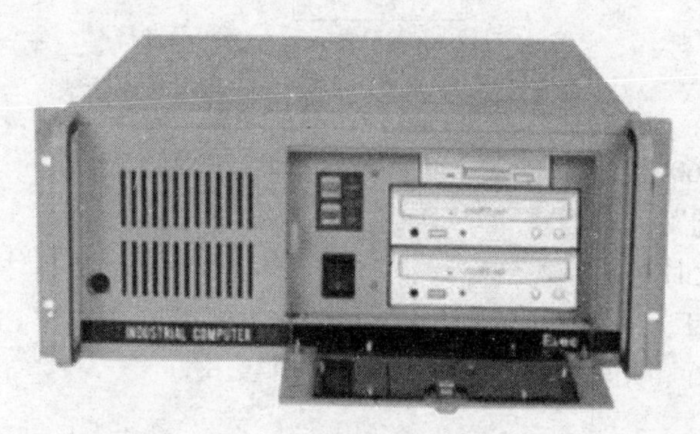

图 2—2　工控机的全钢机箱

（2）无源底板。无源底板（见图 2—3）的插槽由 ISA 和 PCI 总线的多个插槽组成，ISA 或 PCI 插槽的数量和位置根据需要有一定选择，该板为四层结构，中间两层分别为地层和电源层，这种结构方式可以减弱板上逻辑信号的相互干扰和降低电源阻抗。底板可插接各种板卡，包括 CPU 卡、显示卡、控制卡、I/O 卡等。

图 2—3　工控机无源底板

（3）工业电源。工控机的工业电源为 AT 开关电源，平均无故障运行时间达到 250 000 h。

（4）CPU 卡。工控机的 CPU 卡（见图 2—4）有多种，根据尺寸可分为长卡和半长卡，根据处理器可视自己的需要任意选配。其主要特点如下：

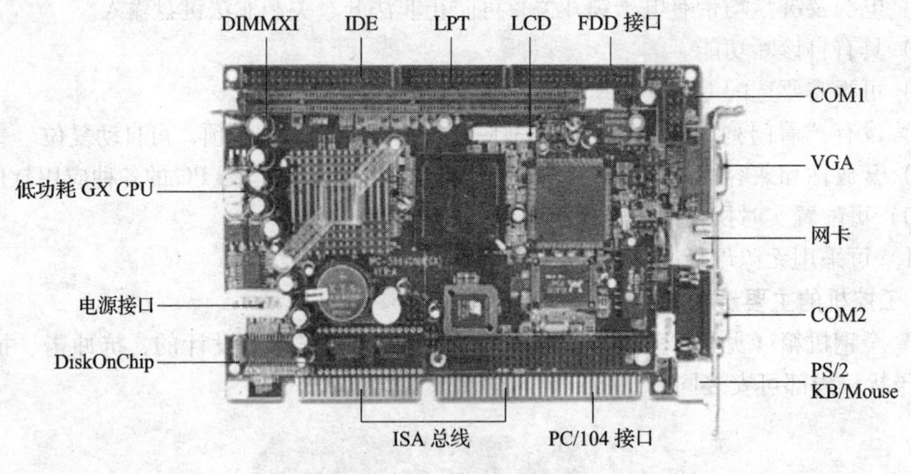

图 2—4 工控机 CPU 卡

1）工作温度 0 ~ 60℃。

2）装有“看门狗”计时器。

3）低功耗，最大时为 5 V/2.5 A。

（5）其他配件。工控机的其他配件基本上都与 PC 兼容，主要有 CPU、内存、显卡、硬盘、软驱、键盘、鼠标、光驱、显示器等。

二、服务器工作站

服务器工作站是控制网络中信息层上负责数据传输处理的服务器，它是管理和传输信息的一种计算机系统。服务器作为一种高性能计算机，可作为网络的节点存储、处理网络上 80% 的数据、信息，因此也可以说是服务器在“组织”和“领导”控制网络的设备，为网络上的计算机提供各种服务，它在网络操作系统的控制下，将与其相连的高性能设备提供给网络上的客户站点共享，也能为网络用户提供集中计算、信息发表及数据管理等服务。它的高性能主要体现在高速度的运算能力、长时间的可靠运行、强大的外部数据吞吐能力等方面。

服务器的构成与计算机相似，主要的硬件构成仍然包含处理器、内存、磁盘系统、主板等几个主要部分。它们是针对具体的应用特别制定的，因而服务器与微机在处理能力、稳定性、可靠性、安全性、可扩展性、可管理性等方面存在很大差异。

1. 处理器（CPU）

CPU 的类型、主频和数量决定着服务器的性能。目前，由于 IA 架构的服务器采用开放体系结构，因而受到了国内外服务器厂商的青睐，并以较高的性能价格比而得到广泛的应用。Intel 现在生产的 CPU 中主要分为 3 类：奔腾 4（Pentium 4）系列、至强（Xeon）系列和安腾 2（Itanium 2）系列。

（1）Pentium 4 系列。它主要面向 PC，对多处理器支持不强，适用于入门级服务器。

（2）Xeon 系列。它作为服务器专用 CPU，除了拥有超线程技术外，还集成三级高速缓存体系结构，Xeon 支持两个 CPU，Xeon MP 则支持 4 以上，适用于工作组和部门级服务器。

（3）Itanium 系列。它是与其他 CPU 完全不同的 64 位 CPU，可用于处理大型数据库，进行实时安全交易等应用，适用于企业级服务器。

对于目前规模较小（如 10 个客户端）、服务器预算较少（如 15 000 元以下）的中小型企业来说，选择 CPU 应该首先考虑 Pentium 4。如果服务器的数据处理量较大，可以考虑双 Pentium 4 处理器或 Xeon 系列。除此之外，CPU 的主频越高，缓存数量越大，则服务器的运算速度就会越快，性能就会越高，但必须从自身的应用需求出发搭配相关硬件。

2. 内存（RAM）

服务器内存比普通 PC 内存要严格得多，它不仅强调速度，还要求纠错能力和稳定性。目前服务器上也有使用 SDRAM 内存的，但大部分服务器都使用 ECC 专用内存。内存选择要根据实际使用情况和服务器本身所能配置的最大内存来斟酌，特别是对于数据库服务、Web 服务等而言，内存容量尤其重要。通常入门级服务器的内存不应该小于 512 MB，工作组级的内存不小于 1 GB，部门级的内存不小于 2 GB。

3. 磁盘系统

服务器的磁盘系统由磁盘阵列及硬盘组成。

（1）磁盘阵列。提升服务器存储系统性能的最佳办法就是采用磁盘阵列（RAID）系统。RAID 是一种把多块独立的物理硬盘按不同方式组合起来形成一个逻辑硬盘组，从而提供比单个硬盘更高的存储性能和提供数据冗余的技术。RAID 卡是用来实现 RAID 功能的板卡，通常是由 I/O 处理器、SCSI 控制器、SCSI 连接器和缓存等一系列组件构成的。RAID 卡可以有效地提升存储系统的数据传输速率并降低 CPU 占用率。

磁盘阵列根据其使用的技术不同而划分了等级，称为 RAID level，目前公认的标准是 RAID 0 ~ RAID 5。其中的 level 并不代表技术的高低，RAID 5 并不高于 RAID 4，RAID 0 并不低于 RAID 2，至于选择哪一种 RAID 需视用户的需求而定。下面分别对常用的 RAID 0、RAID 1、RAID 5 进行简单的介绍。

1）RAID 0。RAID 0 又称为 Stripe 或 Striping，译为集带工作方式。即将数据交叉存放在多个磁盘上，但对操作系统而言看起来像一个单独的磁盘。这样的模式无法为数据提供保护功能，但它可以在绝大多数的情况下加速对数据的操作。绝大多数的基于硬件以及软件的 RAID 系统都可以支持这种阵列模式。

2）RAID 1。RAID 1 即磁盘镜像，它把磁盘操作在 RAID 系统的控制下复制在多个磁盘上。当写入数据的时候，实际上数据被写入了两个甚至更多的磁盘中。这种模式提供了数据的可恢复性，但这是以性能为代价的。因为每一项磁盘操作都需要进行多次。与 RAID 0 相同，通常软硬件系统都可以支持这样的阵列模式。

3）RAID 5。RAID 5 提供了对数据奇偶校验的分布存储。它可以在提高数据访问速度的同时实现数据冗余性。RAID 5 将数据交错存储在多个磁盘上（类似 RAID 0），同时维护着一个奇偶校验块（parity blocks）系统，由此使整个阵列清楚每一个物理磁盘上所存储的数据，即使某个磁盘出现了故障也不会对访问产生影响。采用这样的模式至少需要三块物理磁盘。此外，为了存储奇偶校验数据以及在故障中进行数据恢复还会损失一部分的磁盘空间。

（2）硬盘。硬盘从接口上可分为IDE硬盘和SCSI硬盘。

1）IDE硬盘（见图2—5）。即日常所用的硬盘，它由于价格便宜且性能不差，因此在PC上得到了广泛的应用。目前，在小型服务器中普遍采用的是支持S－ATA（串行ATA）技术的IDE硬盘。这种IDE硬盘与以往普通的支持P－ATA技术的IDE硬盘相比，由于采用了点对点而不是基于总线的架构，所以可以为每个连接设备提供全部带宽，从而提高了总体性能。

2）SCSI硬盘。SCSI硬盘（见图2—6）性能好，在服务器上普遍采用此类硬盘产品，但SCSI硬盘虽好但价格较高，因而较少在低端系统中应用。但对于一些不能轻易中止的服务器而言，还应当选用SCSI硬盘以保证服务器的不停机维护和扩容。

图2—5　IDE硬盘

图2—6　SCSI硬盘

4. 主板

服务器主板是专门为满足高稳定性、高性能、高兼容性服务器而开发的主机板，在运作时间、运作强度、数据转换量、电源功耗量、I/O吞吐量方面均比普通主板要求更高。服务器主板接口多，尤其是硬盘接口多，性能稳定。有些服务器主板可以插多个CPU和很多条内存，性能扩展性强。

5. 软件

基本的服务器软件由操作系统及数据库组成。

（1）操作系统。服务器操作系统主要有三大类：第一类是Microsoft Windows Server系列操作系统，这类产品大家最熟悉，也最容易得到，比较适合中小企业。第二类是Linux操作系统，它具有一定的开放性，因此价格比Windows Server系列操作系统便宜很多，但也正是因为它的开放性导致它的维护成本较高。第三类是UNIX，代表产品包括HP－UX、IBM AIX等，但这类服务器主要定位于高端，不适合中小企业。

（2）数据库。数据库是服务器维护核心信息的工具，数据库软件选择得是否合适将直接影响到服务器各种应用的深入。根据服务器操作系统的不同可选择不同的数据库。

1）如果选用SBS高级版，数据库软件SQL Server 2000就已经包含在其中了。与其他的数据管理平台相比，SQL Server 2000与更多的中小企业应用程序兼容，同时提供了各种数据库分析、监控工具。

2）如果选用 Linux 操作系统，服务器的数据库软件为 MySQL。MySQL 是数据库领域的“中间派”，它缺乏一个全功能数据库的大多数主要特征，但是又比类似 Xbase 数据库有更多的特征。

三、综合应急操作盘

综合应急操作盘（IBP）设置在轨道交通系统的站点控制室，在紧急情况下提供紧急按钮，作为站点的机电设备控制系统的后备、紧急操作设备，是在紧急情况下使用的按键式模拟监控盘，以支持车站的关键监视和控制功能。

IBP 盘体设置主要设备及灾害工艺模式的操作按钮、状态指示灯及报警装置；内部安装工作站主机、控制器及 I/O 模块、线槽和端子排等设备。操作台设置人机界面、调度电话及公务电话等。

四、辅助设备

辅助设备有打印机和不间断电源。

1．打印机

打印机具有事件、报表打印和日常维护管理打印功能。事件的打印用于操作记录、事故记录、报警记录、测量数据的实时打印，报表打印用于数据的各类报表的定期打印，同时还有图表的输出打印。监控系统配置有专用的打印机服务器实现打印机的管理。

2．不间断电源

设备监控系统在控制中心按照监控设备的总功率和系统要求的断电不小于 30 min 的支持时间设置不间断电源，为所有设备监控系统的设备，包括工作站、服务器、控制器、通信设备、传感器及执行机构进行统一的供配电，保证设备监控系统电源的稳定可靠。

第四节　设备监控系统通信网络

设备监控系统通信网络包括管理网络、控制器网络、I/O 网络。

一、管理网络

管理网络是控制系统最高通信网络，是各工作站之间的通信网络，是实现设备生产管理、数据管理的关键网络，在设备监控系统中是各车站工作站与中央级间的通信网络。该网络一般由以太网形式组建。

1．构成方式

中央级通信网络是中央级工作站与各车站设备间的通信网络，一般采用的实现方式为自组网络方式或使用通信专业网络信道传输的方式。轨道交通设备监控系统考虑到地下空间小、可靠性及信息安全等的因素，一般采用由通信专业统一提供网络通信信道的方式。

具体是各设备监控系统将通信网络线路接入通信专业提供的信道中，由通信专业打包传输，再由线路控制中心里通信专业的信道接入系统中央级设备，现中央级通信速率一般要求不低于 100 Mbit/s。

2. 网络设备

中央级通信网络一般使用工业以太网进行数据传输，由于单条轨道线路的设备监控系统通信网络层级相对简单，只需要通信交换设备就可实现，考虑到轨道交通干扰大和设备型号统一性，一般与车站设备一样统一采用工业级交换机。

下面以使用的德国赫斯曼公司的工业以太网交换机 RS2 - FX/FX（见图 2—7）为例作进一步介绍。

赫斯曼公司的工业以太网交换机工作寿命长，实现导轨安装，采用存储—转发技术，可以实现容错冗余环，快速光缆线路冗余；发生故障时反应时间（切换）少于 500 ms，一个环上可以串接最多 50 个交换机（快速媒体冗余），符合标准 IEEE 802.3 10/100BASE - T（X） and 100BASE - TX，可以采用屏蔽双绞线以满足工业用途。

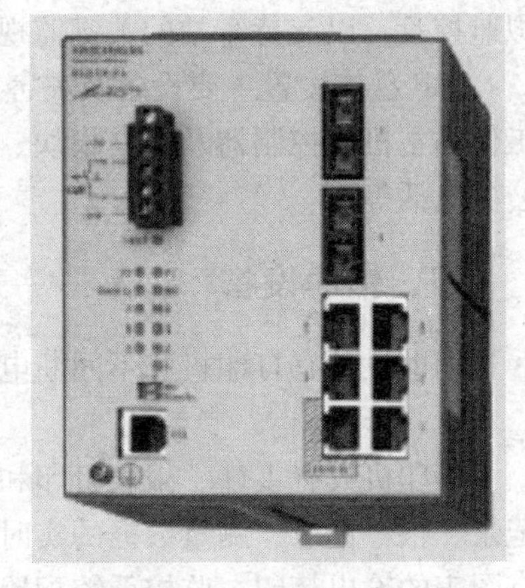

图 2—7　赫斯曼交换机

具体端口如下：

（1）5 个 10/100BASE - T（X）口，各端口均支持自动协商和自动极性显示。

（2）2 个 100BASE - FX 全双工多模光纤口，SC 插头。

（3）1 个 stand - by 口用于多个环之间的冗余连接。

（4）1 个 V.24 口（用于交换机设置）。

（5）24 V 冗余电源连接。

（6）运行状态可通过 LEDs 和附加触点显示。

（7）附加触点：max. 24 volts 1 A。

（8）DIL 开关：用于启动 stand - by 口和冗余管理器功能。

（9）LET 显示：电源 P1，电源 P2，各端口连接状态，通信状态，故障。

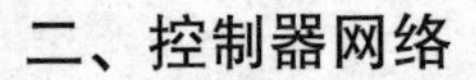

二、控制器网络

控制器网络是主控制器之间的通信网络，是实现过程与监控级实现数据交换的核心网络。控制器网络一般采用总线方式通信，各控制器间可进行数据通信，通过通信模块实现分布式控制策略，在设备监控系统中是车站内各主控制器间的通信网络。控制器网络一般称为车站级通信网络。

1. 构成方式

车站级通信网络用于主控制器设备间的通信，一般采用各种控制系统自身的通信总线组建自身的通信网络，轨道交通设备监控系统考虑到电磁干扰、被控设备的性质及可靠性要求等的因素，可考虑使用通信冗余。

2. 网络设备

车站级通信网络由现场通信总线传输，一般与车站设备一样统一采用工业级交换机。现在流行的现场总线为 PROFIBUS（过程现场总线）、ModBus、LonWorks（局域操作网络）、CAN（控制器局域网络）等。

三、I/O 网络

它是控制系统控制器与 I/O 模块或远程 I/O 的通信网络，是实现现场数据处理和控制功能的基础网络，在设备监控系统中是主控制器与 I/O 模块或远程 I/O 的通信网络。一般称该网络为就地级通信网络。

1. 构成方式

车站级通信网络是主控制器与 I/O 模块及远程 I/O 模块间的通信，一般采用各种控制系统自身的通信总线组建自身的通信网络。

2. 网络设备

就地级通信网络由现场总线传输网络构成，在控制柜内的 I/O 模块一般使用背板总线进行通信，分散在现场的一般使用各控制器支持的总线通信。

第五节　设备监控系统控制器

常用的设备监控系统控制器有 2 种：DCS 和 PLC。两种控制器各有优缺点，都可用来组建设备监控系统。

一、设备监控系统控制系统

轨道交通设备监控系统监控对象为送/排风机及联动风阀、调节阀（包括风阀及水阀）、水泵、空调器、冷水机组、电扶梯、低压供配电等设备，单个车站监控的设备点数达 2 000 点左右，同时需要对车站环境参数进行调节，快速执行防排烟灾害模式。设备监控系统控制器需要满足以上基本功能，必须支持点数要求及监控功能的要求，并且系统必须留有余量，以备扩展的需求。

监控系统主要控制要求有三个：一是对设备进行监控；二是按照逻辑要求控制风机风阀、冷水机组、水泵及水阀的顺序启停；三是对环境参数进行调节。对于要求一是所有控制系统都能满足的，对于要求二 PLC 控制系统逻辑运算有很大的优势，对于要求三则是 DCS 控制系统有优势。因此，目前国内使用的控制系统主要有两种：DCS 控制系统和 PLC 控制系统。

二、DCS

DCS 为分散控制系统（Total Distributed Control System）的英文简称，是随着现代大型工业生产自动化的不断兴起和过程控制要求的日益复杂应运而生的综合控制系统，指的是控制危险分散、管理和显示集中。它是计算机技术、系统控制技术、网络通信技术和多媒体技术相结合的产物，可提供窗口友好的人机界面和强大的通信功能。

1. 系统组成

系统主要由现场控制站（I/O 站）、数据通信系统、人机接口单元、机柜、电源等组成。系统具备开放的体系结构，可以提供多层开放数据接口。

2. 系统特点

DCS 是一个由过程控制级和过程监控级组成的以通信网络为纽带的多级计算机系统，综合了计算机、通信、显示和控制等技术，其基本思想是分散控制、集中操作、分级管理、配置灵活以及组态方便。DCS 具有以下特点：

（1）高可靠性。由于 DCS 将系统控制功能分散在各台计算机上实现，系统结构采用容错设计，因此某一台计算机出现的故障不会导致系统其他功能的丧失。此外，由于系统中各台计算机所承担的任务比较单一，可以针对需要实现的功能采用具有特定结构和软件的专用计算机，从而使系统中每台计算机的可靠性也得到了提高。

（2）开放性。DCS 采用开放式、标准化、模块化和系列化设计，系统中各台计算机采用局域网方式通信，实现信息传输，当需要改变或扩充系统功能时，可将新增计算机方便地连入系统通信网络或从网络中卸下，几乎不影响系统中其他计算机的工作。

3. 应用实例

图 2—8 为站点 DCS 控制系统组成原理图。控制控制器选用 TAC 公司 I/NET 系列控制系统，网络路由 527 连接以太网及控制网络，以太网连接工作站及中央级控制网络，控制器网连接过程控制器 7718、单元控制器接口 7760 及通信接口 913 等设备，其中 7760 可通过控制器子网连接 7270 进行 I/O 扩展单元。

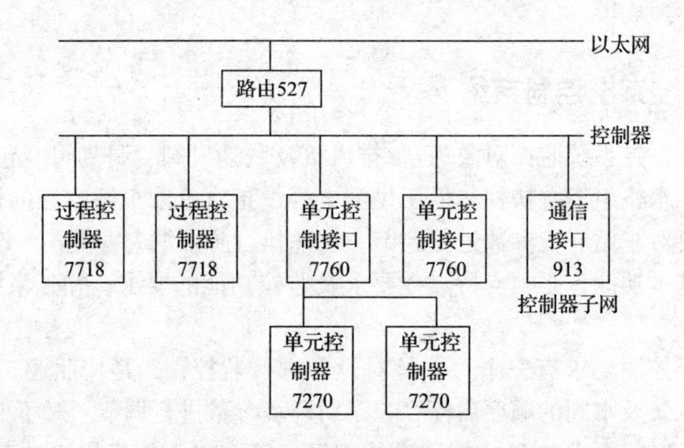

图 2—8　站点 DCS 控制系统原理图

工作站系统使用 Windows 2000 Professional 操作系统，服务器使用 Windows 2000 Server 操作系统，站点使用监控软件 INET7 组建人机界面。

三、PLC

可编程序控制器又称可编程逻辑控制器（Programmable Logic Controller），简称 PLC，主要用来代替继电器实现逻辑控制，具有逻辑运算、计时、计数等顺控功能。随着技术的发展，这种装置的功能已经大大超过了逻辑控制的范围，具有连续模拟量处理、高速计数、远程 I/O 和网络通信等功能。

1. 可编程逻辑控制器的特点

（1）适合工业控制环境。PLC 工作条件不需要通常的计算机机房设备，可直接置于工业控制现场之中，其 I/O 模块输出具有一定的功率驱动能力，输入也允许一般工业环境中的交、直流电源，许多情况下可与电气元件、调速器、检测元件直接相连。

（2）高可靠性。PLC 是专为工业控制设计的，可在恶劣工业环境下与强电设备一起工作，运行的稳定性和可靠性较高。一般用 MTBF（平均无故障时间）和 MTTR（平均修复时间）这两项指标来衡量其可靠性。PLC 主机 CPU 的 MTBF 一般可达 20 万 h 以上，I/O 模块可达 800 000 h 左右，PLC 系统的 MTBF 可达 20 000 h 以上，而通常 MTTR 则少于 10 min。大型 PLC 系统还可以采用由双 CPU 构成冗余系统或由三 CPU 构成表决系统，使可靠性更进一步提高。

（3）采用模块化结构。为了适应各种工业控制的需要，除了单元式的小型 PLC 以外，绝大多数 PLC 均采用模块化结构。PLC 的各个部件，包括 CPU、电源、I/O 等均采用模块化设计，由机架及电缆将各模块连接起来，各种功能模块种类繁多，系统的规模和功能可根据用户的需要自行组合。

（4）安装简单，维修方便。PLC 使用软件编程替代了大量的现场硬件线路，减少了大量的系统设计和施工量，并且由于控制程序可以离线编辑和调试，大大缩短了设计和投运周期。同时，PLC 体积小、重量轻，易于安装和维护，PLC 配备有自检和监控功能，能检查出自身的故障并随时显示给操作人员，能动态地监视控制程序的执行情况，为现场的调试和维护提供了方便。再者，由于接线少，维修时只需更换插入式模块，维护方便。

2. PLC 的基本结构

PLC 从结构上可分为固定式和组合式（模块式）两种。固定式 PLC 包括 CPU 板、I/O 板、显示面板、内存块、电源等，这些元素组合成一个不可拆卸的整体。模块式 PLC 包括 CPU 模块、I/O 模块、内存、电源模块、底板或机架，这些模块可以按照一定规则组合配置。

3. PLC 实例

图 2—9 为站点 PLC 冗余控制系统组成原理图。控制器选用 GE 公司 90－30 系列冗余的 PLC 系统，CPU 模块支持以太网传输，带 AUI 和 10baseT 通信口，采用 10 槽机架、以太网模块、GENIUS 模块、可编程协处理模块、输入输出模块、Versamax 电源及 NIU 模块等。

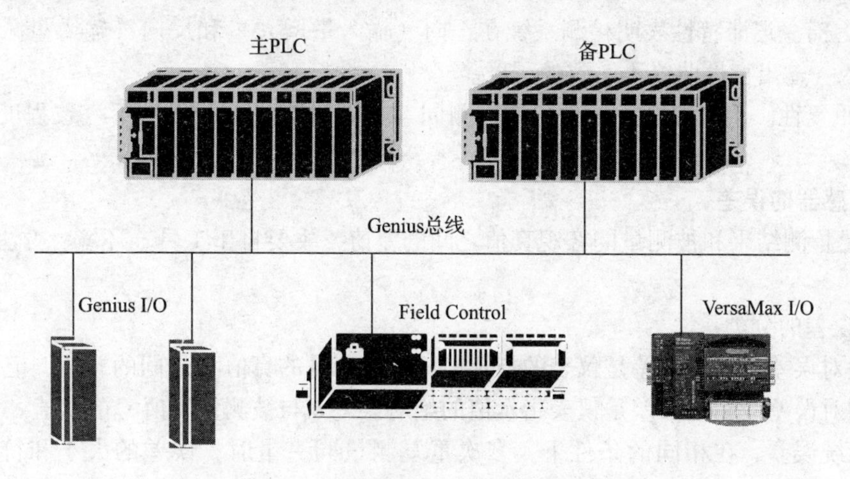

图 2—9　站点 PLC 控制系统原理图

系统网络使用的主要是 Genius 总线及以太网两种通信网络，站内 PLC 与 VersaMax 间使用 Genius，站和站之间、PLC 和站内上位机之间使用 Ethernet。工作站系统使用 Windows 2000 Professional 系统，服务器使用 Windows 2000 Server。监控软件下位机软件使用 VersaPro，上位机软件使用 CIPLACITY 组建人机界面。

第六节 传感器及调节机构

轨道交通设备监控系统的传感器及调节机构用来采集车站内外的环境参数，执行系统的调节结果。

一、传感器

传感器就是能感知外界信息并能按一定规律将这些信息转换成可用信号的机械电子装置。现在传感器标准输出信号为 0～20 mADC 或 0～5 VDC（或 4～20 mA 或 1～5 VDC）。传感器由敏感器件与辅助器件组成。敏感器件的作用是感受被测物理量，并对信号进行转换输出。辅助器件则是对敏感器件输出的电信号进行放大、阻抗匹配，以便于后续仪表接入。

1. 传感器的分类

（1）按被测物理量分类。包括长度、厚度、位移、速度、加速度、旋转角度、转数、质量、重量、力、压力、真空度、力矩、风速、流速、流量等传感器。

（2）按工作原理分类。有机械式、电气式、光学式、流体式等传感器。

2. 传感器特性

（1）灵敏度。灵敏度是指传感器或检测系统在稳态下输出量变化和引起此变化的输入量变化的比值。

（2）分辨率。分辨率是指检测仪表能够精确检测出被测量的最小变化的能力。

（3）线性度。线性度是用实测的检测系统输入—输出特性曲线与拟合直线之间最大偏差与满量程输出的百分比来表示的。

（4）迟滞。迟滞特性表明检测系统在正向（输入量增大）和反向（输入量减小）行程期间，输入—输出特性曲线不一致的程度。

（5）重复性。重复性是指传感器在检测同一物理量时每次测量的不一致程度，也称稳定性。

3. 传感器的误差

误差是检测结果和被测量的客观真值之间的差值，主要自于工具、环境、方法和技术等方面。

（1）误差的分类

1）绝对误差。绝对误差是仪表的指示值 x 与被测量的真值 x_0 之间的差值，记做 δ。

2）相对误差。相对误差是仪表指示值的绝对误差 δ 与被测量真值 x_0 的比值。

3）系统误差。在相同的条件下，多次重复测量同一量时，误差的大小和符号保持不变，或按照一定的规律变化，这种误差称为系统误差。

4）随机误差。在相同条件下，多次测量同一量时，其误差的大小和符号以不可预见的方式变化，这种误差称为随机误差。

精确度是测量的正确度和精密度的综合反映。

（2）系统误差的消除

1）交换法。在测量中，将引起系统误差的某些条件相互交换，保持其他条件不变，使产生系统误差的因素对测量结果起相反的作用，从而抵消系统误差。

2）抵消法。改变测量中的某些条件（如测量方向），使前后两次测量结果的误差符号相反，取其平均值以消除系统误差。

3）代替法。这种方法是在测量条件不变的情况下，用已知量替换被测量，达到消除系统误差的目的。

4. 设备监控系统常用的传感器

设备监控系统常用的传感器设备有温度传感器、湿度传感器、二氧化碳浓度传感器、压力传感器、差压传感器、水流传感器及流量传感器等。各传感器检测的主要内容如下：

（1）车站环境参数。环境参数包括站点典型位置的送风、排风及重要设备房环境的温度、湿度及二氧化碳浓度。

（2）冷水机组的运行负荷。运行负荷参数包括冷水机组冷水温度、水流速率、运行电流、电压等。

（3）车站用水量。它包括市政生活水、消防水的进水流量。

（4）冷水系统水平衡。通过检测冷水的进水及出水的压差获得。

二、调节机构

调节机构是单元组合仪表中的执行单元，是自动调节系统中的重要环节之一。它与变送单元、调节单元等配套，接受统一直流标准输出信号0～20 mA（或4～20 mA）或其他控制信号，并将此信号转换成力矩或推力，以推动各种类型的调节阀门的开启程度，从而达到对工艺介质流量、压力、温度、液位等参数的自动调节。电动执行机构因具有动作灵敏、能源取用方便、信号传递距离远等优点，广泛应用于工业生产过程的自动调节和远程控制中。

1. 执行机构分类

电动执行机构按输出位移的形式分为角行程电动执行机构和直行程电动执行机构。电动调节阀由电动执行机构和调节阀组成。还可与辅助单元和伺服放大器配套使用。

2. 常用的执行机构

（1）温度调节。轨道交通车站需要调节环境温度的调节，是通过调节二通阀开度控制冷水流量来调节送风温度实现车站温度调节。因此，设备监控系统常用的执行机构为二通阀执行机构。

（2）水平衡调节。轨道交通系统中每个站点的冷水机组的负荷是随着外界温度、客流大小变化的，运行模式也随着转换，运行模式转换后通过调节冷水机组进水器与出水器间的二通阀开度控制压力差来调节水路平衡，也可通过调节冷水系统中的水泵频率进行调节。

第七节 设备监控系统电源

设备监控系统电源等级一般要求高于被控的机电设备。轨道交通设备监控系统担负着防灾报警责任，其电源需要配备一类电源负荷。同时，系统必须统一配置不间断电源，满足系统断电后满负荷工作 30 min 的要求。设备监控系统不间断电源一般由 UPS 设备及电池组构成。

一、UPS 设备

不间断电源 UPS 作为设备监控系统的重要电源设备，对防止工作站、控制器中的数据丢失，保证电网电压和频率的稳定，改进电网质量，防止瞬时停电和事故停电对用户造成的危害等是非常重要的。

1. UPS 的作用

正常情况下，市电直接经过 UPS 整流、逆变后供给负载设备，同时对电池组进行强充电或浮充电；市电电源故障时，由电池组释放电能，经 UPS 逆变后继续对负载设备供电；UPS 故障时，可通过自动旁路切换到市电直接对负载设备供电，设备维修过程当中可通过手动旁路将负载设备切换到由市电直接供电方式。

UPS 的主要作用可以归纳为五个方面。

（1）无间断相互切换（见图 2—10）。实现市电与后备电源两路电源之间的不间断无扰切换。

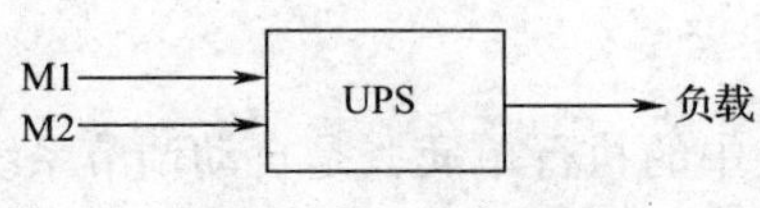

图 2—10 无间断相互切换

（2）隔离作用（见图 2—11）。将瞬间间断、电压波动、频率波动以及电压噪声等电网干扰阻挡在负载之前，即负载对电网不产生干扰，电网中的干扰又不影响负载；同时，也可通过输出变压器对电源与负载进行隔离保护。

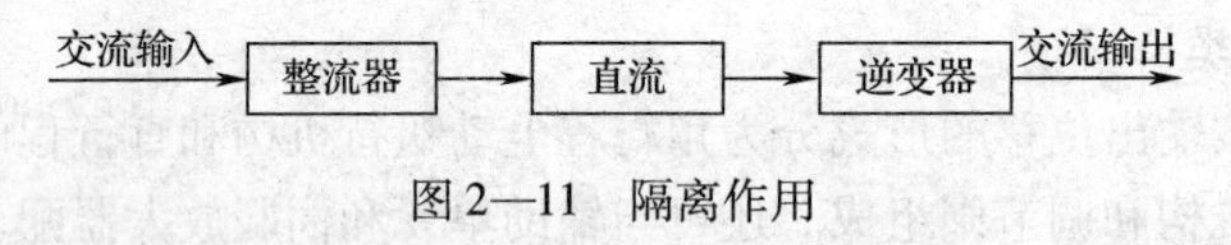

图 2—11 隔离作用

（3）电压变换作用（见图 2—12）。通过 UPS 设备可将市电 220 VAC 或 380 VAC 转换为负荷使用的电压，这种用途较少使用。

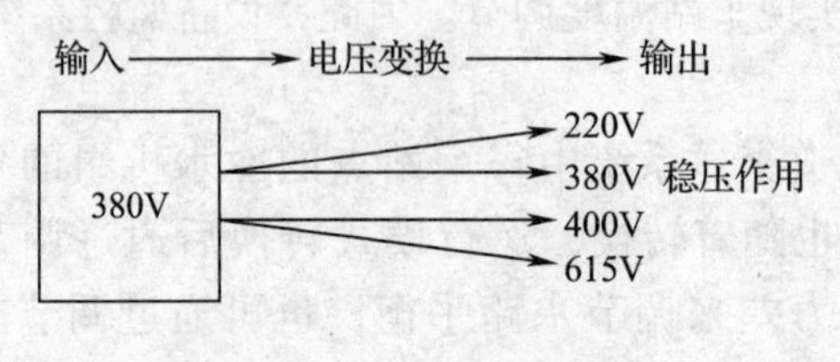

图 2—12 电压变换作用

（4）频率变换作用（见图 2—13）。通过 UPS 设备可将市电工频转换为符合使用的频率，这种用途较少使用。

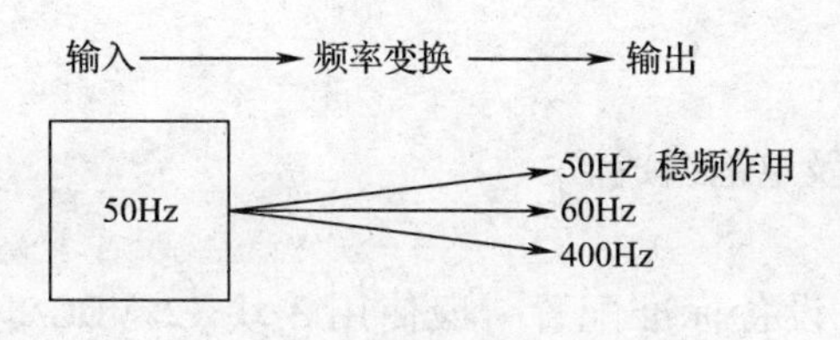

图 2—13　频率变换作用

（5）提供后备时间（见图 2—14）。UPS 带有电池，储存一定的能量，一方面可以在电网停电或发生间断时继续供电一段时间来保护负载，另一方面可以在 UPS 的整流器发生故障时使维修人员有时间来保护负载。

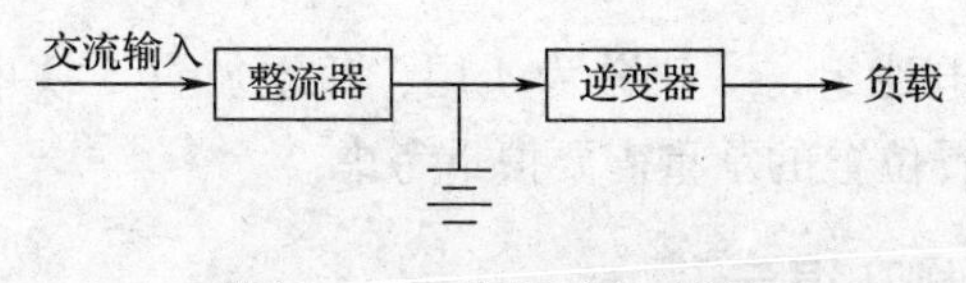

图 2—14　提供后备时间

2. 设备分类

UPS 一般指静止式 UPS，按其工作方式可分为后备式、在线互动式及在线式三大类。

（1）后备式。后备式 UPS 在市电正常时直接由市电向负载供电，当市电超出其工作范围或停电时，通过转换开关转为电池逆变供电。其特点是结构简单，体积小，成本低，但输入电压范围窄，输出电压稳定精度差，有切换时间，且输出波形一般为方波。

（2）在线互动式。在线互动式 UPS 在市电正常时直接由市电向负载供电，当市电偏低或偏高时，通过 UPS 内部稳压线路稳压后输出，当市电异常或停电时，通过转换开关转为电池逆变供电。其特点是有较宽的输入电压范围，噪声低，体积小等，但同样存在切换时间。

（3）在线式。在线式 UPS 在市电正常时，由市电进行整流提供直流电压给逆变器工作，由逆变器向负载提供交流电，在市电异常时，逆变器由电池提供能量，逆变器始终处于工作状态，保证无间断输出。其特点是有极宽的输入电压范围，无切换时间且输出电压稳定精度高，特别适合对电源要求较高的场合，但是成本较高。

3. 旁路技术

当在线式 UPS 超载、逆变器过热或机器故障时，UPS 一般将逆变输出转为旁路输出，即由市电直接供电。

（1）锁相同步技术。由于旁路时，UPS 输出频率相位需与市电频率相位相同，因而采用锁相同步技术确保 UPS 输出与市电同步。

（2）旁路开关

1）继电器形式。采用机械式继电器进行切换，存在转换时间及故障率较高的缺点。

2）继电器与双向晶闸管并联工作方式。该方式解决了旁路切换的时间问题，真正做到了不间断切换，但存在切换时市电与逆变电压不同相会出现环流及电火花拉弧问题，必须采

用“火花消除”技术，使控制电路复杂化，一般应用在中大功率 UPS 上。

（3）手动旁路。当 UPS 进行检修时，通过手动旁路保证负载设备的正常供电。

二、电池组

电池组一般由电池箱及电池组成。

1. 电池组

（1）标准配置。UPS 设备标准配置一般使用 3 块 12 VDC 电池，内置电池组可满足 5 ~ 10 min 后备时间的要求。

（2）长延时配置。UPS 设备长延时配置一般使用 20 块 12 VDC 电池，UPS 内部配置有大功率的充电器，根据负荷备用时间要求外配电池组进行有效的充电管理，电池容量可根据后备时间具体选择。

2. 电池箱

电池箱主要用于存放电池组，一般分为 4 层，每层放置 5 块电池。由于蓄电池重量较大，电池箱自身承重及放置位置的承重需要慎重考虑。

三、面板的基本控制及提示

为了便于操作和查看状态，在 UPS 的面板上会提供一些基本控制键、指示灯或显示屏等，下面以 COMET（彗星）系列为例，介绍 UPS 具有的一般控制和提示功能。

图 2—15 所示是 COMET 系列的外观和面板。

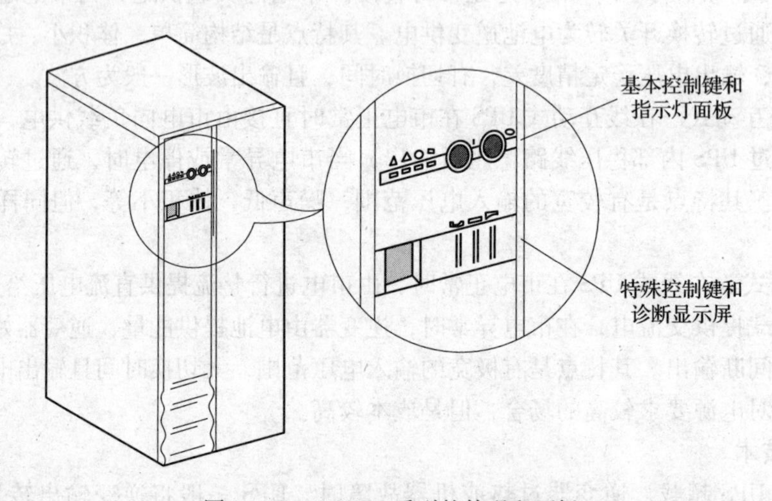

图 2—15　COMET 系列的外观和面板

1. 控制面板

控制面板上包括基本控制键和指示灯，如图 2—16 所示。

基本控制键和指示灯由以下部分组成（如图中数字所示）：

（1）蜂鸣器。蜂鸣器在下列情况下鸣响：

1）负载通过“自动旁路”直接由交流输入电源供电。

2）逆变器由电池供电。

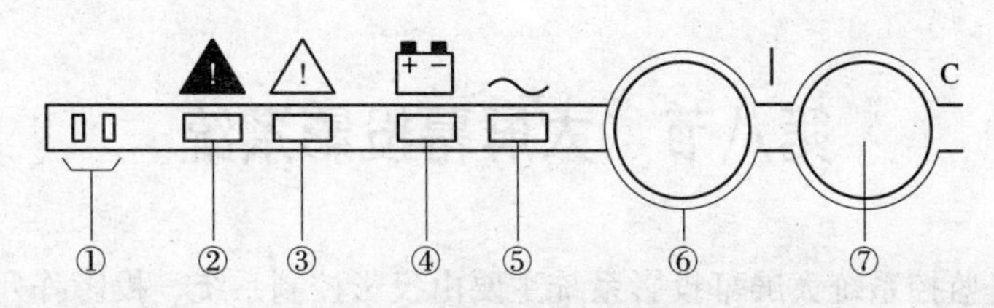

图 2—16　控制面板

3）运行中的故障。

（2）“负载由市电供电”指示灯。这个指示灯橙色时表示逆变器停止运行（发生过载或内部故障），负载通过“自动旁路”直接由交流输入电源供电。

（3）“故障”指示灯。这个指示灯橙色时表示 UPS 运行故障或环境异常，但负载仍然由逆变器输出供电。

（4）“电池状态”指示灯。指示灯橙色时表示交流输入电源停电，或检测到交流输入电压超限时，逆变器由电池供电。本指示灯闪烁表示电池的后备时间即将结束。

（5）“负载受逆变器保护”指示灯。这个指示灯绿色时表示 UPS 工作正常，负载由逆变器输出供电。

（6）“逆变器启动”键。这个绿色的按键是用来启动逆变器的。

（7）“逆变器停止”键。这个灰色的按键是用来停止逆变器的，为防止因为误按造成停机，必须按下并保持 3 s，逆变器才会停止。

2．特殊控制键和诊断显示屏

特殊控制键和诊断显示屏由以下部分组成，如图 2—17 所示。

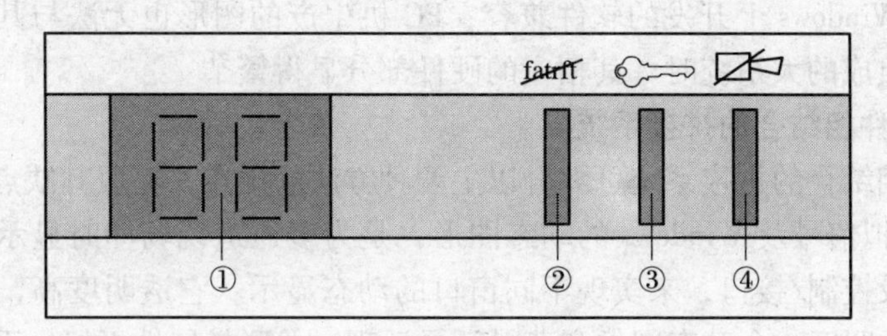

图 2—17　特殊控制键和诊断显示屏

（1）诊断代码显示屏。

（2）故障复位键。这个键用以清除存储在寄存器中的故障信息。寄存器中的报警信息只有在故障本身被排除后才能被清除。

（3）安全键。安全键有以下几个功能：

1）强迫停止。同时按住“安全键”和“逆变器停止键”，持续 3 s。

2）强迫切换。同时按住“安全键”和“逆变器启动键”，持续 3 s。

3）电池手动测试。同时按住“安全键”和“蜂鸣器复位键”，持续 3 s。

注：使用强迫启动或停止功能，会使负载供电产生微小的间断。

（4）蜂鸣器复位键。这个键能够停止蜂鸣器的鸣响，但当检测到一个新的故障出现时，蜂鸣器会再次响起。

第八节　大屏幕投影系统

轨道交通设备监控系统大屏幕投影系统主要由投影控制系统、投影阵列、大屏幕投影墙三部分组成。

一、投影控制系统

投影控制系统是大屏幕投影系统的核心，目前世界上流行的拼接控制系统主要有硬件拼接系统、软件拼接系统、软件与硬件相结合的拼接系统三种类型。

1. 硬件拼接系统

硬件拼接系统是较早使用的一种拼接方法，可实现的功能有分割、分屏显示、开窗口：即在四屏组成的底图上，用任意一屏显示一个独立的画面。由于采用硬件拼接，图像处理完全是实时动态显示，安装操作简单；缺点是拼接规模小，只能四屏拼接，扩展很不方便，不适应多屏拼接的需要；所开窗口固定为一个屏幕大小，不可放大、缩小或移动。

2. 软件拼接系统

软件拼接系统是用软件来分割图像，采用软件方法拼接图像，可十分灵活地对图像进行特技控制，如在任意位置开窗口；任意放大、缩小；利用鼠标即可对所开的窗口任意拖动，在控制台上控制屏幕墙，如同控制自己的显示器一样方便。主要缺点是它只能在 UNIX 系统上运行，无法与 Windows 上开发的软件兼容；PC 机生产的图形也无法与其接口；在构成一个几十台投影机组成的大系统时，其相应的硬件部分显得繁杂。

3. 软件与硬件相结合的拼接系统

软件与硬件相结合的拼接系统可综合以上两种方法的优点，克服其缺点。这种系统可以显示多个 RGB 模拟信号及 Windows 的动态图形，是为多通道现场即时显示专门设计的。通过硬件和软件以及控制/接口，来实现不同窗口的动态显示。它透明度高，图像叠加透明显示，共有 256 级透明度，令动态图像和背景活灵活现；并联扩展性极好，系统采用并联框结构，最多可控制上千个投影机同时工作。

二、投影墙技术

1. 背投拼接显示墙

DLP 原理以 1 024 ×768 分辨率为例，在一块 DMD 上共有 1 024 ×768 个小反射镜，每个镜子代表一个像素，每一个小反射镜都具有独立控制光线的开关能力。小反射镜反射光线的角度受视频信号控制，视频信号受数字光处理器 DLP 调制，把视频信号调制成等幅的脉宽调制信号，用脉冲宽度大小来控制小反射镜开、关光路的时间，在屏幕上产生不同亮度的灰度等级图像。DMD 投影机根据反射镜片的多少可以分为单片式、双片式和三片式。以单片式为例，DLP 能够产生色彩是由于在光源路径上放置了色轮（由红、绿、蓝群组成），光源发出的光通过会聚透镜到彩色滤色片产生 RGB 三基色，包含成千上万微镜的 DMD 芯片，将

光源发出的光通过快速转动的红、绿、蓝过滤器投射到一个镶有微镜面阵列的微芯片 DMD 的表面，这些微镜面以每秒 5 000 次的速度转动，反射入射光，经由整形透镜后通过镜头投射出画面。

DLP 投影机拥有反射优势，在对比度和均匀性方面都非常出色，图像清晰度高、画面均匀、色彩锐利，并且图像噪声消失，画面质量稳定，精确的数字图像可不断再现，而且历久弥新。由于普通 DLP 投影机用一片 DMD 芯片，最明显的优点就是外形小巧，投影机可以做得很紧凑。DLP 投影机的另一个优点是图像流畅，反差大。有较高的对比度。DLP 投影机还有一个优点是颗粒感弱。在 SVGA（800 × 600）格式分辨率上，DLP 投影机的像素结构比 LCD 弱，只要相对可视距离和投影图像画面大小调得合适，已经看不出像素结构。

2. 液晶屏拼接显示墙

液晶屏拼接显示墙是一种全新的大屏幕拼接方式，其最大的特点就是可以无限地拼接。液晶是利用液状晶体在电压的作用下发生偏转的原理显示图像的。由于组成屏幕的液状晶体在同一点上可以显示红、绿、蓝三基色，或者说液晶的一个点是由三个点叠加起来的，它们按照一定的顺序排列，通过电压来刺激这些液状晶体，就可以呈现出不同的颜色，不同比例的搭配可以呈现出千变万化的色彩。液晶本身是不发光的，它靠背光管来发光，因此液晶屏的光亮度取决于背光管。由于液晶采用点成像的原因，因此屏幕里面构成的点越多，成像效果越精细，纵横的点数就构成了液晶电视的分辨率，分辨率越高，效果越好。

目前用于液晶屏拼接显示墙的屏幕较为先进的主要是 DID（Digital Infomation Display）、TFT（Thin – Film Transistor）、LCD（Liquid Crystal Display）液晶屏。DID、TFT、LCD 液晶屏具有高亮度、高对比度、更好的彩色饱和度、更宽的视角、可靠性更好、纯平面显示、亮度均匀、影像稳定不闪烁、120 Hz 倍频刷新频率、更长的使用寿命等特点。

3. 等离子屏拼接显示墙

等离子显示器是一种利用气体放电发光的显示装置，其工作原理与日光灯很相似。它采用等离子管作为发光元件，屏幕上每一个等离子管对应一个像素，屏幕以玻璃作为基板，基板间隔一定距离，形成一个个放电空间。放电空间内充入氖、氙等混合稀有气体作为工作媒介，在两块玻璃基板的内侧面上涂有金属氧化物导电薄膜作为激励电极。当向电极上加入电压，放电空间内的混合气体便发生等离子体放电现象，也称电浆效应。等离子体放电产生紫外线，紫外线激发涂有红绿蓝荧光粉的荧光屏，荧光屏发射出可见光，显现出图像。

等离子屏拼接显示墙的优点是颜色鲜艳、亮度高、对比度高；缺点是耗电与发热量很大，有严重灼伤现象，画质随时间递减。

第九节　设备监控系统接口

轨道交通设备监控系统与其他系统拥有众多的接口，了解接口形式及具体接口系统是掌握系统的基础。

一、接口分类

系统在车站与各专业存在各种各样的接口，按照连接方式可分为硬线接口和软线接口两大类。

1. 硬线接口

（1）开关量输出，即系统提供给相关专业的开关量信号，为无源接点，接点是单独的，不与其他系统共用。开关量输出触点容量为 220 VAC 15 A。输出控制回路采用单独的中间继电器进行回路控制的自锁，实现信号的隔离。

（2）开关量输入，即相关专业提供给系统的开关量信号，要求为无源接点，接点是单独的，不与其他系统共用。

2. 软线接口

设备监控系统与其他智能系统存在总线型接口，如智能低压系统、冷水机组系统、通信系统、轨道信号系统、火灾报警系统、综控系统、应急照明系统、变频器、智能型传感设备等。设备监控系统软线接口通常在 OCC 或车站有 TCP/IP、RS485、RS422 或 RS232 的通信接口存在。

二、设备监控接口

设备监控系统接口根据系统对接点数量、位置要求不同，接口形式也不一样。

1. 环控低压设备的接口

环控低压设备主要包括区间隧道通风系统、车站隧道通风系统、车站公共区通风空调系统（简称大系统）、设备用房空调通风系统（简称小系统）、空调水系统等设备。设备监控系统与通风空调系统接口接收通风空调设备运行信息，通风空调系统设备包括风机、风阀、管路、空调器及冷水机组等设备，接口有通信接口和硬线接口两种方式。其中冷水机组通常使用通信接口方式实现，冷水机组信息接口信息包括主要的冷水系统运行参数，并可以通过数据接口实现远程重置参数、通道检测、数据校验等功能。

（1）隧道通风系统的接口。隧道通风系统包括区间隧道通风系统、车站隧道通风系统。

1）区间隧道通风系统的对象包括隧道风机、推力风机、射流风机、相关风阀。

2）车站隧道通风系统的对象包括轨道风机、相关风阀。

（2）大系统、小系统的接口

1）车站大系统。它包括组合式空调机、新风机、回/排风机、排烟风机、相关风阀等。

2）车站小系统。它包括空调器、设备用房的送风机、排风机、排烟风机、相关风阀等。

（3）车站水系统的接口。车站水系统根据环境条件，分为集中供冷和分站供冷方式。集中供冷方式下，车站水系统由冷站统一提供；分站供冷方式下，车站的水系统由车站的冷源设备提供。

1）集中供冷方式。集中供冷包括冷水机组、冷冻水泵、冷却水泵、冷却塔、二通调节阀、传感器（含压力、压差、流量、温度传感器等）、蝶阀等设备。

2）分站供冷方式。分站供冷包括冷却塔、冷却水泵、冷水机组、冷冻水泵、电动蝶

阀、电动二通调节阀、传感器（含压力、温度、湿度传感器等）等设备。

2. 电扶梯及屏蔽门的接口

电扶梯及屏蔽门系统接口接收电扶梯设备运行信息，通常采用硬线接口实现，对电扶梯运行状态、报警信息进行监视。屏蔽门系统接口接收屏蔽门数据信息，通常使用通信接口实现，信息内容包括屏蔽门系统各种故障信息、屏蔽门系统操作方式状态及转换信息、屏蔽门及应急门开关状态信息、屏蔽门系统异常状态信息、通道检测信息、接口故障信息、校验信息等。设备监控系统需实现实时监视电扶梯、屏蔽门系统工作及报警状况，并在系统软件中实现对其故障发生情况进行统计和分析的功能。

（1）系统与电梯的接口在自动扶梯、电梯控制柜的端子排上。

（2）系统与屏蔽门系统的接口在屏蔽门设备室屏蔽门接线箱的端子排上。

3. 给排水的接口

给排水系统的监控对象包括废水泵、污水泵、雨水泵、区间排水泵、生活用水和消防用水蝶阀等。给排水系统接口接收给排水设备运行信息，通常采用硬线接口实现，对给排水设备运行状态、报警信息进行监视，并在系统软件中实现累计运行时间及报警次数等功能。

系统与给排水系统的接口在水泵房附近系统控制箱的端子排上。

4. 广告、照明及疏散指示的接口

广告、照明及疏散指示接口接收广告照明及疏散指示设备运行信息，通常采用硬线接口实现，对广告照明及疏散指示运行状态、报警信息进行监视，并在系统软件中实现累计运行时间及报警次数等功能。

照明系统的监控对象包括工作照明、节电照明、广告照明、出入口照明、区间照明、事故照明电源、消防无关电源等，导向照明设备包括车站的出入口、AFC 闸机的出入口、站厅层、站台层、设备管理区、自动扶梯口的导向设备等。

系统与广告、照明及导向系统的接口在照明配电室的系统控制箱端子排上。

5. FAS 系统的接口

FAS 系统的监控对象是整个车站的火灾报警信息。设备监控系统与 FAS 系统的接口接收火灾自动报警系统按防火分区传输并经火灾自动报警系统确认的火警信息。

接口有通信的连接有通信接口和硬线接口两种连接方式。通信接口的信息报文包括火警分区报警、恢复、火警位置、报警时间、通道检测信息、火灾自动报警系统接口故障信息、校验信息等信息；硬线接口连接通常只包括火警分区报警、恢复等信息。系统与 FAS 系统的接口在 FAS 系统控制箱端子排上。

6. 通信专业的接口

（1）主时钟接口。该接口实现设备监控系统与整条线路的母时钟广播信息进行接收，设备监控整个时钟跟随母时钟信号进行系统时间同步，实现系统内部所有设备母时钟同步，接口设在控制中心，设备监控系统接收通信专业的同步时钟信号，动态修改设备监控系统的工作时钟，同时由设备监控系统自己通过网络下载到全线相关车站及冷站的设备监控系统监控工作站，使系统的时钟与全线其他系统保持一致。

（2）中央级通信接口。OCC、车站和车辆段的局域网通过通信专业提供的端口接入到主干网，通信专业提供以太网接口，符合 IEEE802. 3 标准，通信以太网负责透明传输设备监控系统的监控数据，传输速率为100 Mbit/s，接口为电信号。

7. 列车轨道信号系统的接口

该接口实现设备监控系统与列车轨道信号系统的信息连接，主要功能为接收列车区间阻塞信号，信号内容包括列车占用轨道电路编号、车组编号、列车阻塞时间、轨道占用恢复、通道检测信息、接口故障信息、校验信息等信息。

8. 系统接地

地铁车站提供的接地电阻小于4 Ω，并分别提供安全保护地和计算机及控制器工作地，一般系统接地与车站其他弱电系统在弱电接地箱内共用接地排统一接地。

第三章

设备监控系统检修及故障处理

设备监控系统的检修操作因采用的具体系统硬件、软件不同将有一定的差异，下面主要以 GE 9030 PLC 组建的设备监控系统对系统的检修操作进行介绍，供大家参考借鉴。其系统硬件、软件及控制网络组成如下。

第一节 设备监控系统日常操作

设备监控系统操作与系统组成、选型及界面风格有很大联系，下面就上述系统进行操作的介绍。日常的系统操作一般包括工作站人机界面、IBP 及 UPS 设备。

一、工作站

1. 工作站操作

（1）工作站开机

1）检查鼠标、键盘、显示器等外部设备是否正确连接。

2）检查到工作站的电源是否正常，开启工作站外设电源。

3）开启工作站主机电源。

4）启动操作系统后，在系统登录界面输入用户名及密码登录操作系统。

（2）工作站关机

1）点击桌面上的“开始”菜单，选择“关机”。

2）在弹出的对话框中选择“关机”。

3）待工作站主机关闭后，再关闭显示器、打印机等外设电源。

4）断开连接到工作站的电源。

（3）监控软件操作

1）打开监控软件，使用用户名及密码登录。

2）启动监控人机界面。启动计算机后，弹出如图 3—1 所示的对话框，选择 project，然后单击“Start”按钮。

系统自动进入启动过程，如图3—2所示。

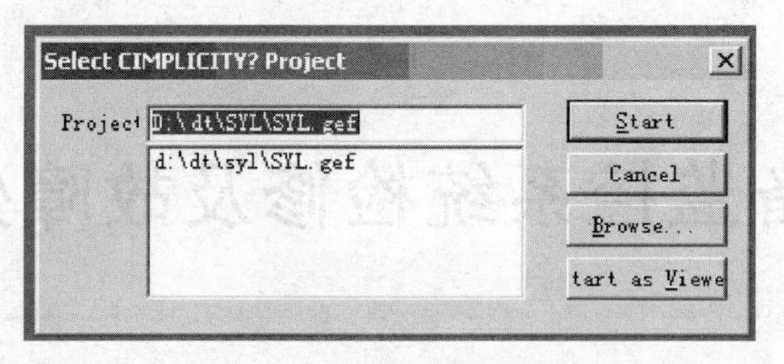

图3—1 启动project选择对话框

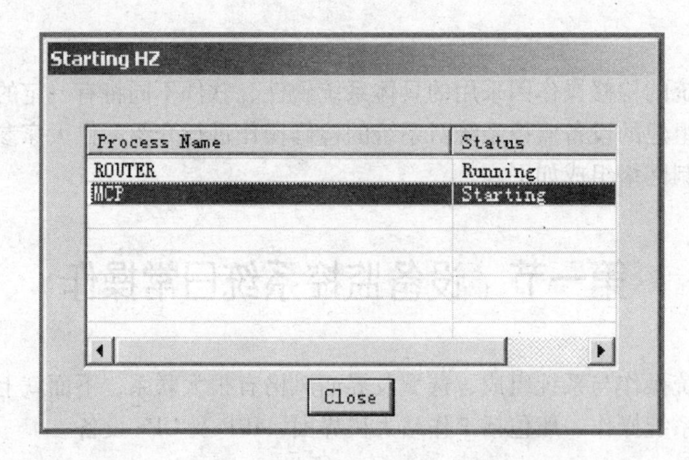

图3—2 启动界面选择对话框

启动完毕。

3）人机界面

① 线网站点图。表明车站在线路中的位置，每个站只能看自己的车站设备。

② 隧道通风图（见图3—3）

③ 空调通风系统图（见图3—4）

④ 水系统系统图（见图3—5）

⑤ 自动扶梯图（见图3—6）

⑥ 给排水系统图（见图3—7）

⑦ 照明系统图（见图3—8）

⑧ 报警信息图（见图3—9）

a. 红底白字表示未确认的报警信息，报警信息未消失。

b. 白底红字表示确认的报警信息，报警信息未消失。

c. 黑底白字表示未确认的报警信息，报警信息已消失。

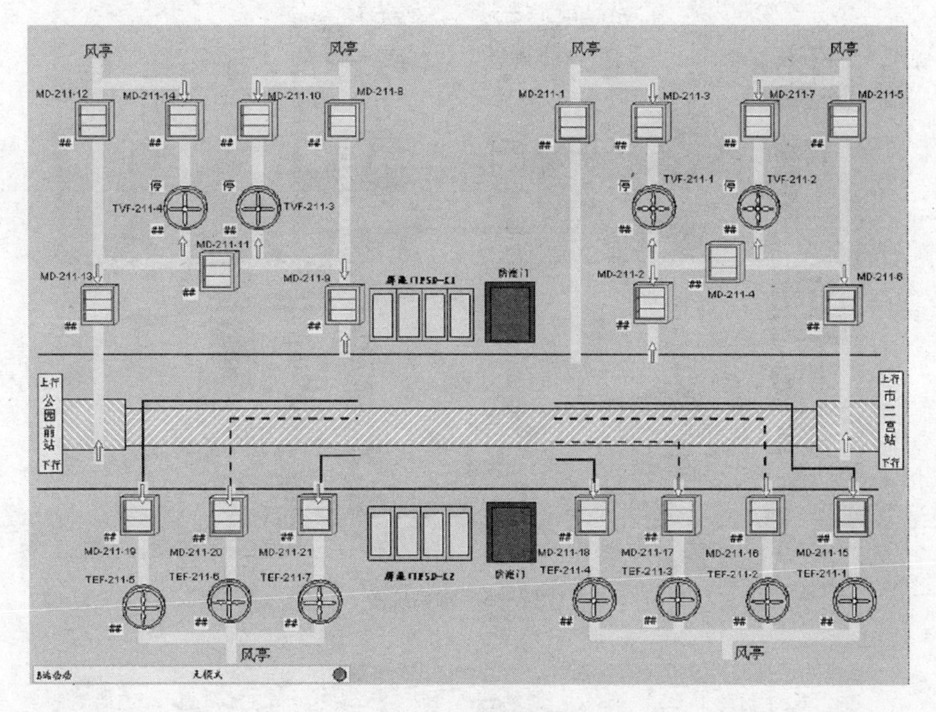

图 3—3　隧道通风图

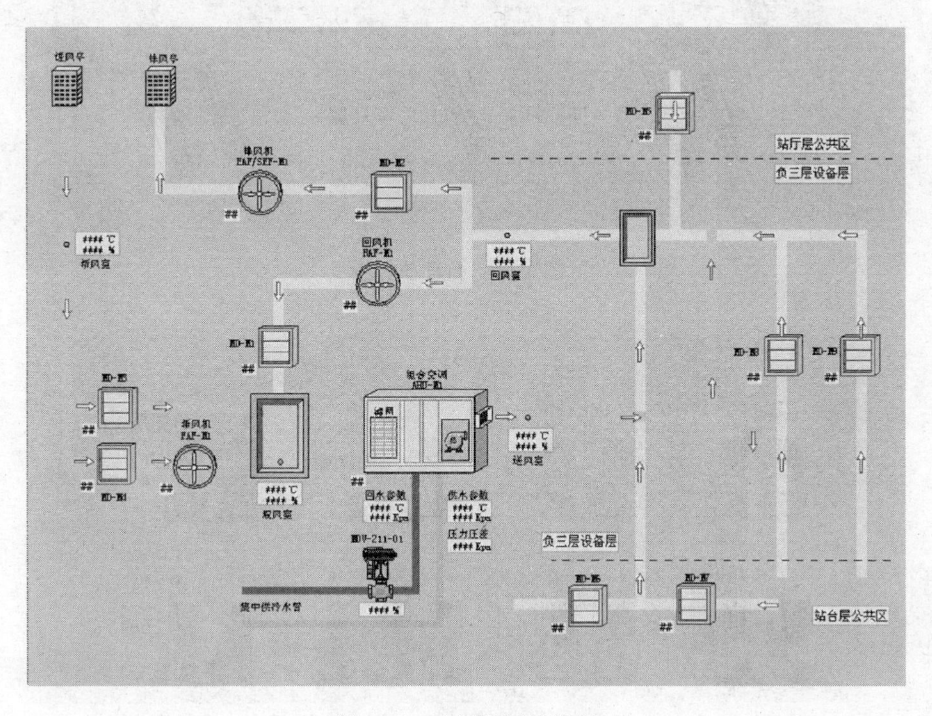

图 3—4　空调通风系统图

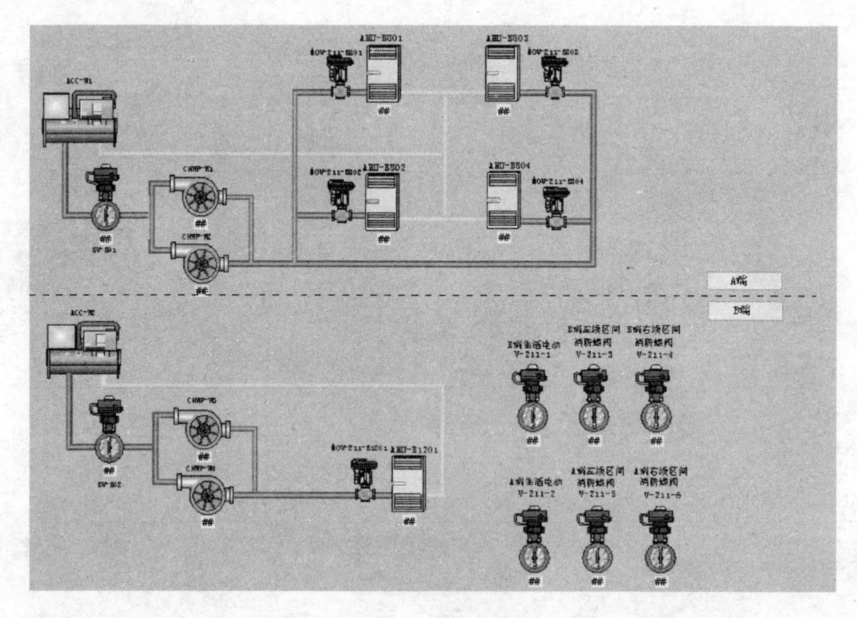

图3—5 水系统图

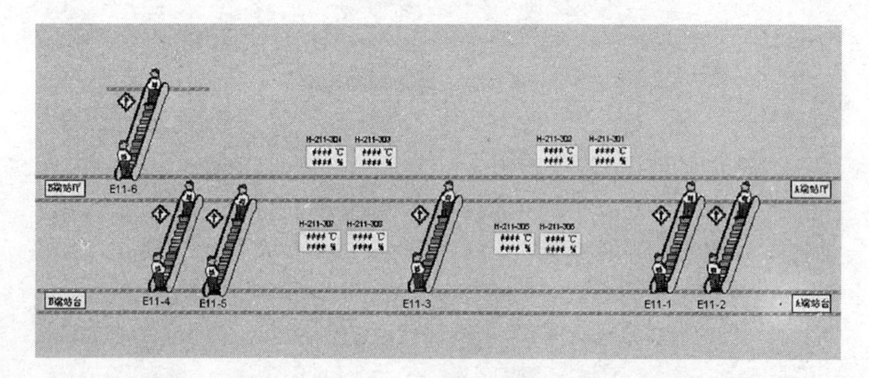

图3—6 自动扶梯图

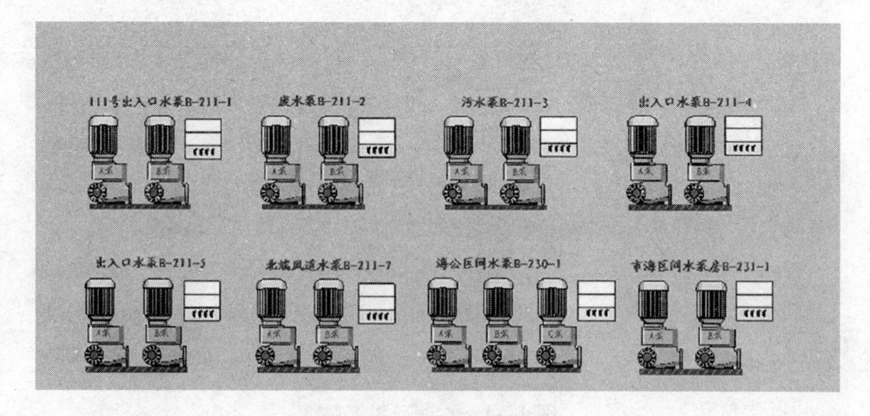

图3—7 给排水系统图

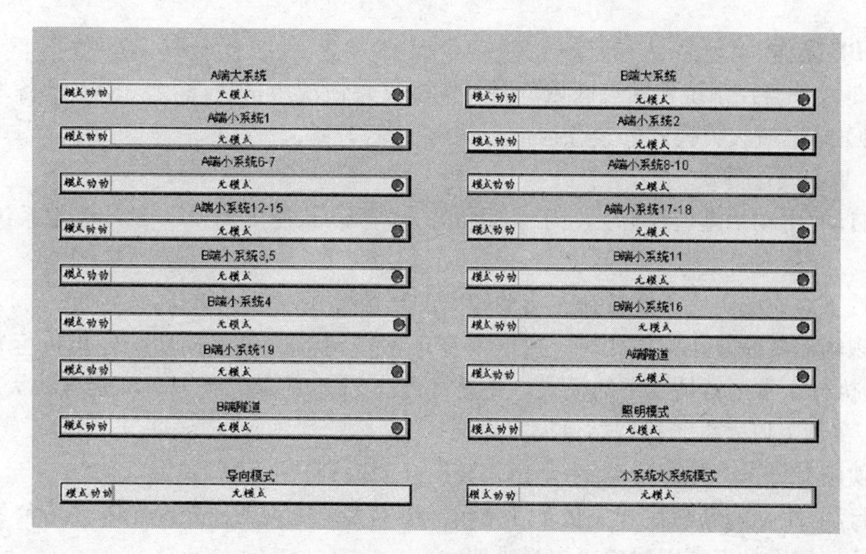

图 3—8 照明系统图

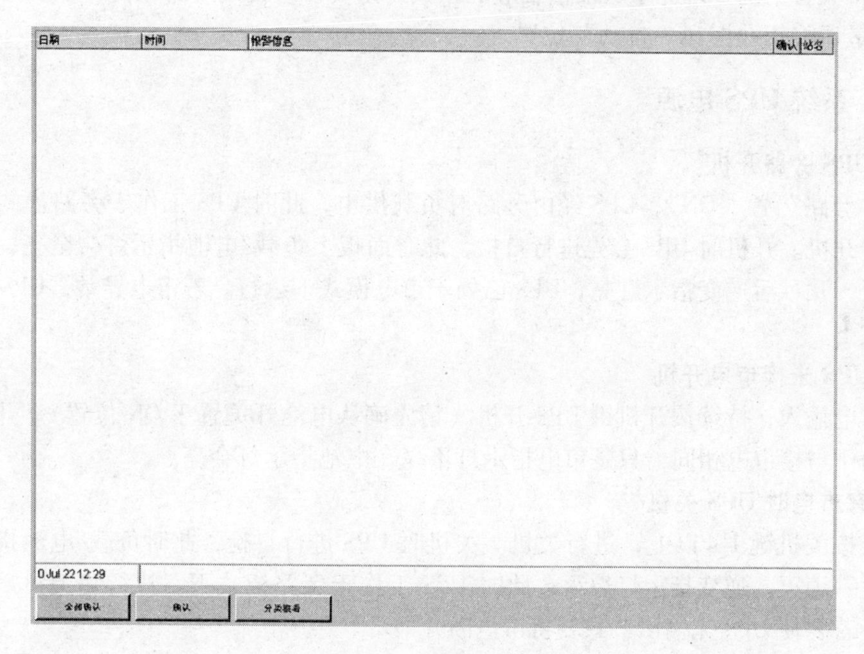

图 3—9 报警信息图

4）单体设备控制

① 将设备控制权切换到手动控制。

② 点击设备控制点，设定期望的控制状态，下载确认执行。

5）模式控制操作

① 将模式控制权切换到手动控制。

② 点击模式控制点，设定期望的控制状态，下载确认执行。

2. IBP 操作

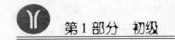

IBP 是设备监控系统在站点区域范围内发生灾害情况下的灾害模式操作设备，操作 IBP 可以实现车站区域火灾模式的紧急运行。

（1）基本操作方式

1）自动/手动钥匙转换开关处于手动状态，“手动状态”灯亮，设备监控系统处于 IBP 手动状态。

2）按下对应的灾害模式按钮，启动相关的环控模式。

3）现场需要恢复正常模式时，按下恢复正常按钮，设备监控系统停止执行紧急模式，系统恢复执行正常运营情况下的模式。并且将自动/手动钥匙转换开关转至自动状态。

（2）实例。以大系统执行站台火灾为例：

1）使用专用 IBP 先将自动/手动钥匙转换开关扳到“手动”位置。

2）自动/手动钥匙转换开关状态灯亮起，按下大系统灾害模式操作区“站台”按键。

3）待该按键灯点亮以后模式执行成功。

4）待灾害情况处理完毕，取消相应的区域按钮（相应按键灯熄灭）。

5）最后将钥匙扳到“自动”位置。

二、系统 UPS 电源

1. UPS 旁路开机

将“旁路”置“ON”，UPS 经由旁路对负载供电，此时 UPS 工作于旁路模式下。持续按开机键开机。开机时 UPS 会先进行自检，此时面板上负载/电池指示灯会全亮，从下到上逐一熄灭，几秒后逆变指示灯亮，UPS 已处于市电模式下运行。若市电异常，UPS 将工作在电池模式下。

2. UPS 未接市电开机

无市电输入，持续按开机键 UPS 开机（请先确认电池开关置于 ON 位置）。开机过程中 UPS 的动作与接市电相同，只是市电指示灯不亮，电池指示灯会亮。

3. 有市电时 UPS 关机

持续按关机键 1 s 以上，进行关机。关机时 UPS 进行自检，此时负载/电池指示灯会全亮，并逐一熄灭，逆变指示灯熄灭，此时 UPS 工作于旁路模式下。执行完关机后，UPS 仍有输出，若要使 UPS 无输出，只要将市电断开即可。

4. 无市电时 UPS 直流关机

持续按关机键 1 s 以上，UPS 关机。关机时 UPS 进行自检，此时负载/电池指示灯会全亮，并逐一熄灭，最后面板无显示，UPS 无输出电压。

三、大屏系统

1. 大屏系统开机

（1）检查外部电压正常后，大屏显示墙开关合闸送电。

（2）开启大屏控制器。

（3）在大屏控制器上开启所有显示单元。

（4）在大屏控制器上检查显示墙的工作参数是否正常，相关控制设置是否正确。

（5）调用正确的显示信道。

（6）调整显示内容（打开图形页面并最大化填充屏幕等）。

2．大屏系统使用

通过键盘组合键可以切换不同的显示内容。

（1）按“Ctrl + 1”组合键为系统线网画面。

（2）按“Ctrl + 2”组合键为隧道、大系统画面，此时按“2”可以在隧道、大系统之间切换。

（3）按“Ctrl + 3”组合键为冷站画面。

还可以针对屏幕显示效果，在大屏控制器上对显示单元的亮度、对比度、画面几何等参数进行调整设置。

3．大屏系统关机

（1）在大屏控制器上关闭所有显示单元。

（2）关闭大屏控制器。

（3）待所有显示单元均关闭以后，大屏显示墙开关分闸断电。

第二节　设备监控系统巡检

设备监控系统巡检与系统组成、选型及界面风格有很大联系，下面就上述系统进行介绍以做参考。

一、工作站

1．工作站和系统软件运行检查

（1）工作站检查

1）检查工作站是否正常开启运行，操作系统运行正常，操作响应顺畅。

2）检查操作系统是否运行正常，系统 CPU 占用率平均值低于 40%。

3）设备摆放稳妥，与工作空间无冲突；鼠标、键盘等外部线缆整理好，工作站外附设备是否正常运行。

4）设备完整且无明显污迹或灰尘。

（2）系统软件运行情况

1）检查系统控制软件是否正常开启运行。

2）检查时钟同步，时钟时间与主时钟误差不超过 1 s。

3）检查设备图页面显示是否正常。

4）数据库正常，报表功能正常，数据显示正确。

（3）网络运行情况

1）检查网络驱动引擎是否正常。

2）检查站间通信是否正常。

3）检查本站各级控制网络是否通信正常，无系统设备和接口设备的报警信息，其他报警信息通告相关单位跟进处理。

2. 综合应急操作盘

在车站控制室设有综合应急操作盘，作为车站隧道通风系统、车站大系统和车站小系统在灾害模式下，设备运行控制的综合应急操作盘，当车站监控工作站出现故障或紧急情况下，也可以利用综合应急操作盘进行隧道或车站发生灾害或阻塞时的模式运行控制；综合应急操作盘在设备监控系统的模式控制中具有最高级的权限。

（1）综合应急操作盘控制器工作是否正常。

（2）综合应急操作盘按钮操作情况。巡视手自动转换开关，检查手自动切换是否正常，灯指示是否正常。

（3）综合应急操作盘外观。用羊毛扫打扫消防联动柜，使得消防联动柜上面无明显的积尘。外观完好、安装牢固，抽风设备良好，设备干燥。

3. 大屏系统

（1）检查大屏幕显示墙系统的设备状态和运行情况。

（2）对显示单元背投箱、DIGICOM 多屏处理器等专用设备进行清洁除尘处理。

（3）系统的控制室应保持无尘、干燥和良好的通风。

二、通信网络

1. 中央级通信网络

中央机级通信网络设备主要是交换机，它通过通信专业提供的信道连接到各设备监控系统，通过交换机连接到系统服务器、调度工作站及维修工作站。

（1）交换机外观

1）观察交换机、连接线路是否牢固，设备完整，外观完好，无异物附着，无明显污迹或灰尘，模块安装稳固。连接线路包括双绞线、光纤及电源线缆。

2）检测工作温度正常，设备环境无潮湿，无热源和振动源干扰。交换机设计工作环境为 10 ~ 39℃，交换机本身工作温度为 0 ~ 60℃。

（2）通过观察交换机工作显示灯的闪烁状态，快速判断交换机的工作状态。

1）能通过设备工作指示灯判断设备工作状况。交换机的电源单元、风扇、基板都有其自身的状态指示灯，正常状态下应该是绿色长亮的。

2）测量检查电源电压是否正常，变压器输入电压为 220 VAC（±5%），输出应为 24 VDC（±5%）。

3）检查通信设备安装是否稳固，外观是否完好，工作时有无异响和异味，若有应清洁设备外表和设备箱柜。

4）检查设备连接端口线缆是否稳固。如果指示灯是绿色长亮，说明物理连接没有问题。如果是橙色闪烁，说明数据通信正常。如果指示灯不亮，说明物理连接有问题。

（3）设备的接地点对地电阻不大于 4 Ω。

（4）交换机 IP 地址设定

1）将交换机专用配置电缆插到左下角的 v. 24 插口，另一头连到 PC 的串口。

2）打开超级终端，配置端口为 VT100 模式，速率为 9 600，无校验，无流控。

3）连上后按任意键，直到 Logging Screen 出现，输入密码 private。

4）在主菜单中，选择 System Parameter。

5）输入 IP 地址和子网掩码。用上下键选择 Apply，再选择 main menu 退出。

6）交换机重新上电，使用 ping 命令测试设定的地址。

2. 车站级通信网络

车站级通信设备一般安装在控制箱柜内，设备具有较好的防护和密封性，但各种干扰仍可由线路串入箱体设备，并且 I/O 模块直接连接被控设备线路，可能会有强电入侵。

（1）通信模块是否正常。通过观察通信模块工作显示灯的闪烁状态，快速判断通信模块的工作状态。

（2）通信模块外观。观察通信模块、连接线路是否牢固，设备外观是否正常，初步感觉工作温度正常。

3. 就地级通信网络

就地级通信设备一般安装在控制箱柜内，设备具有较好的防护和密封性，但各种干扰仍可由线路串入箱体设备，并且 I/O 模块直接连接被控设备线路，可能会有强电入侵。

（1）通信模块外观

1）观察通信模块、连接线路是否牢固。

2）设备外观是否正常，工作时有无异响和异味，若有应清洁设备外表和设备箱柜。

3）检测工作温度正常。工作环境温度为 10～39℃，设备工作温度为 0～60℃。

（2）通信模块是否正常。通过观察通信模块工作显示灯的闪烁状态，快速判断通信模块的工作状态。主要的工作显示灯为电源灯、工作状态灯、通信灯等。

三、系统控制器

工作环境温度为 10～39℃，设备工作温度为 0～60℃；控制器设备完整，外观完好，无异物附着，模块安装稳固，模块连接电缆稳固。

1. 电源模块

（1）设备外观。检查电压跳线是否存在并且在合适位置，是否紧固在机架上；安装是否稳固，外观是否完好，工作时有无异响和异味，清洁设备外表。

（2）电源模块上一般有指示灯，在正常工作时，该指示灯为绿色常亮。

（3）设备的输入电压为 220 VAC（±5%）。

（4）设备的接地点对地电阻不大于 4 Ω。

2. 中继模块

（1）设备外观。检查是否紧固在导轨上，安装是否稳固，外观是否完好，工作时有无异响和异味，清洁设备外表。

（2）正常工作时，该指示灯为绿色常亮；灯灭时指示无电源。

3. 网络模块

（1）设备外观是否正常，工作时有无异响和异味。

（2）模块上工作指示灯在正常工作时为绿色常亮。

4. I/O 模块

（1）检查模块安装是否紧固，锁紧开关处于锁紧位置。

（2）检查并紧固模块 I/O 电缆及信号电源电缆连接。

（3）观察状态指示灯，判断是否异常。

（4）终端电阻连接紧固。

（5）测试区间设备输入信号，检查输入 LED 与实际是否相符。

5. 后备电池

（1）后备电池换上前，测量电池电压应为 3 VDC。

（2）确保电池连接和安装的有效性。

（3）关好电池仓盖。

四、传感器及调节机构

1. 外观检查

（1）观察传感器安装是否牢固，安装是否稳固，外观是否完好，工作时有无异响和异味。

（2）线路连接是否牢固。

（3）设备外观是否清洁。

2. 设备周边环境检查

（1）设备周围是否有可能会影响设备正常工作的因素，如灰尘、漏水、异物等。

（2）设备工作环境是否变化，如安装环境用途改变等。

五、系统电源

1. UPS

（1）UPS 外观。外观是否完好，工作时有无异响和异味，清洁设备外表。

（2）检查 UPS 报警信息代码或设备监控系统报警信息栏内的相关故障信息。

（3）工作环境温度为 10～39℃。

2. 电池组

（1）检查 UPS 内电池组电压显示是否正常。

（2）电池箱外观。外观是否完好，工作时有无异响和异味，清洁设备外表。

（3）最佳工作环境为 25℃。超过 30℃或低于 10℃要做好记录上报。

3. 变压器

（1）外观是否完好，工作时有无异响和异味，安装是否牢固。

（2）清洁设备外表。

4. 开关电源

（1）外观是否完好，工作时有无异响和异味，安装是否牢固。

（2）清洁设备外表。

六、大屏系统

1. 运行环境

（1）系统的控制室应保持无尘，干燥。最佳工作湿度为60%左右，工作湿度范围为45%~90%。超出要求要做好记录上报。

（2）环境通风。工作环境温度为10~39℃，超出要求要做好记录上报。

2. 设备检查

（1）设备外观。外观是否完好，工作时有无异响和异味，清洁设备外表，不要使用任何粗糙的或磨损性的清洁剂。

（2）电缆和电源线是否有断裂和磨损，检查连接器和拔插件是否有松脱、锈蚀和氧化现象，保持良好的接触条件。

（3）用镜头纸清洁镜头。静电处理有助于防止空气中的灰尘聚集在镜头上，为了防止对屏幕外观产生有害的影响，以及损害黏合剂的黏合力，不要用手或其他东西接触屏幕的表面。

（4）显示单元的投影灯泡如果需要更换，由经过培训的检修人员进行。

（5）保持良好的系统接地。

七、系统接口

1. 硬线接口

（1）端子排外观。检查外观是否完好，检查端子排固定情况。

（2）电缆和电源线是否有断裂和磨损，是否有松脱、锈蚀和氧化现象。

2. 通信接口

（1）接口设备外观。检查外观是否完好，检查设备固定情况。

（2）通信电缆是否有松脱、老化现象。

第三节 设备监控系统故障处理

设备监控系统故障处理与系统组成、选型及界面风格有很大联系，下面就上述系统进行介绍以做参考。

一、系统工作站

1. 故障处理注意事项

为保护工作站计算机故障处理时人员及设备的安全，检修人员应牢记以下安全注意事项：

（1）拆卸和更换工控机盖板。在拆卸和更换盖板之前，应该先关闭电源，断开连接到工作站的所有数据线。

（2）拆卸和更换卡件。为安全起见，在拆卸和更换卡件之前，应先确认电源已经关闭，且连接到工作站的电源线和通信网络连接均已断开。

（3）避免静电。静电会损坏电子元件。更换或接触卡件，尤其是CPU时，应确保正确接地。要在安装卡件时中和静电，在取卡件的同时，将卡件包装袋置于机器的顶上。

（4）避免将水遗洒在键盘、鼠标、显示器或工控机机箱内，如若不慎遗洒，要尽快用软布擦拭干净，因为这可能引起键盘、显示器或工控机底板短路，造成以上设备无法正常工作。另外，避免将螺钉等细小的金属设备遗落在工控机机箱内，这也可能引起底板短路，造成工控机无法正常工作。

2. 工作站计算机无法启动

工作站计算机启动流程示意图如图3—10所示，工作站计算机无法启动故障会出现在每个环节中。

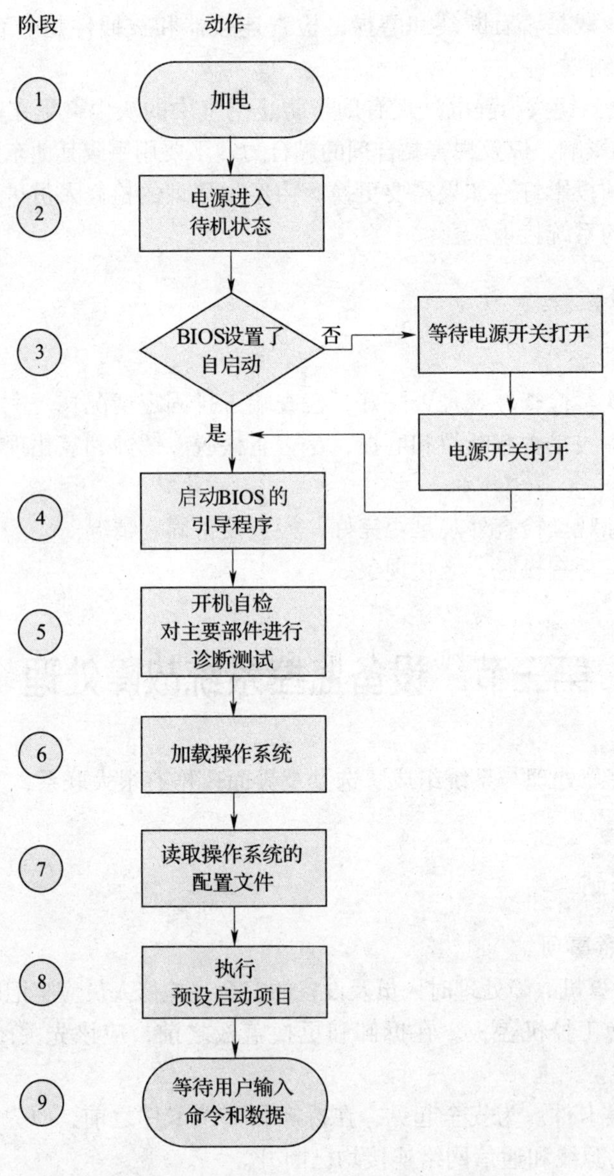

图3—10　工作站计算机启动流程示意图

（1）工作站计算机没有电源故障。检查计算机是否未加电，要确保机器的电源线正确连接。将电源线与工作正常的电源插座和机器的后部相连。如果按下开关后，计算机仍无法启动，检查开关是否正常，检查电源模块是否正常。

（2）工作站开机有蜂鸣器响声。如果机器启动时有蜂鸣器响声，则意味着机器存在配置问题。计算机启动后，系统固件将执行预引导诊断程序，以测试硬件配置是否存在任何问题。如果在预引导期间检测到问题，则电子蜂鸣器将会发出声音，并发出一条已编码的错误消息。表3—1为蜂鸣器响声提示的BIOS诊断故障信息。

表3—1　　蜂鸣器响声提示的BIOS诊断故障信息

响声次数	故障元件	故障信息及处理方式
1	处理器	处理器缺失或没有正确连接。重新安装或更换处理器
2	电源	电源故障。更换电源
3	内存	无内存、破损的内存条或不兼容的内存条。检查内存条加载顺序。重新安装或更换内存条
4	显卡	显卡问题。重新安装或更换显卡
5	PCI卡	PCI卡问题。重新安装或更换PCI卡
6	一般故障	可能的问题包括系统板故障、CPU连接问题、CPU故障和CPU电源故障
7	系统板	有缺陷的系统板

3. 工作站计算机硬件故障

（1）键盘故障

故障现象：键盘无法使用或功能不正常。

故障分析：键盘与主机的连接断开或键盘故障。

检查和排除方法：

1）检查键盘电缆连接，将电缆插入机器后面的正确接口中。

2）检查所有键的高度是否相同，是否有按下后未能弹起的键。

3）如未解除故障则更换键盘，或在其他机器上试用原键盘，以判断主机的键盘接口是否故障。

（2）鼠标故障

故障现象：鼠标无法使用或功能不正常。

故障分析：鼠标与主机的连接断开或鼠标故障。

检查和排除方法：

1）检查鼠标电缆连接，将电缆插入机器后面板的对应端口中，并且确保正确加载了驱动程序。

2）如果是滚球型鼠标，检查鼠标内是否有积尘，清洁鼠标球。

3）如未解除故障则更换原鼠标，或在其他机器上试用原鼠标。

（3）计算机显示故障

故障现象：监视器无显示或花屏、偏色。

故障分析：显卡和监视器故障或连接线路故障。

检查和排除方法：

1）检查监视器的电源线是否正确连接。

2）检查监视器开关按钮是否为开。

3）正确设置了监视器的亮度和对比度。

4）如未解除故障则更换显示器。

5）检查显卡已经安装，并且视频电缆已正确连接。

6）如未解除故障则更换显卡。

（4）网络连接异常

故障现象：工作站无法访问局域网内其他工作站。

故障排除：检查工作站到局域网交换机物理连接是否正常，如果不正常，请按接线图重新连接。

若故障仍然存在，检查工作站网络设置是否正确，如果不正确，请重新正确设置网络。

4. 综合应急操作盘故障

（1）按钮故障

故障现象：按钮或转换开关失效。

故障分析：按钮、转换开关故障。

检查和排除方法：

1）确认相应系统已经对 IBP 端子排送电。

2）找到该按钮控制线在后面端子排上对应的端子。检查端子排接线及按钮后面接线有无松动、松脱。如有，紧固端子和接线。

3）松脱端子排接线，检查按钮是否正常。

常开按钮：在前面盘面按压按钮，用万用表的电阻挡检测上述两个端子。如果电阻接近0，则按钮内部接线良好，由相应专业人员检查其系统接线或其他原因。如果用万用表测出开路，应为按钮损坏，更换按钮。

常闭按钮：在前面盘面按压按钮，用万用表的电阻挡检测上述两个端子。如果电阻为无穷大，则按钮内部接线良好，由相应专业人员检查其系统接线或其他原因。如果用万用表测出短路，应为按钮损坏，更换按钮。

（2）按钮灯或指示灯不亮、蜂鸣器不响故障

故障现象：按钮灯或指示灯不亮、蜂鸣器不响。

故障分析：按钮、转换开关、蜂鸣器故障。

检查和排除方法：

1）确认相应系统已经对 IBP 端子排送电。

2）找到该按钮/灯的信号线在后面端子排上对应的端子。检查端子排接线及按钮接线有无松动、松脱。如有，紧固端子和接线。

3）检查灯是否损坏。用万用表的电阻挡检测上述两个端子，若电阻无穷大则说明灯烧坏，需更换。

（3）特殊设备控制不能实现。重要的机电设备为了防止人为的误按，在按钮控制前还

增加了一个“允许控制”按钮。换句话说就是在控制设备前，必须先按下“允许控制”按钮，例如屏蔽门开门的控制。当不能控制时，必须进行逐步检查，下面以屏蔽门不能控制开门为例（屏蔽门“允许控制”按钮通常采用钥匙旋钮方式）：

1）确认相应系统已经对 IBP 端子排送电。

2）找到该侧屏蔽门钥匙旋钮、控制按钮在后面端子排上对应的端子。检查端子排接线及按钮接线有无松动、松脱。如有，紧固端子和接线。

3）把钥匙旋钮打到允许位，用万用表检测其常开端子是否闭合。若是，应对按钮进行检测。若不是，更换钥匙旋钮。

二、通信网络

通信网络设备主要是交换机，它连接到各设备监控系统，通过交换机连接到系统服务器、调度工作站及维修工作站，它的运行状态对系统的工作起着至关重要的作用。如果连接交换机的其中一些接线松脱，将使线路上的设备无法正常通信，甚至造成骨干网瘫痪，系统无法运行等重要后果。

1. 常用的通信设备检查方式

（1）网络检查

1）交换机在网络上应该是可见的。

2）通过在工作站上 Ping 交换机的 IP 地址或通过交换机管理软件确认交换机的网络状态。如果 Ping 不通，或者在交换机管理软件上看不到该交换机，则该交换机可能脱网了，需要检查其相关连线。

（2）指示灯检查。可以通过交换机上的指示灯查看每个端口的连接状态。如果指示灯是绿色长亮，说明物理连接没有问题。如果是橙色闪烁，说明数据通信正常。如果指示灯不亮，说明物理连接有问题。

（3）组成单元检查。交换机的电源单元、风扇、基板都有其自身的状态指示灯，正常状态下应该是绿色长亮的。

2. 中央级通信

（1）交换机故障

故障现象：交换机死机。

故障分析：交换机负荷太大；温度过高；来自电源的电压波动或外界的电磁干扰；交换机硬件老化或质量不过关。

排除方法：检查交换机工作环境和电源；断电重启交换机；更换交换机。

（2）通信线路故障

故障现象：检查设备正常，但仍然无通信。

故障分析：通信线路故障。

排除方法：对简单线路故障，如线路松脱等进行紧固方面的处理；查明破损或有缺陷的通信线缆或接头，进行更换处理。

（3）交换机受外物侵扰，需要临时清理外物，进行临时隔离、移位等操作。

3. 车站级通信

车站级通信网络设备主要是控制系统的通信模块、交换机和光电转换器等，还与通信线路有关。故障现象和分析处理方法与中央级一致。

如果通信模块箱体有水滴、箱体受损等情况，需要进行有效封堵，进行临时隔离、移位等操作。

4. 就地级通信

就地级通信网络设备主要是控制系统的通信模块、通信线路。故障现象和分析处理方法与车站级通信一致。

三、控制器

1. 电源模块故障

故障现象：电源模块异常一般会出现工作期间指示灯熄灭。

分析和排除办法：

(1) 检查电压是否正常。

(2) 如果指示灯还是熄灭，重新上电一次。

(3) 检查电源模块的跳线连接是否正确。

(4) 如果模块指示灯变亮，请检查电源负载是否超标，重将模块插入机架上。

(5) 如果模块指示灯还是熄灭，送电源模块返修。

2. 中继模块故障

故障现象：中继模块指示灯熄灭。

分析和排除办法：

(1) 检查电压是否正常。

(2) 如果电压正常指示灯还是熄灭，重新上电一次。若指示灯还是熄灭则更换中继模块。

(3) 如果电压异常则检查电源配电线路，排除故障。

3. 网络模块故障

故障现象：网络通信中断。

分析排除办法：

(1) 检查节点匹配情况，排除故障。

(2) 检查模块与机架的匹配情况，排除故障。

(3) 根据主从控制器的判断，排除故障。

4. 机架设备故障

故障现象：设备频繁失灵；通信频繁中断；设备松动。

故障分析：机架设备是承载系统设备的骨骼，如果机架设计不合理而勉强安装或因为机架变形和松动等原因，都将对系统设备有严重影响。

排除办法：

(1) 机架安装。安装尺寸、空间要求满足设计。

(2) 紧固机架。

5．运行温度过高

故障现象：设备频繁死机；通信有丢包；设备频繁故障。

故障分析：设备箱柜过于狭窄，通风不畅，无法满足设备的散热需求；环境温度过高，附近有热源等；北方地区严寒季节没有加热措施。电气设备尤其是精密电子设备都有较高的运行环境温度要求，超出其范围都将严重影响工作状态甚至损坏设备。南方潮湿地区还会因为温差的问题导致冷凝水损坏设备。

排除办法：

（1）检查环境温度和设备箱柜内温度，是否超出设备要求的环境温度范围。

（2）检查通风情况，散热设备运作是否良好。

（3）判断箱柜内外温差是否过大，检查是否需要加强保温和封堵。

（4）检查设备表面温度是否异常过热，是否需要维修和更换设备。

（5）检查周边有无热源干扰，如果有，需要对设备或热源进行移位。

四、传感器及调节机构

1．传感器

传感器及调节机构故障反映在系统中有传感器数值一直为“0”、满或超量程，数值与现场对比仪表偏差大，数值不随探测量同步变化或不连贯等现象。

（1）线路故障

故障现象：传感器数值一直为“0”、满或超量程。

故障分析：线路故障。

1）电源线路故障。

排除方法：用万用表检测电源进线传感器电压。

①不符合额定电源范围，检查电源供应部分。

②没有电压输入，无电压逐段线路排查故障或检查系统配电情况。

2）反馈线路故障。

排除方法：使用万用表检查控制器 I/O 输入端子输入信号是否与传感器输出信号一致。不一致则排查故障线路。

（2）传感器故障

故障现象：数值与现场对比仪表偏差大、数值不随探测量同步变化或不连贯。

故障分析：传感器故障。

排除办法：

1）使用标准仪表在传感器相同的地点进行测量，读取相应的检测数据。

2）将检测数据计算出对应的电信号，使用万用表检测测量传感器输出电信号，检查是否一致。

3）更换传感器或在控制器中处理误差值。

（3）应急操作

1）传感器的应急操作一般是对传感器松脱处进行固定。

2）在系统内根据实际信号，将传感器输入值设定为某测试值。

2. 调节机构

调节机构故障反映在系统中有调节机构的数值一直为“0”、满或超量程，数值与现场对比偏差大。

(1) 线路故障

故障现象：执行机构完全无法按控制命令动作。

故障分析：电源线路开路或反馈线路开路。

1) 电源线路故障。

排除方法：

①用万用表检测电源进线执行机构电源电压、频率。

②判断电源电压是否在正常范围220 VAC ±5%，电源频率是否在正常范围50 Hz ±2%。

③如是电源电压、频率不正常或没有电压输入，电压不符合则检查相同配电部分线路，无电压逐段排查线路故障或检查系统配电情况。

2) 反馈线路故障。使用万用表检查控制器 I/O 输入端子输入信号是否与执行机构输出信号一致。

3) 控制线路故障。使用万用表检查控制器 I/O 输入端子输出信号是否与执行机构控制信号一致。

(2) 执行机构故障

故障现象：数值与现场对比偏差大。

故障分析：执行机构故障。

排除方法：

1) 将执行机构某开度或行程计算出对应的电信号。

2) 使用过程校验仪模拟控制信号，检查执行机构开度或行程是否一致。

3) 调整执行机构控制信号参数或更换执行机构。

(3) 应急操作

1) 执行机构的应急操作一般是执行机构临时手动操作到某个安全运行开度。

2) 在系统内根据实际需要，将执行机构的值设定为某测试值。

五、系统电源

故障现象：系统电源供应中断。

1. UPS 故障

故障现象：UPS 无电源输出。

故障分析：具体查询故障代码。

排除方法：

(1) 进行旁路供电。

(2) 明确开机无进一步损坏时，开机查询历史故障记录，查询故障代码。

(3) 寻求厂家或专业公司检修。

2. 电池组故障

故障现象：UPS 市电旁路输出。

故障分析：电池组无电。

排除方法：

（1）电池组开关故障，更换电池组开关。

（2）电池组故障，使用万用表测量每块电池正负极的电压，偏离额定电压10%和外观变形、发热异常的电池需要更换。

（3）替换的电池参数要求与原电池组参数相差不大，安装完毕需上电观察2～3 h，确认电池无异常发热、变形。

3．变压器故障

设备监控系统传感器或执行机构常用的电源为24 VAC电源，此类电源通常使用变压器进行220 VAC到24 VAC的转换。

故障现象：变压器无24 VAC输出。

故障分析：电源线路开路或变压器损坏。

排除方法：

（1）线路故障。使用万用表测量变压器的线路，输入端电阻比输出端电阻稍大。

（2）输入输出故障。使用万用表测量变压器的输入端，如断路则是一次线圈断路，更换变压器；使用万用表测量变压器的输出端，如断路则是二次线圈断路，可能是变压器保险烧断，修复二次端或更换变压器。

4．开关电源

设备监控系统传感器或执行机构常用的电源为12 VDC或24 VDC电源，此类电源通常使用开关电源获得12 VDC或24 VDC电压，开关电源为电子整流装置。

故障现象：开关电源无12 VDC或24 VDC输出。

故障分析：电源线路开路或开关电源损坏。

排除方法：

（1）线路故障。使用万用表测量变压器的线路。

（2）输出故障。开关电源输出一般有输出保护功能，电流过大时可实现自保护，带负荷使用万用表检测无电压输出，不带负荷检测正常时，可着重检查用电设备负荷情况。

六、系统接口

系统接口故障在系统中，硬线接口故障表现为系统对接口设备的监控失效；通信接口故障在各个系统中表现为数据变灰或出现报警等现象。

1．硬线接口故障

（1）接线端子故障

故障现象：接线端子无法固定或线路不通。

故障分析：接线端子故障大多数是接触不良。

排除方法：

1）如是螺钉滑丝导致接触不良，更换端子。

2）如是触点氧化接触电阻过大，打磨触点后拧紧端子。

（2）设备控制权设置不当。接入设备监控系统的设备，其设备控制权一般在就地控制箱有“就地”“远控”等设置，在集中控制室也有“就地”“遥控”等设置，需要在设备就地及集中控制室将设备设置到“远控”和“遥控”的位置，设备监控系统才可以对设备实现监控。

故障现象：设备无法控制。

故障分析：设备控制权设置与控制等级不匹配。

排除方法：正确切换控制权限。

(3) 继电器故障。设备监控系统的输入输出 I/O 一般都需要经过继电器接入被控设备的二次控制回路中，这样可以保护设备监控系统控制器及 I/O 模块，避免强电损坏。

故障现象：继电器输出信号与要求不一致。

故障分析：继电器触点、电源及底座故障。

排除方法：继电器故障可检查继电器的触点、电源及底座，损坏严重更换继电器及底座。

(4) 线路故障。设备监控系统到被控设备间的输入输出回路。

故障现象：设备控制或反馈线路信号与实际不一致。

故障分析：控制或反馈线路开路、短路或接地。

排除方法：该类故障在切断电源情况下可直接使用万用表检查线路的导通情况，逐段确定故障点，找到故障点更换故障线路。

2. 通信接口故障

故障现象：通信相关信息变灰或通信设备报故障。

故障分析：接口模块故障或通信线路故障。

排除方法：

(1) 通信模块故障。设备监控系统一般使用特殊的通信模块与其他系统进行通信连接，更换模块后，需下载程序才可消除故障。

(2) 线路故障。设备监控系统通信接口通常是点对点线路。该类故障在切断回路情况下可直接使用万用表检查线路的导通情况，找到故障点更换故障线路。

七、大屏系统

1. 大屏控制器加电无反应

故障现象：大屏幕投影加电无反应。

故障分析：电源模块故障。

排除方法：

(1) 使用万用表检测大屏幕投影配电是否正常，排除电源故障。

(2) 检查信号处理接口和数字显示组件之间的连接线是否接插牢固，排除接线问题。

(3) 检查电源开关是否打开，POWER 灯是否亮起，排除电源开关或电源模块问题。

2. 大屏控制器开机正常但大屏无图像

故障现象：大屏控制器开机正常但大屏无图像。

故障分析：显示线路故障。

排除方法：

（1）检查 RGBHV 输入端各个端子是否正确连接，排除接线问题。

（2）确认 RGBHV 输入端是否有图像信号，排除端口问题。

3．投影机黑屏

故障现象：投影机黑屏。

故障分析：接口模块故障或通信线路故障。

排除方法：

（1）刚开机就黑屏。尝试用 VWAS 软件先把黑屏的投影机关闭，过 3 min 后再次打开该投影机，或把该投影机的电源关闭再重开。

（2）运行中出现黑屏

1）检查箱内接口到投影光源处的白色数字线。

2）断电检查灯泡是否损坏，或可能灯泡已经老化。

3）投影部件故障，联系厂家处理。

初级工理论知识考核模拟试题

一、填空题（请将正确的答案填在横线空白处，每题2分，共20分）

1. 按钮是一种手动操作__________控制电路的主令电器。它主要控制接触器和继电器触点的接通或断开，用来控制机械或程式的某些功能，也可作为电路中的__________。

2. 当触电者既无心跳又无呼吸时，可以采用__________与__________进行急救。

3. 接地可分为工作接地、__________和__________。

4. 万用表使用完毕，应将转换开关置于__________的最大挡。

5. 对于线性电路，任何一条支路的电流（或电压），都可看成是由电路中各个电源（电压源或电流源）分别作用时，在此支路中所产生的电流（或电压）的__________。

6. 系统在车站与各专业存在各种各样的接口，一般有__________和__________两大类。

7. A/D 转换器的主要技术指标有分辨率、__________及__________。

8. 设备监控系统设置由中央级监控系统、__________及__________和设置在车辆段维修车间的工程师维修工作站组成。

9. 巡视内容主要包括设备的外观、设备的__________和工作站__________等。

10. 系统硬线接口故障表现为系统对接口设备的监控失效，通信接口故障在各个系统中表现为__________或__________等现象。

二、判断题（下列判断正确的请打“√”，错误的打“×”，每题2分，共20分）

1. 综合应急操作盘在设备监控系统的模式控制中具有最高级的权限。（　　）

2. 放大电路的主要性能指标包括放大倍数、输入电阻及输出电阻。（　　）

3. 刀开关没有灭弧装置，但胶盖可以防止电弧伤人，可用在频繁接通或断开的电路中。（　　）

4. 物质按导电性能可分为导体和绝缘体。（　　）

5. 熔断器应与电路串联，它的主要作用是作短路或严重过载保护。（　　）

6. 低压试电笔检测高于60 V的电压。（　　）

7. N型半导体中电子浓度远远大于空穴的浓度，P型半导体中空穴是多数载流子。（　　）

8. 设备监控系统接地包括电源接地、设备接地及网络接地。（　　）

9. 保护接地和保护接零可以接在同一个接地点上。（　　）

10. 轨道交通系统的所有电缆要求阻燃、耐火、低烟无卤型。（　　）

三、单项选择题（下列每题的选项中，只有1个是正确的，请将其代号填在横线空白处，每题2分，共20分）

1. 工厂进行电工测量时，应用最多的是__________。

A. 指示仪表　　B. 比较仪表　　C. 电桥　　D. 示波器

2. 用直流单臂电桥测电阻属于__________测量。

A. 直接　　B. 间接　　C. 比较　　D. 一般

3．不是UPS常用的旁路技术的是__________。

A．锁相同步技术　B．旁路开关　C．手动旁路　D．继电器

4．触电急救首先要做__________。

A．切断电源　B．使遇难者脱离电源

C．通知医院或医生　D．确定伤情

5．__________是指在电源中性点接地的系统中，将设备需要接地的外露部分与电源中性线直接连接。

A．保护接地　B．保护接零　C．漏电保护　D．接地

6．电池使用注意事项是__________。

A．充电电流应大于0.3A　B．经常放电

C．避免过电压充电　D．小电流放电

7．尖嘴钳手柄套有绝缘耐压__________V的绝缘套。

A．500　B．400　C．1 000　D．380

8．控制柜要求__________。

A．IP20　B．IP25　C．IP30　D．IP35

9．IBP要求通过__________认证。

A．CCCF　B．CE　C．UL　D．3C

10．地铁车站接地电阻小于__________Ω。

A．1　B．2　C．3　D．4

四、简答题（每题10分，共40分）

1．什么叫保护接地和保护接零？

2．与设备监控系统存在接口关系的专业有哪些？

3．UPS工作方式分类有哪几种？

4．简述触电急救工作步骤。

初级工技能操作考核模拟试题

一、操作工作站巡视的主要内容。(共 **40** 分)

二、操作控制器巡视的主要内容。(共 **60** 分)

初级工理论知识考核模拟试题答案

一、填空题

1. 接通或断开　电气联锁
2. 人工呼吸法　胸外心脏按压法
3. 保护接地　保护接零
4. 交流电压
5. 代数和
6. 硬线接口　软线接口
7. 相对精度　转换速度
8. 车站级监控系统　就地级监控设备
9. 运行指示　运行状况
10. 数据变灰　出现报警

二、判断题

1. √　2. √　3. ×　4. ×　5. √　6. ×　7. √　8. √　9. ×　10. ×

三、单项选择题

1. A　2. C　3. D　4. A　5. B　6. C　7. A　8. B　9. A　10. D

四、简答题

1. 答：保护接地在中性点不接地系统中，设备外壳与大地进行了电气连接。保护接零是指在电源中性点接地的系统中，将设备需要接地的外露部分与电源中性线直接连接，相当于设备外露部分与大地进行了电气连接。

2. 答：低压配电专业，通风与空调专业，自动扶梯、电梯专业，防灾报警专业，屏蔽门专业，通信系统等。

3. 答：按工作方式分类可分为后备式、在线互动式及在线式三大类。

4. 答：触电急救时首先切断电源，使遇难者脱离电源，通知医院或医生，确定伤情，进行复苏工作。

初级工技能操作考核模拟试题答案

一、答：

1. 外观检查，设备外部维护到位，设备完整且无明显污迹或灰尘。(5分)

2. 确认设备存在并且完整，设备摆放稳妥，与工作空间无冲突，鼠标、键盘等外部线缆整理好。(5分)

3. 检查操作系统运行情况，确认操作系统运行正常，操作响应顺畅，系统CPU占用率平均值低于40%。(5分)

4. 检查监控软件运行情况，应用软件运行正常，操作响应顺畅。(5分)

5. 键盘、鼠标和触摸屏等输入设备功能检查，鼠标光标移动顺畅，按键功能正常（按键无黏滞，单击时无重复）；键盘按键功能正常；触摸屏响应顺畅，无偏移。(5分)

6. 对各工作站内的报警信息进行检查和确认，无系统设备和接口设备的报警信息，其他报警信息应已通告相关单位跟进处理。(5分)

7. 数据库备份完毕且异地保存副本。(5分)

8. 系统重新启动，确认正常。(5分)

二、答：

1. 设备完整，外观完好，无异物附着，无明显污迹或灰尘。(10分)

2. 设备环境无潮湿，无热源和振动源干扰。(10分)

3. 设备的输入电压为220 VAC（±5%）。设备指示灯显示的工作状态正常，通信指示灯正常闪烁。(10分)

4. 模块安装稳固，连接电缆稳固。(10分)

5. 模块工作时发热情况在正常范围。(10分)

6. 设备的接地点对地电阻不大于4 Ω。(10分)

第2部分　中　级

设备监控系统中级检修工技能要求为掌握系统设备硬件组成及原理，完成系统硬件故障处理，实现系统硬件更换安装及初始化设置。熟练掌握自控系统基础、系统控制器及组成系统的工作站、系统网络、控制器、传感器及执行机构、系统电源及大屏幕投影等主要硬件设备的知识与操作技能。

第四章　控制系统基础

设备监控系统控制系统基础包括自动控制原理、可编程序控制器及系统校验仪表等知识与操作技能。

第一节　自动控制原理

自动控制原理是研究自动控制共同规律的科学，是基于反馈原理，以传递函数为基础的理论体系。它主要研究单输入—单输出、线性定常系统的系统分析和设计问题。自动控制系统一般由控制器和被控对象组成，自动控制系统是被控对象和控制装置按照一定方式连接起来的一个有机整体。在反馈控制系统中，控制装置对被控对象施加的控制作用，是取自被控量的反馈信号，用来不断修正被控量的偏差，从而实现对被控对象进行控制的任务。自动控制系统基本原理图如图4—1所示。

一、自动控制系统的功能

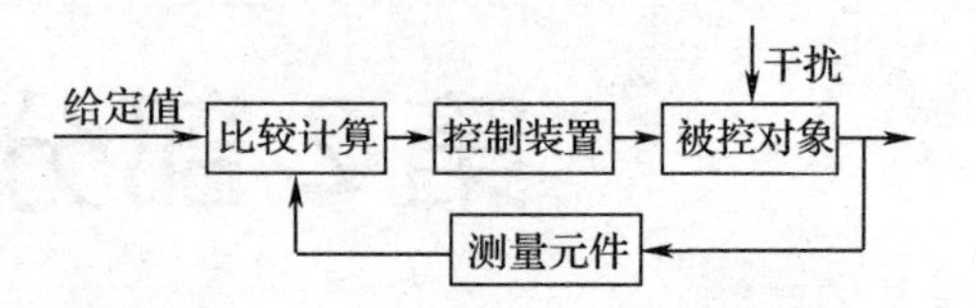

图4—1 自动控制系统基本原理图

自动控制系统有开环控制系统与闭环控制系统。开环控制系统是输出量对系统的控制作用没有任何影响的控制系统。开环控制系统的结构简单、成本低、工作稳定性好，但它不具备自动修正被控输出量偏差的能力。闭环控制系统是输出量对控制作用有影响的控制系统。闭环系统不仅元件多、结构复杂，而且由于反馈作用，如果系统参数配合不当，调节过程可能变差，甚至出现发散或振荡。下面主要就闭环控制系统进行讨论，为了使被控对象按预定的规律变化，自动控制系统必须具备一定的性能，这些性能主要包括稳定性、响应速度和精确度。

1. 稳定性

任何一个能够正常工作的控制系统，首先必须是稳定的。由于控制系统是具有反馈作用的闭环系统，因此，系统有可能趋向振荡或不稳定。稳定的控制系统在阶跃信号或扰动的作用下，其响应的暂态过程应该是收敛的，如图4—2所示。若系统设计不当，则在阶跃信号或扰动信号的作用下，响应的幅值振荡可能成为等幅振荡，甚至成为振幅逐渐增大的发散振荡，发生这种情况的系统称为不稳定系统。

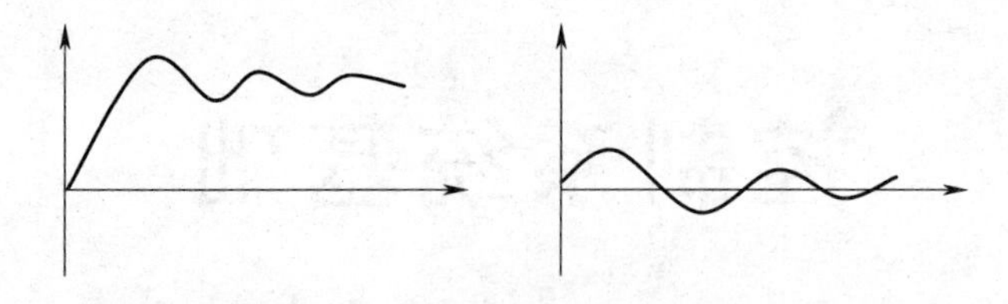

图4—2 稳定的控制系统响应

系统的稳定包括两方面的含义：一方面是系统稳定，称为绝对稳定，即通常所说的稳定性；另一方面是输出响应振荡的强烈程度，称为相对稳定性。例如系统是绝对稳定的，但在阶跃信号作用下，响应振荡很强烈，而且振荡的衰减很慢，此系统虽属于稳定系统，但相对稳定性很差。

2. 响应速度

自动控制系统在实际工作中，不仅要求系统稳定，而且要求被控量能迅速按照输入信号所规定的形式变化。即要求系统具有一定的响应速度，由于系统中总包含一些惯性元件，因此在输入信号的作用下，其响应总要经过暂态过程调整后才能过渡到另外一个平衡状态，该调整时间就是系统的响应速度。

3. 精确度

自动控制系统要求系统稳态精度高，一般用稳态误差来评价。系统在输入信号的作用下，其响应经过暂态过程进入稳态后，系统的输出值与期望值之间存在误差，称为稳态误差。

因为反馈控制系统本身建立在偏差开展的基础之上，如反馈信号与期望值之间不存在偏差，则控制系统就不会产生控制作用。下面为自动控制系统产生误差的主要因素。

（1）系统本身的原理性误差。它与系统结构有关，又与输入信号的性质有关。

（2）由于系统的结构和元件特性不够完善造成误差。

（3）系统内部或外部存在的各种干扰产生的误差。

二、控制系统数学模型

控制系统的研究通常通过数学模型来进行，通过微分方程构造系统的传递函数是常见的方式。

1. 微分方程

微分方程是自动控制系统数学模型最基本的形式，传递函数可由它演化而来。用解析法列写微分方程的一般步骤如下。

（1）根据系统或元件的工作原理，确定系统和元件的输入和输出变量。

（2）从输入端开始，按照信号的传递顺序，依据各变量所遵循的物理或化学定律，按照技术要求忽略一些次要因素，并考虑相邻元件的彼此影响，列写微分方程。

（3）消去中间变量，求描述输入量输出量关系的微分方程。

（4）标准化，与输入变量有关的各项放在等号右侧，与输出量有关的各项放在等号的左侧，并且降幂排列。

2. 传递函数

微分方程是线性元件或系统的最基本的数学模型。传递函数是经典控制理论中最基本、最重要的数学模型。它是在复数域中描述线性的动态性能，而且可以借其研究系统的结构或参数变化对系统性能的影响。

（1）传递函数的定义

线性定常系统在零初始条件下，输出的拉氏变换与输入量的拉氏变换之比，称为系统的传递函数。

设描述系统或元件的微分方程一般形式如下：

$$a_n \frac{\mathrm{d}^n c(t)}{\mathrm{d}t^n} + a_{n-1} \frac{\mathrm{d}^{n-1} c(t)}{\mathrm{d}t^n} + \cdots + a \frac{\mathrm{d}c(t)}{\mathrm{d}t^n} = b_m \frac{\mathrm{d}^m r(t)}{\mathrm{d}t^m} + b_{m-1} \frac{\mathrm{d}^{m-1} r(t)}{\mathrm{d}t^{m-1}} + \cdots + b \frac{\mathrm{d}r(t)}{\mathrm{d}t}$$

则该系统或元件的传递函数为

$$G(s) = \frac{C(s)}{R(s)} = \frac{a_n s^n + a_{n-1} s^{n-1} + \cdots + a_0}{b_m s^m + b_{m-1} s^{m-1} + \cdots + b_0}$$

（2）传递函数的特点

1）传递函数是经拉氏变换导出的，拉氏变换是一种线性积分运算，因此传递函数的概念只适用于线性定常系统。

2）传递函数是在零初始条件下定义的，即在零时刻之前，系统处于相对静止状态。因此传递函数不能反映系统在非零初始条件下的全部运动规律。

3）传递函数只取决于系统结构、元件参数，与输入信号的形式无关。

4）控制系统传递函数分子多项式的阶次总是低于至多等于分母多项式的阶次，即 $m \leqslant n$。传递函数是经拉氏变换导出的，拉氏变换是一种线性积分运算，因此传递函数的概念只适用于线性定常系统。

3. 典型环节及其传递函数

线性系统的传递函数的典型环节有比例环节、惯性环节、积分环节、振荡环节、微分环节、延迟环节等。

(1) 比例环节。比例环节的微分方程为 $c(t)=Kr(t)$

传递函数为 $G(s)=K$

式中 K 称为比例系数、传递系数或放大系数。比例环节的方框图如图 4—3 所示。

(2) 惯性环节。惯性环节的微分方程为

$$G(s)=\frac{1}{Ts+1}$$

传递函数为

$$T\frac{\mathrm{d}c(t)}{\mathrm{d}t}+c(t)=r(t)$$

惯性环节的方框图如图 4—4 所示。

图 4—3 比例环节的方框图　　图 4—4 惯性环节的方框图

(3) 积分环节。积分环节微分方程为

$$c(t)=\int r(t)\,\mathrm{d}t$$

传递函数为

$$G(s)=\frac{1}{s}$$

积分环节的方框图如图 4—5 所示。

(4) 振荡环节。振荡环节的微分方程为

$$T^2\frac{\mathrm{d}^2c(t)}{\mathrm{d}t^2}+2\zeta T\frac{\mathrm{d}c(t)}{\mathrm{d}t}+c(t)=r(t)$$

传递函数为

$$G(s)=1/(T^2s^2+2\zeta s+1)$$

振荡环节的方框图如图 4—6 所示。

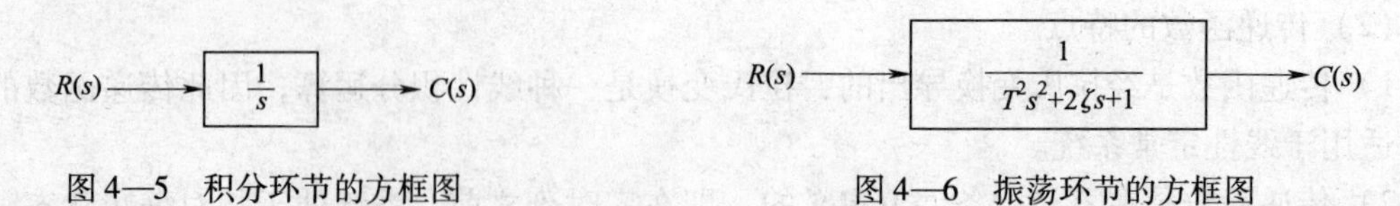

图 4—5 积分环节的方框图　　图 4—6 振荡环节的方框图

其中，T 为时间常数，ζ 为阻尼系数。

(5) 微分环节。微分环节在传递函数中有三种类型：理想微分环节、一阶微分环节、二阶微分环节，它们的微分方程分别为

$$c(t)=K\mathrm{d}r(t)/\mathrm{d}t$$

$$c(t)=K\tau\mathrm{d}r(t)/\mathrm{d}t+r(t)$$

$$c(t) = K\tau^2 \mathrm{d}^2 r(t)/\mathrm{d}t^2 + 2\zeta\tau \mathrm{d}r(t)/\mathrm{d}t + 1$$

相应的传递函数为

$$G(s) = Ks$$

$$G(s) = K\tau s + 1$$

$$G(s) = K\tau^2 s^2 + 2\zeta\tau s + 1$$

微分环节的方框图如图 4—7 所示。

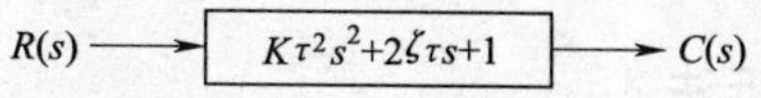

$R(s) \longrightarrow$ $\boxed{K\tau^2 s^2+2\zeta\tau s+1}$ $\longrightarrow C(s)$

图 4—7　微分环节的方框图

（6）延迟环节。延迟环节又称滞后环节。延迟环节的输出经一个延迟时间后，完全复现输入信号。其输入输出关系是

$$c(t) = r(t-\tau)$$

根据拉氏变换定理可得其传递函数为

$$G(s) = e^{-\tau s}$$

三、自动控制系统的传递函数

自动控制系统在工作过程中受到两类信号的作用。一类是有用信号，称为输入信号 $r(t)$；另一类信号是干扰，称为扰动信号 $n(t)$。输入信号通常是加在系统输入端。而干扰是作用在受控对象上或其他元件上，闭环控制系统的典型结构可用图 4—8 表示。

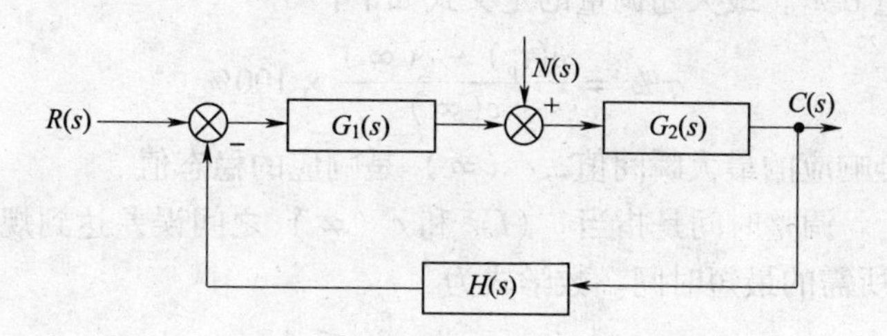

图 4—8　闭环系统的典型结构

1. 系统的开环传递函数

如图 4—8 所示，将 $H(s)$ 的输出通路断开，这时前向通路函数 $G_1(s)G_2(s)$ 与反馈通路的传递函数 $H(s)$ 的乘值 $G_1(s)G_2(s)H(s)$ 称为系统的开环传递函数。它指的是闭环系统的开环传递函数。

2. 闭环传递函数

闭环传递函数是指在输入信号作用下［$n(t)=0$］的闭环传递函数，用 $\Phi(s)$ 表示。图 4—9 中的闭环传递函数为

$$\Phi(s) = \frac{C(s)}{R(s)} = \frac{G_1(s)G_2(s)}{1+G_1(s)G_2(s)H(s)}$$

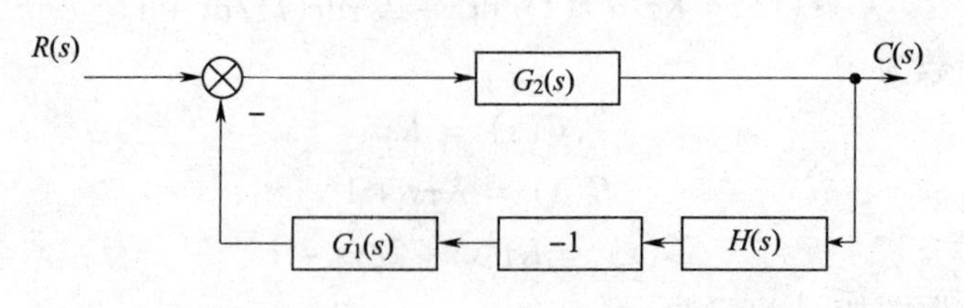

图4—9 $n(t)$ 作用的闭环系统图

四、自控系统常用分析法

$$C(s)=\frac{G_1(s)G_2(s)}{1+G_1(s)G_2(s)H(s)}\cdot R(s)+\frac{G_2(s)}{1+G_1(s)G_2(s)H(s)}\cdot N(s)$$

1. 时域分析法

经典控制理论中，常用的分析方法是时域分析法、根轨迹法和频域法。时域分析法是根据控制系统的时域响应来分析系统的稳定性、暂态性能和稳态精度。它是一种直接的分析方法，具有直观和准确的优点，并能提供系统时间响应的全部信息。

（1）基本指标

1）上升时间 t_s。系统的阻尼系数不同，规定的上升时间的范围也不同。如过阻尼系统的上升时间定义为响应由稳态值的10%上升到稳态值90%所需的时间。而欠阻尼系统的上升时间则定义为响应由零值上升，第一次达到稳态值所需的时间。

2）峰值时间 t_r。阶跃响应由零值上升到第一个峰值所需的时间称为峰值时间。

3）最大超调量 $\sigma\%$。最大超调量的定义式如下：

$$\sigma\%=\frac{c(t_p)-c(\infty)}{c(\infty)}\times 100\%$$

式中 $c(t_p)$ 是响应的最大瞬间值，$c(\infty)$ 是响应的稳态值。

4）调整时间 t_s。调整时间是指当 $c(t)$ 和 $c(\infty)$ 之间误差达到规定的允许值，并且以后不再超过此值所需的最短时间。数学式为

$$|c(t)-c(\infty)|\leqslant\Delta$$

式中的 Δ 为规定的误差允许值，通常取稳态值的2%～5%。

5）稳态误差 e_{ss}。对单位反馈系统，当时间 t 趋向无穷大时，系统的单位阶跃响应的实际值与期望值之间的误差，定义为稳态误差。

以上的各种指标中，峰值时间、上升时间均表征系统初始阶段的快慢，调整时间表示系统过渡过程的持续时间，从整体反映系统的快速性，超调量反映过程的平稳性；稳态误差则反映系统复现输入信号的最终精度。

（2）一阶系统时域分析

由一阶微分方程描述的系统称为一阶系统。图4—10所示为一阶控制系统。它的传递函数为

$$\Phi(s)=\frac{C(s)}{R(s)}=\frac{1}{Ts+1}$$

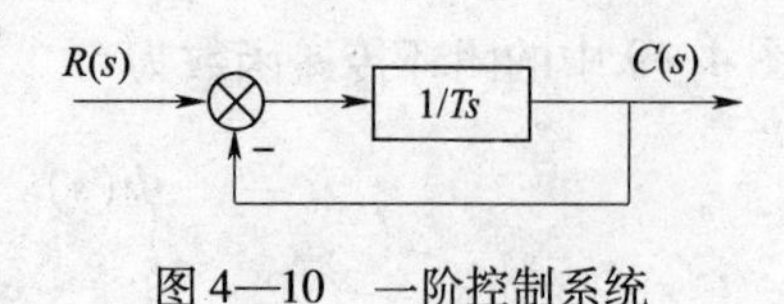

图4—10 一阶控制系统

1）一阶系统的单位阶跃响应

单位阶跃输入信号为

$$R(s) = \frac{1}{s}$$

单位阶跃响应为

$$h(t) = 1 - e^{\frac{t}{T}}$$

响应的初始斜率

$$\left.\frac{\mathrm{d}n(t)}{\mathrm{d}t}\right|_{t=0} = \frac{1}{T}e^{\frac{t}{T}}\Big|_{t=0} = \frac{1}{T}$$

由于一阶系统响应无超调量，所以主要的性能指标是调整时间 t_s，一般取

$t_s = 3T$　　　（对应5%误差范围）

$t_s = 4T$　　　（对应2%误差范围）

2）一阶系统的单位斜坡响应

单位斜坡响应函数的拉氏变换为

$$R(s) = 1/s^2$$

$$C(s) = 1/s^2 - T/s + T^2/(Ts + 1)$$

单位斜坡响应的表达式为

$$C(t) = t - T + T_e - t/T$$

稳态误差为

$$e_{ss} = \lim[t - c(t)] = T$$

3）一阶系统单位脉冲响应

单位脉冲函数为：

$$R(s) = 1$$

$$C(s) = 1/(T_s + 1)$$

单位脉冲响应表达式为

$$c(t) = 1/t_e - t/T$$

单位脉冲、单位阶跃函数、单位斜坡函数有以下关系：

$$\delta(t) = \mathrm{d}/\mathrm{d}t[1(t)] = \mathrm{d}^2/\mathrm{d}t^2[t]$$

（3）二阶系统的时域分析。典型的二阶系统结构图如图4—11所示。

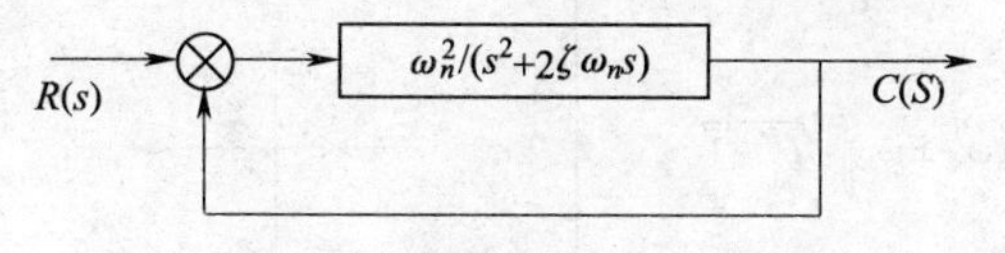

图4—11　典型的二阶系统结构图

系统的闭环传递函数为

$$\Phi(s) = \omega_n{}^2/(s^2 + 2\zeta\omega_n s + \omega_n{}^2)$$

二阶系统的特征方程为

$$s^2 + 2\zeta\omega_n s + \omega_n^2 = 0$$

方程的特征根为

$$s_{1.2} = -\zeta\omega_n \pm \omega_n \sqrt{\zeta^2 - 1}$$

当$0<\zeta<1$时，称为欠阻尼状态。特征根为一对实部为负的共轭复数。

当$\zeta=1$时，称为临界阻尼状态。特征根为两个相等的负实数。

当$\zeta>1$时，称为过阻尼状态。特征根为两个不相等的负实数。

当$\zeta=0$时，称为无阻尼状态。特征根为一对纯虚根。

1）典型二阶系统的性能指标（见表4—1）。下面主要讨论欠阻尼典型二阶系统的性能指标。由图4—12可得，衰减系数σ（$\sigma=\zeta$）是闭环极点到虚轴的距离；振荡频率是闭环极点到实轴的距离。无阻尼振荡频率ω_0是闭环极点到原点的距离；若直线Os_1与负实轴之间的夹角为

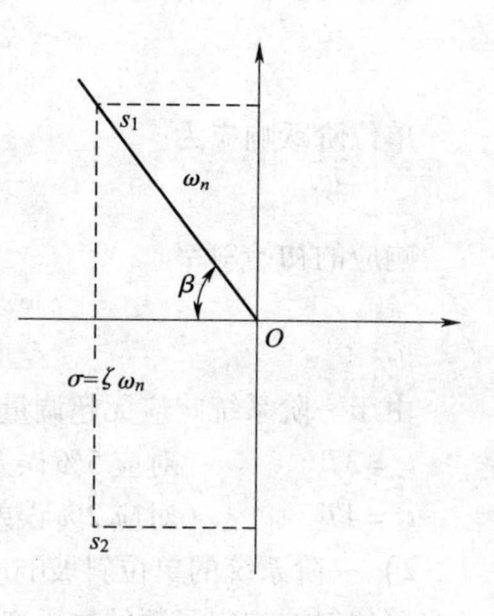

图4—12 时域分析图

表4—1 **二阶系统性能表**

阻尼系数	特征方程的根	根在复平面上的位置	单位阶跃响应
$\zeta=0$	$s_{1.2} = \pm j\omega_n$		
$0<\zeta<1$	$s_{1.2} = -\zeta\omega_n \pm j\omega_n \sqrt{1-\zeta^2}$		
$\zeta=1$	$s_{1.2} = -\zeta\omega_n$		
$\zeta>1$	$s_{1.2} = -\zeta\omega_n \pm \omega_n \sqrt{\zeta^2-1}$		

φ，则阻尼系数ζ就等于φ的余弦，即

$$\zeta = \cos\varphi$$

而φ角就是欠阻尼二阶系统单位阶跃响应的初相角。

上升时间 $t_r = (\pi - \varphi) / \omega_d$

峰值时间 $t_p = \pi / \omega_d$

最大超调量 $\sigma\% = e^{-\frac{\pi\zeta}{\sqrt{1-\zeta^2}}} \times 100\%$

调整时间 $t_s = 4 / (\zeta\omega_n)$

2）控制系统的稳定性。设系统处于某平衡状态，由于扰动的作用，系统偏离原来的平衡状态，但当扰动消失后，经过足够长的时间，系统恢复原来的起始平衡状态，则称这样的系统是稳定的，否则，系统是不稳定的。

线性系统的充分必要条件是：系统闭环特征方程式所有的根均位于S平面的左半部。但是对于高阶系统而言，求解特征方程式的根是很麻烦的事情。因此，一般都采用间接的方法来判断的特征根是否全部在左半部。

3）劳斯判据。系统特征方程为$s^n + a_1 s^{n-1} + \cdots + a_{n-1}s + a_n = 0$。劳斯行列表见表4—2。

表4—2　　劳斯行列表

s^n	a_0	a_2	a_4	a_6 …
s^{n-1}	a_1	a_3	a_5	a_7 …
s^{n-2}	b_1	b_2	b_3	b_4 …
s^{n-3}	c_1	c_2	c_3	…
⋮	⋮	⋮	⋮	
s^2	e_1	e_2		
s^1	f_1			
s^0	g_1			

表中：

$$b_1 = -\frac{1}{a_1}\begin{vmatrix} a_0 & a_2 \\ a_1 & a_3 \end{vmatrix} = \frac{a_1a_2 - a_0a_3}{a_1},\quad b_2 = -\frac{1}{a_1}\begin{vmatrix} a_0 & a_4 \\ a_1 & a_5 \end{vmatrix} = \frac{a_1a_4 - a_0a_5}{a_1}$$

$$b_3 = -\frac{1}{a_1}\begin{vmatrix} a_0 & a_6 \\ a_1 & a_7 \end{vmatrix} = \frac{a_1a_6 - a_0a_7}{a_1} \quad \cdots$$

$$c_1 = -\frac{1}{b_1}\begin{vmatrix} a_1 & a_3 \\ b_1 & b_2 \end{vmatrix} = \frac{b_1a_3 - a_1b_2}{b_1},\quad c_2 = -\frac{1}{b_1}\begin{vmatrix} a_1 & a_5 \\ b_1 & b_3 \end{vmatrix} = \frac{b_1a_5 - a_1b_3}{b_1}$$

劳斯判据如下：

第一，系统稳定的充要条件是劳斯表（见表4—2）的第一列元素全大于零。

第二，劳斯表第一列元素改变符号的次数代表特征方程正实部根的数目。

劳斯判据的两种特殊情况如下：

第一，在劳斯表（见表4—2）的某一行中，第一列为零，其余各项不全为零。

第二，用ε（$\varepsilon > 0$且$\varepsilon \to 0$）代替0继续计算，在计算中，劳斯表（见表4—2）的某一行各元素均为零，说明特征方程有关于原点对称的根，建辅助方程，求导后继续计算。

2. 根轨迹法

根轨迹法是伊文斯提出的直接由开环传递函数确定闭环特征根的图解法，它是以系统的传递函数为基础，只适用于线性系统。

系统开环传递函数的某一个参数变化时，闭环特征根在S平面上的移动的轨迹称为根轨迹。由于根轨迹是根据开环零、极点绘制的，它能显示开环零、极点与系统闭环极点之间的关系。利用根轨迹能够分析系统的动态特性，以及参数变化对动态响应特性的影响。还可根据动态特性的要求，确定可变参数特性，以及参数变化对动态特性的影响。

(1) 根轨迹分析法。采用根轨迹法分析和设计系统，必须绘制出根轨迹图。用数学解析法逐个求出闭环特征根再绘制根轨迹图，这样做十分困难且没有意义，根轨迹法作图的基础是根轨迹方程。闭环特征方程是根轨迹方程。

当系统根轨迹以根轨迹增益k或开环增益K为参变量时，按以下各规则绘制根轨迹，如果以系统的其他参数为参量时，以下规则仍能使用。

1）根轨迹分支数。根轨迹在S平面上的分支数等于闭环特征方程的阶数n，也就是说分支数等于开环传递函数的极点数。

2）根轨迹相对于实轴对称。实际系统的闭环特征方程的系数都是实数，其特征根为实数根或共轭复数根，因此根轨迹相对于实轴对称。

3）根轨迹的起点和终点。根轨迹始于开环极点，终于开环零点，如果$n \neq m$，则有（$n-m$）条根轨迹终于无穷远处，根轨迹起点对应于$k=0$时特征根的位置，根轨迹的终点对应于$k=\infty$的位置。

4）实轴上的根轨迹。实轴上右方的开环传递函数零、极点的数目之和应为奇数。

5）根轨迹的分离点和汇合点。两条根轨迹的分支在S平面上的某点相遇，然后又立即分开的点，称为根轨迹的分离点（或汇合点）。它对应于特征方程的二重根。由于根轨迹具有共轭对称性，分离点与汇合点必须是实数或共轭复数。在一般的情况下，分离点与汇合点位于实轴上。

6）根轨迹的渐近线。如果开环零点数m小于极点数n，当$k\to\infty$时，有（$n-m$）条根轨迹趋向于无穷远处，渐近线就是决定（$n-m$）条根轨迹趋向无穷远处的方位。渐近线包含两个参数，即渐近线的倾角和渐近线与实轴的交点。

渐近线的倾角：

$$\varphi_a = (2h+1)\pi/(n-m)$$

渐近线与实轴的交点：

$$\sigma = [(p_1+p_2+\cdots+p_n)-(z_1+z_2+\cdots+z_m)]/(n-m)$$

7）根轨迹的起始角与终止角

一般情况下，起始角的计算公式为：

$$\theta_{p_1} = (2h+1)\pi + \Sigma\angle(p_1-z_1) - \Sigma\angle(p_i-z_j)$$

一般情况下，终止角的计算公式为：

$$\theta_{z_1} = (2h+1)\pi + \Sigma\angle(z_1-p_i) - \Sigma\angle(z_1-z_j)$$

8）根轨迹与虚轴交点。根轨迹与虚轴相交，交点处闭环极点位于虚轴上，即闭环特征方程有一对纯虚根，系统处于临界稳定状态。

9）根之和。系统的闭环特征方程，在$n>m$的情况下，可以表示为：

$$\Pi(s-p_j) + k\Pi(s-z_i) = (s_n + a_{n-1}s_{n-1} + \cdots + a_1 s + a_0) + k(s_m +$$

$$b_{m-1}s_{m-1}+\cdots+b_1s+b_0)$$
$$=0$$

当 $n-m>1$ 时，特征根第二项系数与 k 无关，闭环特征根之和等于开环极点之和。即

$$\Sigma s_j=\Sigma p_j$$

（2）通过根轨迹改善系统的品质。系统根轨迹的形状、位置取决于系统的开环传递函数的零、极点。因此，可通过增加开环的零、极点来改造根轨迹，从而实现改善系统的品质。

1）开环零点对根轨迹的影响。增加一个开环零点，对系统的根轨迹有以下的影响：

①改变根轨迹在实轴上的分布。

②改变根轨迹的条数、倾角和分离点。

③若增加开环零点和某个极点重合或距离很近，构成开环偶极子，则两者相互抵消。

④根轨迹曲线将向左移，有利于改善系统的动态性能。

2）开环极点对根轨迹的影响。增加一个开环极点对系统的根轨迹有以下影响：

①改变根轨迹在实轴上的分布。

②改变根轨迹的分支数。

③改变了渐近线的条数、倾角和分离点。

④根轨迹曲线将向右移，不利于改善系统的动态性能。

（3）参数根轨迹。根轨迹绘制时，要可变参数可以控制系统开环函数的任意参数，如某一待定的系数或元件的时常数。绘制参数根轨迹的规则与绘制一般根轨迹的规则完全相同，只是在绘制参数根轨迹之前，需将控制相同参数的特征方程进行等效的变换，将其写成以非开环增益系数的待定参数 k 为可变参数的标准形式，即

$$k'M(s)/N(s)=-1$$

参数根轨迹和一般的根轨迹一样，只能确定控制相同的变换极点的分布。

3. 频域分析法

频域分析法是在正弦输入时，线性定常系统的稳态分量和输入的复数比，以 $\Phi(j\omega)$ 或 $G(j\omega)$ 表示。线性系统在输入正弦信号时，其稳态输出随频率变化的特性称为系统的频率特性。

正弦信号为：

$$r(t)=A\sin\omega t$$

则有：

$$R(s)=A\omega/(s_2+\omega_2)$$

经变化可得：

$$cs(t)=A|\Phi(j\omega)|\sin[\omega t+\angle\Phi(j\omega)]$$

其中 $|\Phi(j\omega)|$ 称为振幅频率特性，$\angle\Phi(j\omega)$ 称为相位频率特性。

（1）频率特性的表示方法。频率特性是复数，它可用实部、虚部来表示，也可用幅值和相角来表示，即：

$$G(j\omega)=Re[C(j\omega)]$$
$$G(j\omega)=|G(j\omega)|ej\angle G(j\omega)$$

常有的频率特性的表示方法有幅相频率特性图、对数频率特性图。

1）幅相频率特性图。复数可看为向量，绘制时，把 ω 看成参变量，令 ω 由 0 变到无穷，在复平面上描绘出 G（$j\omega$）的端轨迹就是 G（$j\omega$）的幅相频率特性曲线，如图 4—13 所示。向量的长度表示 G（$j\omega$）的幅值，正实轴方向沿逆时针方向绕原点转至向量方向的角度称为相位角。在轨迹上要标出 ω 值。

2）对数频率特性图。图 4—14 是对数频率特性图，又称为波特图。它是将幅频特性和相频特性分别用两个图表示。为了在很宽的频率范围内描述频率特性，坐标刻度用对数化的形式表示。

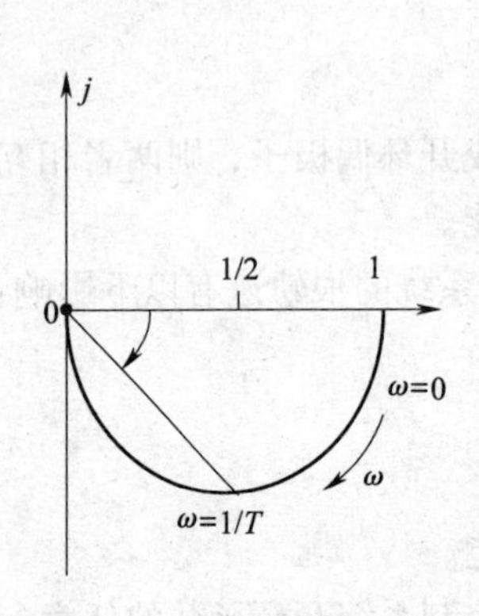

图 4—13　幅相频率特性图

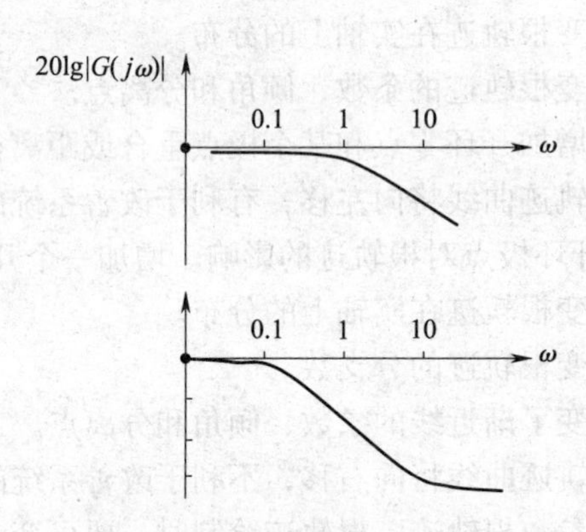

图 4—14　对数频率特性图

对数频率特性图中的纵坐标为 $20\lg|G(j\omega)|$，其单位为分贝（dB），采用线性分度，横坐标采用对数分度表示角频率 ω。

惯性环节 $G(s)=1/(Ts+1)$ 的幅相频率特性图和对数频率特性如图 4—13 和图 4—14 所示。

（2）典型环节的频率特性

1）放大环节。放大环节又称为比例环节，其传递函数为：

$$G(s) = K$$

则：

$$G(j\omega) = K$$

则：

$$L(\omega) = 20\lg K$$
$$\varphi(\omega) = 0$$

其对数频率特性如图 4—15 所示。

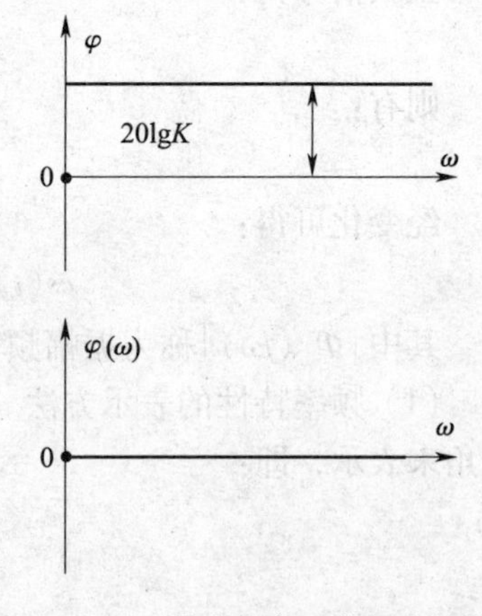

图 4—15　放大环节对数频率特性

2）积分环节。积分环节的传递函数为：

$$G(s) = 1/s$$

频率特性为：

$$G(j\omega) = ej(-90°)/\omega$$

则：

$$L(\omega) = -20\lg K$$
$$\varphi(\omega) = -90°$$

它的对数频率特性如图4—16所示。

3）惯性环节。惯性环节的传递函数为：

$$G(s)=1/(Ts+1)$$

频率特性为：

$$G(j\omega)=1/(jT\omega+1)$$

因此

$$L(\omega)=-20\lg[(1+T^2\omega^2)^{1/2}]$$

$$\varphi(\omega)=-\arctan T\omega$$

它的对数频率特性如图4—17所示。

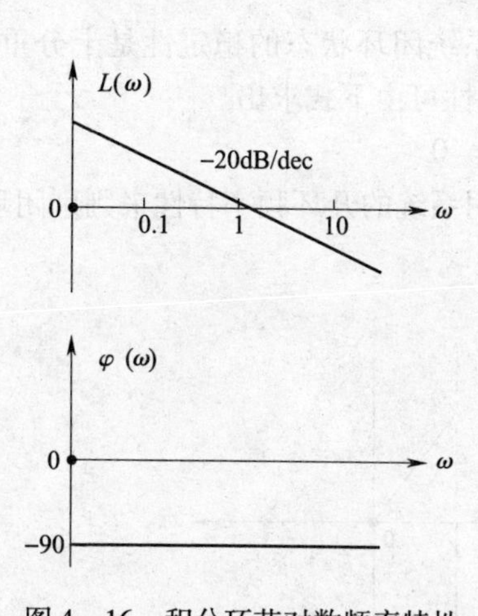

图4—16 积分环节对数频率特性

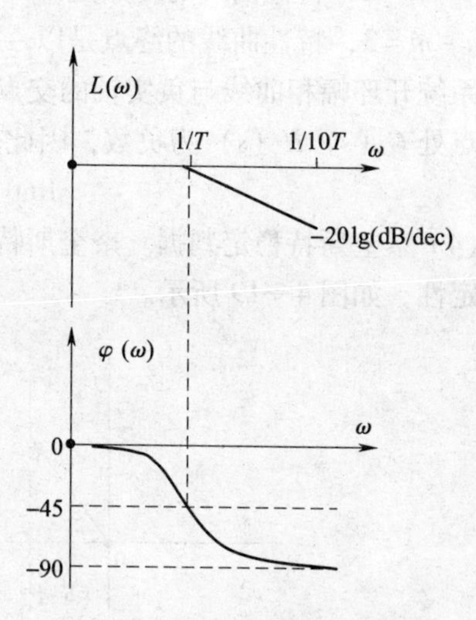

图4—17 惯性环节频率特性图

4）振荡环节。振荡环节的传递函数为：

$$G(s)=1/(T^2s^2+2\zeta Ts+1)$$

对数幅频特性和相频特性分别为：

$$L(\omega)=-20\lg\{[(1+T^2\omega^2)^2+(2\zeta T\omega)^2]^{1/2}\}$$

$$\varphi(\omega)=-\arctan[2\zeta T/(1-T^2\omega^2)]$$

它的对数频率特性如图4—18所示。

（3）系统开环频率特性

1）系统开环对数频率特性。系统的开环对数频率特性是由典型环节组成的。掌握了典型环节的频率特性，再讨论系统的频率特性就方便了。系统的开环对数频率特性等于各环节的对数幅频特性之和；系统的开环相频特性等于各环节相频特性之和。这是由于对数化的结果，且典型环节的对数幅频特性又近似表示为直线，相频特性又具有奇对称的性质，故系统开环频率特性比较容易绘制。

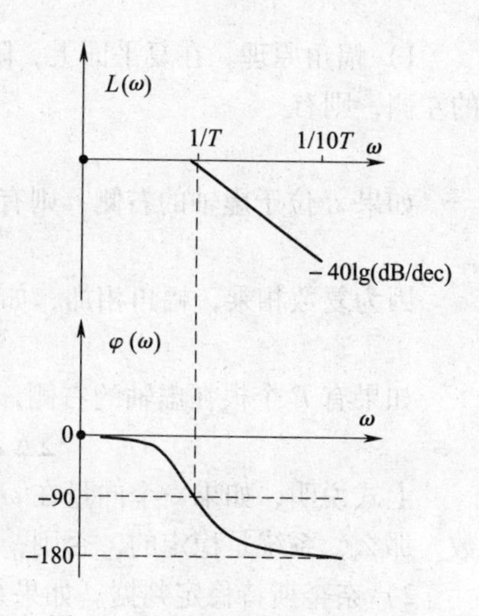

图4—18 振荡环节频率特性图

2）系统开环幅相特性的绘制。系统的开环幅相特性

图，就是当ω从0到无穷变化时，$G(j\omega)H(j\omega)$向量端点的轨迹图，只要清楚幅相特性的起点、与负实轴的交点及终点，就可大致绘制出它的形状。

①系统开环幅相特性曲线的起点。取决于积分环节的个数γ。

$\gamma=0$，起点是在实轴上；

$\gamma=1$，起点在相角为$-90°$处，幅值为无穷大；

$\gamma=2$，起点在相角为$-180°$处，幅值为无穷大。

②系统开环幅相特性曲线的终点。取决于开环传递函数的值。

$n-m=1$，特性曲线的终点（ω趋向于无穷）是以$-90°$进入原点；

$n-m=2$，特性曲线的终点是以$-180°$进入原点；

$n-m=3$，特性曲线的终点是以$-270°$进入原点。

系统开环幅相曲线与负实轴的交点值，对于判断系统闭环状态的稳定性是十分重要的。在交点处$G(s)H(s)$为负数，因此交点处的幅频特性可由下式求出。

$$\lim[G(j\omega)H(j\omega)]=0$$

（4）奈奎斯特稳定判据。奈奎斯特稳定判据是利用系统的开环频率特性来判别闭环状态的稳定性，如图4—19所示。

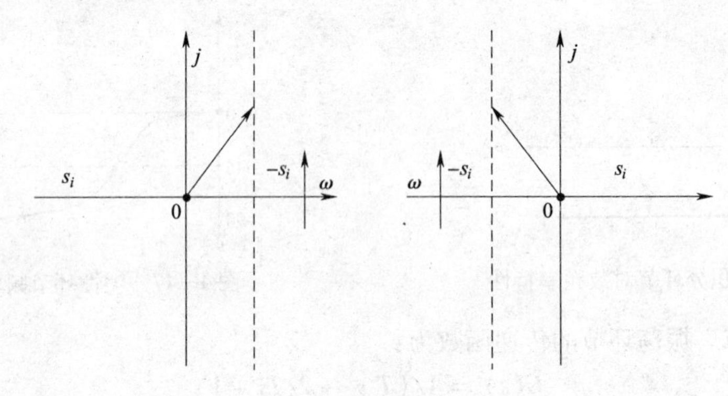

图4—19 频率分析图

1）幅角原理。在复平面上，随频率ω的变化，向量的幅角也在变化，如果s_i位于虚轴的左侧，则有

$$\Delta\angle(j\omega-s_i)=\pi$$

如果s_i位于虚轴的右侧，则有：

$$\Delta\angle(j\omega-s_i)=-\pi$$

因为复数相乘，幅角相加，如果系统特征方程n个根全部在虚轴的左侧，则有：

$$\Sigma\Delta\angle(j\omega-s_i)=n\pi$$

如果有P个根在虚轴的右侧，其余$(n-P)$个根在虚轴的左侧，则有：

$$\Sigma\Delta\angle(j\omega-s_i)=(n-2P)\pi/2$$

上式说明，如果一个向量在ω有0到无穷时，幅角变化等于$n\pi/2$，其中n是特征式阶数，那么，系统是稳定的，否则，系统是不稳定的。

2）奈奎斯特稳定判据。如果系统开环有P个特征根在S平面的虚轴右侧，当频率ω由零变化到无穷的时候，若开环幅相频率特性曲线逆时针绕$(-1,j_0)$点的转角为$P\pi$，则系

统在闭环状态条件下是稳定的，反之，系统闭环后是不稳定的。

作为上述的一种特殊情况，即如果系统的开环是稳定的（$P=0$），当频率 ω 由零变到无穷大的时候，若开环幅相特性曲线绕（-1，j_0）点的转角为零，则系统在闭环状态下是稳定的。该判断方法称为奈奎斯特稳定判据。

3）开环传递函数中含有积分环节时奈奎斯特判据的应用。$G(s)H(s)$ 中含有积分环节，开环特征方程出现零根，开环系统出现临界稳定。这种情况下，应用奈奎斯特稳定判据时，把零根视为稳定根，然后照前述方法应用奈奎斯特稳定判据。

4）利用开环对数频率特性判断闭环系统的稳定性。首先，要在幅相频率图上引入“穿越”的概念。规定 $G(j\omega)H(j\omega)$ 曲线由下向上穿过负实轴的（$-1\sim-\infty$）段，称为正穿越，反之，$G(j\omega)H(j\omega)$ 曲线由上向下穿过负实轴的（$-1\sim-\infty$）段，称为负穿越。

定义了正反穿越，奈奎斯特判据可描述为：

①闭环系统稳定的充要条件是：当 ω 由零变化到无穷时，开环幅相频率特性正反穿越实轴上（$-1\sim-\infty$）段的参次数差为 $P/2$。P 是开环传递函数的虚轴右侧极点数。

②如果系统开环传递函数是稳定的（$P=0$），闭环系统稳定的充要条件是：当 ω 由零变化到无穷时，开环幅相频率特性正反穿越负实轴上（$-1\sim-\infty$）段的次数相等。

五、采样定理

现在的控制系统大部分是数字控制系统，需要应用采样技术。采样控制和连续控制的区别是系统中有一处信号或几处信号是一串脉冲或数码。如果系统中只包含数字离散信号，就称为离散控制系统；如果系统既包括离散信号又包括连续信号，就称为采样控制系统。

1. 数字控制的优点

数字控制系统与一般连续控制系统相比具有下列优点：

（1）精度高。只要 A/D、D/A 转换及控制器数字处理的位数足够多，就能保证计算机的精度，保证控制系统的精度，一般 8 位数字信号处理可满足常用的控制要求。

（2）灵敏度好。可通过选择高灵敏度的控制元件或装置来提高控制系统的灵敏度，一方面传感元件探测灵敏度高，另一方面控制系统处理算法需要速度快，这样才能综合提升系统灵敏度。

（3）抑制噪声能力强。数字信号的传递，可以有效地抑制噪声，从而提高系统的抗干扰能力。

（4）控制灵活。程序控制系统可以方便地改变控制器编程来实现控制工艺所需的状态校正和处理。

（5）设备利用率高。主控制器可分时控制若干个控制对象，可以提高控制设备的利用率。

2. 采样过程及采样定理

把连续模拟信号转换为脉冲或数字序列的过程称为采样过程。实现采样的装置称为采样开关或采样器，用 K 表示。如果采样开关以周期 T 时间闭合，闭合时间为 t，这样就把一个连续的函数 $e(t)$ 变成了一个脉冲序列 $e*(t)$（$t=0$、T、$2T$、$3T\cdots$）。如图 4—20 所示。

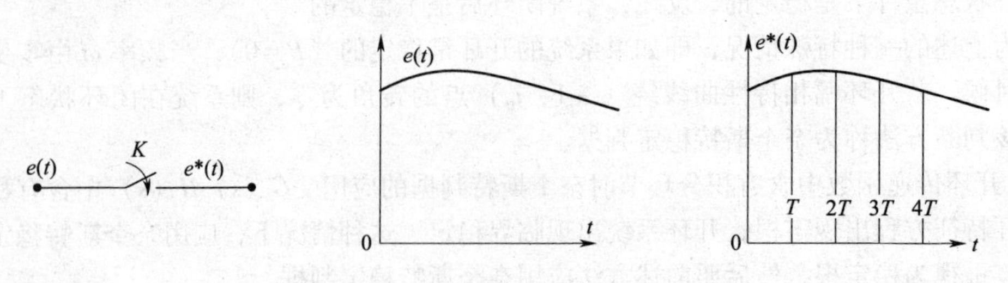

图4—20 采样原理分析图

控制系统加到控制对象上的信号都是连续信号，如何将离散信号不失真地还原到原来的形状，也就是采样频率如何选取的问题。采样信号的频率特性为

$$E*(j\omega)=\frac{1}{T}\sum_{N=-\infty}^{+\infty}E[j(\omega+N\omega_s)]$$

为了准确地复现被采样的连续信号，必须使采样后的离散信号的频谱彼此不重叠，这样就可以用一个比较理想的低通滤波器，滤掉全部的高频频谱分量，保留主频谱。如果连续的信号所含的最高频率为 ω_{max}，则相邻的频谱不重叠的条件为：

$$\omega_s\geqslant 2\omega_{max}$$

这就是采样定理。上式说明只有采样频率大于等于信号所含的最高频率的两倍，才能把原信号完整地复现出来。

3. 系统的测量变送环节

测量变送环节的任务是对被控量或其他有关参数作正确的测量，并把它转换为统一的信号，另外它的信号除了送给控制器外，还可送到指示仪表。测量变送环节要求快速地反映被测量。

(1) 测量误差。测量误差大致分为三个方面。

1) 仪表本身误差。

2) 安装不当引入的误差。

3) 测量的动态误差，主要的是测量变送环节的滞后。

(2) 测量信号的处理

1) 对呈周期性的脉动信号需进行低通滤波。

2) 对测量噪声需要进行滤波。

3) 线性化处理。

六、控制系统的设计与校正

1. 设计方法

(1) 时域特性设计法。它着眼使系统的闭环零、极点在复平面上分布合理。系统的性能指标要求可以转化为系统对零、极点分布位置的要求：要求系统稳定，闭环极点要求全部分布在复平面的左半平面；要求调整时间短，主导极点与虚轴必须保持一定的距离；要求超调量小于某值，则从坐标原点引向主导极点的向量与复实轴的夹角就应大于相应的数值；要求上升时间短，则上述向量的模就不能太小。

（2）根轨迹特性设计法。根轨迹设计法基本是一种试探的设计方法，它是靠修改根轨迹来获得令人满意的闭环零、极点的分布，从而获得时域特性和频域特性的信息，使系统的闭环极点处于要求区域。

（3）频率特性的设计法。它着眼于使系统获得理想的频率特性。系统的性能指标要求可以转化为对系统开环频率特性的要求。为了使控制系统的精度高，系统的开环对数频率特性的起始段斜率越负越好；为了使控制系统具有良好的稳定性，开环对数幅频特性应于 -1 斜率穿越 0 dB 线，并占有一定频率范围；为了使系统具有良好的抗干扰性，要求系统的开环对数幅频特性的斜率越负越好。

2. 校正方式

控制系统的校正，理论上常用的方式有串联校正、并联校正、反馈校正、前置校正及干扰补偿校正。主要针对参量有温度、压力、流量、液位、成分、浓度等，在轨道交通设备监控系统中，对车站通风空调的控制主要通过设备运行系列进行控制，较少使用系统校正方式优化控制，这里不再进行详细介绍，有兴趣的读者可自学过程控制系统的相关文献。

3. 常用的工业控制器

控制器是控制系统的心脏。它的作用是将测量变送信号与设定值相比较产生偏差信号，并按照一定的运算规律产生输出信号。常规的控制器主要的三种：比例控制器（P）、比例积分控制器（PI）、比例积分微分控制器（PID）。

（1）比例控制器。比例控制器的优点，一是简单，二是调整方便。它的缺点是会产生余差。其余差的大小随开环增益的增加而减少。所以它适用于低阶过程，如能以一个大的时间常数为代表的过程。因为这种过程的稳定裕度大，允许有很大的开环增益。

比例控制器多用于就地控制及允许有余差的场合。

（2）比例积分控制器。在反馈控制器中，积分会消除余差，所以当比例控制产生的余差超过要求时，可使用比例积分（PI）控制器。

流量或快速压力系统几乎都采用 PI 控制。这些系统的广义对象时间比较接近，稳定裕度小，因而所用的比例度大，开环的静态增益小，不用积分会产生很大的余差。另外，因滞后小，运行周期短，积分的时间可以取得很小。比例作用随着偏差的产生会瞬时变化，而积分的作用总是有些滞后，积分的作用把比例作用调弱，还有利于减少高频噪声的影响。

（3）比例积分微分控制器。PI 作用消除了余差，但降低了响应速度。对于滞后的过程，它的过程本身就很慢，附加 PI 作用就会变得更加缓慢。这种情况下附加微分作用，用它来补偿容量滞后，使系统稳定性改善，从而允许使用高的增益，并提高响应速度。由于温度控制和成分控制属于滞后过程，常使用 PID 控制。具有高频噪声的场合，不宜使用微分，除非先对噪声进行滤波。

第二节 可编程序控制器

可编程序控制器（简称 PLC）具备适合轨道交通设备监控工作需要的运行序列顺序控制的优势，所以广泛应用于设备监控系统中。

一、可编程序控制器的功能和分类

1. PLC 的功能

(1) 逻辑控制。PLC 具有逻辑运算功能及输入输出端子，可直接接收信号，同时具备信号输出、驱动开关节点的功能，可代替继电器进行开关量控制。

(2) 定时控制。PLC 具有定时功能，它为用户提供了用定时指令设置的若干个电子定时器进行限时控制和延时控制。

(3) 计数控制。PLC 具有计数控制功能，它为用户提供了用设置指令计数的若干个计数器，电子值可以在运行中读出与修改。

(4) 步进（顺序）控制。PLC 具有步进控制功能，使系统在完成前道工序后才能转入下道工序，实现步进控制。

(5) 数据处理。PLC 具有数据处理功能，如数据运算、数据传送、BCD 码的自行运算等。

(6) 通信和联网。PLC 采用通信技术进行上位链接，构成一台计算机与每台 PLC 的分布控制网络，以完成复杂的网络控制和通信。

(7) A/D、D/A 转换。可完成模拟量到数字量的输入转换，数字量到模拟量的输出转换，从而实现对模拟量的控制。

(8) 对控制系统进行监控。操作人员可以通过监控命令监控有关程序的运行状态，调整走时计数设定值。

(9) 自诊断功能。可以在线诊断系统的软、硬件故障状况，诊断机器和生产过程中的故障状况。

(10) 其他。PLC 还有许多特殊功能模块，适用于各种特殊控制的要求。

2. PLC 的分类

(1) 小型 PLC。小型 PLC 的 I/O 点数一般在 128 点以下，其特点是体积小、结构紧凑，整个硬件融为一体，它能执行包括逻辑运算、计时、计数、算术运算、数据处理和传送、通信联网以及各种应用指令。

(2) 中型 PLC。中型 PLC 采用模块化结构，其 I/O 点数一般在 256 ~ 1 024 点。它能连接各种特殊功能模块，通信联网功能更强，指令系统更丰富，内存容量更大，扫描速度更快。

(3) 大型 PLC。一般 I/O 点数在 1 024 点以上的称为大型 PLC。大型 PLC 的软、硬件功能极强，具有极强的自诊断功能，通信联网功能强，有各种通信联网的模块，可以构成三级通信网，实现工厂生产管理自动化。大型 PLC 还可以采用三 CPU 构成表决式系统，使机器的可靠性更高。

二、可编程序控制器的结构原理

PLC 实质是一种专用于工业控制的计算机，其硬件结构基本上与微型计算机相同，如图 4—21 所示。

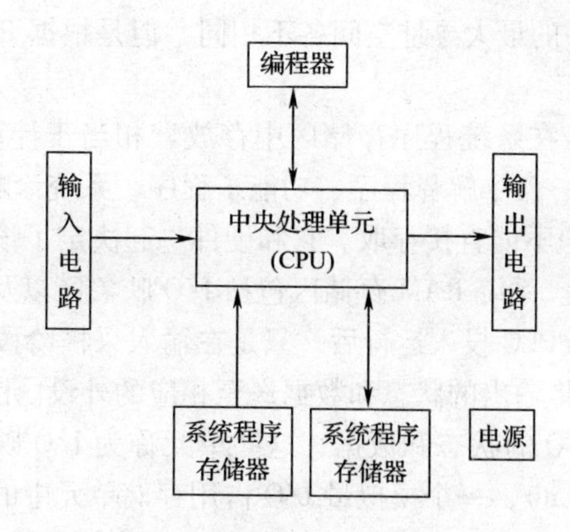

图 4—21　可编程序控制器的结构原理图

设备监控系统一般采用的模块式 PLC 包括 CPU 模块、I/O 模块、内存、电源模块、底板或机架，这些模块可以按照一定规则组合配置。

1. 中央处理单元（CPU）

CPU 是 PLC 的核心，起神经中枢的作用，每套 PLC 至少有一个 CPU，它按 PLC 的系统程序赋予的功能接收并存储用户程序和数据，用扫描的方式采集由现场输入装置送来的状态或数据，并存入规定的寄存器中，同时，诊断电源和 PLC 内部电路的工作状态和编程过程中的语法错误等。进入运行后，从用户程序存储器中逐条读取指令，经分析后再按指令规定的任务产生相应的控制信号，指挥相关联的控制电路。

CPU 主要由运算器、控制器、寄存器及实现它们之间联系的数据、控制及状态总线构成，CPU 单元还包括外围芯片、总线接口及有关电路。内存主要用于存储程序及数据，是 PLC 不可缺少的组成单元。

CPU 速度和内存容量是 PLC 的重要参数，它们决定着 PLC 的工作速度，I/O 数量及软件容量等，因此限制着控制系统的规模。

为了进一步提高 PLC 的可靠性，近年来对大型 PLC 还采用双 CPU 构成冗余系统，或采用三 CPU 的表决式系统。这样，即使某个 CPU 出现故障，整个系统仍能正常运行。

2. 存储器

PLC 存放系统软件的存储器称为系统程序存储器。存放应用软件的存储器称为用户程序存储器。

（1）PLC 常用的存储器类型

1）RAM（Random Assess Memory）。这是一种读/写存储器（随机存储器），其存取速度最快，由锂电池支持。

2）EPROM（Erasable Programmable Read Only Memory）。这是一种可擦除的只读存储器。在断电情况下，存储器内的所有内容保持不变。在紫外线连续照射下可擦除存储器内容。

3）EEPROM（Electrical Erasable Programmable Read Only Memory）。这是一种电可擦除的只读存储器。使用编程器就能很容易地对其所存储的内容进行修改。

（2）PLC 存储空间的分配

虽然各种 PLC 的 CPU 的最大寻址空间各不相同，但是根据 PLC 的工作原理，其存储空间一般包括以下四个区域。

1）系统程序存储区。在系统程序存储区中存放着相当于计算机操作系统的系统程序。包括监控程序、管理程序、命令解释程序、功能子程序、系统诊断子程序等。由制造厂商将其固化在 EPROM 中，用户不能直接存取。它和硬件一起决定了该 PLC 的性能。

2）系统 RAM 存储区。系统 RAM 存储区包括 I/O 映象区以及各类软设备。

3）I/O 映象区。由于 PLC 投入运行后，只是在输入采样阶段才依次读入各输入状态和数据，在输出刷新阶段才将输出的状态和数据送至相应的外设。因此，它需要一定数量的存储单元（RAM）以存放 I/O 的状态和数据，这些单元称为 I/O 映象区。一个开关量 I/O 占用存储单元中的一个位（bit），一个模拟量 I/O 占用存储单元中的一个字（16 个 bit）。因此整个 I/O 映象区可以认为由两个部分组成：开关量 I/O 映象区和模拟量 I/O 映象区。

4）系统软设备存储区。除了 I/O 映象区以外，系统 RAM 存储区还包括 PLC 内部各类软设备（逻辑线圈、计时器、计数器、数据寄存器和累加器等）的存储区。该存储区又分为具有失电保持的存储区域和无失电保持的存储区域，前者在 PLC 断电时，由内部的锂电池供电，数据不会遗失，后者当 PLC 断电时，数据被清零。

3. 电源

PLC 的电源在整个系统中起着十分重要的作用。如果没有一个良好、可靠的电源系统，PLC 是无法正常工作的，因此 PLC 的制造商对电源的设计和制造也十分重视。

PLC 电源用于为 PLC 各模块的集成电路提供工作电源。同时，有的还为输入电路提供 24 V 的工作电源。电源输入类型有交流电源（220 VAC 或 110 VAC）、直流电源（常用的为 24 VAC）。

一般交流电压波动在 10%（15%）范围内，可以不采取其他措施而将 PLC 直接连接到交流电网上去。

4. I/O 模块

PLC 与电气回路的接口，是通过输入输出部分（I/O）完成的。I/O 模块集成了 PLC 的 I/O 电路，其输入暂存器反映输入信号状态，输出点反映输出锁存器状态。输入模块将电信号变换成数字信号进入 PLC 系统，输出模块相反。I/O 分为开关量输入（DI）、开关量输出（DO）、模拟量输入（AI）、模拟量输出（AO）等模块。

5. 底板或机架

大多数模块式 PLC 使用底板或机架，其作用是在电器上实现各模块间的联系，使 CPU 能访问底板上的所有模块；机械上，实现各模块间的连接，使各模块构成一个整体。

6. PLC 系统的其他设备

PLC 系统的其他设备有编程设备、人机界面及输入输出设备等。这些设备通常情况下不常用，在开发调试情况下才会使用。

（1）编程设备。编程器是 PLC 开发应用、监测运行、检查维护不可缺少的器件，用于编程、对系统作一些设定、监控 PLC 及 PLC 所控制的系统的工作状况，但它不直接参与现场控制运行。小编程器 PLC 一般有手持型编程器，目前一般由计算机（运行编程软件）充当编程器。

（2）人机界面。最简单的人机界面是指示灯和按钮，目前液晶屏（或触摸屏）式的一体式操作员终端应用越来越广泛，由计算机（运行组态软件）充当人机界面非常普及。

（3）输入输出设备。用于永久性地存储用户数据，如 EPROM、EEPROM 写入器、条码阅读器，输入模拟量的电位器，打印机等。

三、可编程序控制器控制系统

轨道交通设备监控系统监控的点数大多在 3 000 个以上，使用的大多是大型的 PLC 控制系统，通常使用编程软件编程，而不是使用简单的编程器编程。各种品牌的可编程序控制系统都有自带的编程控制软件和人机界面软件，一般分为上位机软件和下位机软件。上位机软件主要进行人机界面编程，下位机软件主要进行控制器控制逻辑编程。下面就西门子公司、施耐德公司及罗克韦尔公司的控制系统软件组成作介绍。

1. 西门子 PLC 控制系统

（1）下位机软件。西门子公司常用的下位机软件为著名的 SIMATIC STEP 7。STEP 7 是西门子公司 PLC 产品编程组态软件，用于 SIMATIC S7，SIMATIC C7 和 SIMATIC WINAC 产品。它作为一个平台可以集成各种控制设备的软件，不同设备以及西门子 PLC 控制器要实现编程、配置、调试、数据路由以及通信工作都可在 STEP 7 中完成，从而实现一个项目中所有控制任务的集成。

（2）上位机软件。西门子公司常用的上位机软件为著名的 Win CC。Win CC 代表 Windows Control Center，即视窗控制中心，它是西门子公司与微软公司联合开发的产物，在 Windows 98 或 NT4.0 以及基于 NT 核心的 Windows 2000/XP/2003 操作系统下运行。西门子公司的工业组态控制软件 SIMATIC Win CC 是第一个使用最新的 32 位技术的过程监视系统，是世界上第一个集成的人机界面（HMI）软件系统，具有良好的开放性和灵活性，用来处理生产和过程自动化。Win CC 是在生产过程自动化中解决可视化和控制任务的工业技术系统。它提供了适用于工业的图形显示、信息、归档以及报表的功能模板。高性能的过程耦合、快速的画面更新以及可靠的数据传送使其具有高度的实用性。

2. 施耐德 PLC 控制系统

（1）下位机软件。施耐德公司常用的下位机软件为 CONCET，它是一个基于 Windows 环境（包括 Windows 98，Windows NT、Windows 2000，Windows XP）下的完整的编程软件工具包，支持全部五种 IEC1131 -3 国际标准定义的编程语言：FBD、LD、ST、IL 及 SFC，内置 640 个标准模块，用户也可以根据需要自定义功能块。CONCET 支持图形化的编程，具有离线仿真功能。

（2）上位机软件。施耐德公司常用的上位机软件为 Monitor Pro 7，它是一个运行在 Windows 平台上的，可实现多层 SCADA 的系统，实质是一个分布的 client/server 结构，具备实时数据库管理、报警、历史数据存储、任务管理等配置、通信配置、人机界面、系统组态和运行环境。

3. 罗克韦尔 PLC 控制系统

（1）下位机软件。罗克韦尔公司常用的下位机软件为 Rslogix 系列梯形图编程软件包，可以最大限度地发挥可编程控制器的性能，节省工程项目开发时间并提高生产率。该系列软件运行在 Microsoft Windows 操作系统上，支持 Allen－Bradley SLC500 和 MicroLogix 系列。可编程控制器的 RSLogix 500 凭借工业界领先的用户编程界面提供了可观的生产力。RSLogix 5 支持 Allen－Bradley PLC－5 系列可编程控制器；RSLogix 5000 支持 Logix 5000 系列可编程控制器，同时还集成了运动控制功能。RSLogix 提供了可靠的通信能力、强大的编程功能和卓越的诊断能力。

（2）上位机软件。罗克韦尔公司常用的上位机软件为 RsView32，运行的系统平台为 Microsoft Windows 2000 个人版，辅以 Microsoft SQL Server 2000 作为系统数据处理平台。监控组态软件包括开发软件（RsView32、RsWorx）、通信软件（RsLinx）、运行软件（RsView32 Runtime 和 GKS－1000）、实时数据库软件（Microsoft SQL Server2000）及报表软件等。RSView32 具有模块化、易扩充性、分布式体系结构，数据库、系统设置、内置高级语言编写的程序、画面和数据处理等功能相对独立，在线修改某一个功能模块时不会影响其他模块的正常执行，具有友好的人机界面。

第三节　过程校验仪

过程校验仪是用于过程测量技术的能测量和输出电参数、物理参数的手持便携式仪器，是进行设备监控系统现场设备初步设置及测试工作良好的专业工具。由于过程校验仪型号及功能差异较大，本书将以具有较为常见功能的 Fluke 725 多功能过程校验仪为例介绍过程校验仪的基本功能和使用方法。

一、过程校验仪的主要功能

过程校验仪具备多种信号的测量功能及信号产生功能，现场设备常见的信号基本可以通过过程检验仪发出并测量连接设备，对设备进行初步的测试、设置。Fluke 725 多功能过程校验仪具备以下测量及输出调节功能。

（1）直流电压信号的测量和输出。
（2）直流电流信号的测量和输出。
（3）频率信号的测量和输出。
（4）电阻信号的测量和输出。
（5）热电偶信号的测量和输出。
（6）铂电阻信号的测量和输出。
（7）压力的测量和输出。

二、接口端子和按键说明

图 4—22 是 Fluke 725 多功能过程校验仪的输入/输出端子及插孔，表 4—3 解释了它们的用途。

图 4—23 是过程校验仪的按键分布，表 4—4 为按键说明。

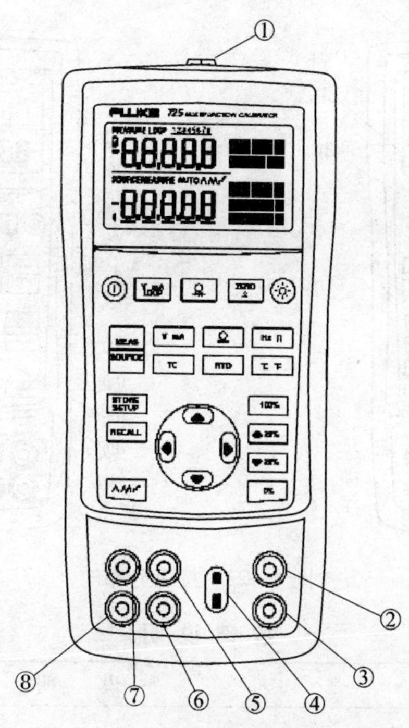

图 4—22 输入/输出端子及插孔

表 4—3 输入/输出端子及插孔

序号	名称	说明
①	压力模块连接器	连接校验仪到压力模块或者把校验仪连接到供远端控制的计算机
②，③	电压、毫安电流测量（MEASURE V，mA）插孔	测量电压和电流及供应回路电源的输入端子
④	热电偶（TC）输入/输出	测量或模拟热电偶的端子。这个端子能接受一个微型带极性的热电偶插头（插头具有扁平的触点，其中心距离为 7.9 mm）
⑤，⑥	SOURCE/MEASURE V，RTD，HzΩ 插孔	供输出或测量电压、电阻、频率和铂电阻的端子
⑦，⑧	SOURCE/MEASURE mA 插孔，3W，4W	输出或测量电流的插孔，同时也可用于 3 线或 4 线的铂电阻的测量

注意：COM 插孔只能插入黑表笔

三、过程校验仪的使用说明

1. 测量模式（MEASURE）

（1）测量电参数（显示屏幕上部）

1）按[V mA LOOP]选择电压或电流。LOOP 不应该亮。

2）按图 4—24 所示的连接方式连接。

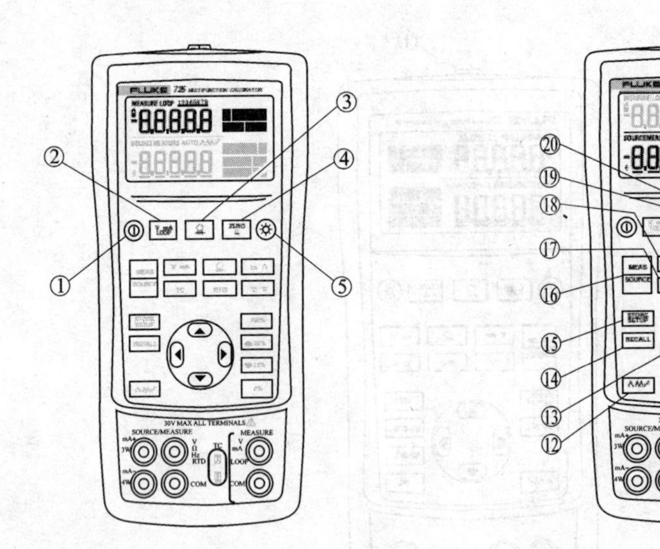

图 4—23 按键分布

表 4—4 按键说明

序号	按键	说明
①		电源开关
②	V mA LOOP	选择电压、毫安或回路电源测量功能（显示在屏幕上部）
③		选择压力测量功能（显示在屏幕上部）。重复按本键可以循环选择不同的压力单位
④	ZERO	把压力模块读数归零。适用于显示屏幕的上部和下部
⑤		背景灯开关。在启动期间开启“对比度调整”模式
⑥	Hz Ω	循环选择频率、欧姆测量及输出电流功能
⑦	℃ ℉	在热电偶或 RTD 功能挡下，循环选择摄氏或华氏度
⑧	100%	从内存的输出电流值（对应于量程的 100%）恢复出来并把它设定为输出电流值。按住本键以储存输出电流值为 100% 的值
⑨	▲25%	按量程的 25% 增加输出
⑩	▼25%	按量程的 25% 减少输出
⑪	0%	从内存的输出电流值（对应于量程的 0%）恢复出来并把它设定为输出电流值。按住本键以储存输出电流值为 0% 的值。识别“固件”版本。在启动期间按住 0%

续表

序号	按键	说　明
⑫	ΛM⌐	循环选择： Λ慢重复 0%—100%—0% 斜率 M快重复 0%—100%—0% 斜率 ⌐重复 0%—100%—0% 斜率（以 25% 的步进）
⑬	▽ △ ◁ ▷	增加或减少输出的值 循环选择 2，3 或 4 线测试模式 循环选择校验仪设定的内存位置 在“对比度调整”模式内；向上来调暗对比度，向下来调亮对比度
⑭	RECALL	从内存位置恢复以前的校验仪设定
⑮	STORE SETUP	保存校验仪设定。保存“对比度调整”设置
⑯	MEAS SOURCE	循环选择测量或输出模式（在显示屏幕下部）MEASURE / SOURCE
⑰	TC	选择 TC（热电偶）测量和输出功能（在显示屏幕下部）。重复按本键循环选择热电偶的类型
⑱	V mA	循环选择电压或毫安电流输出，或电流（毫安）模拟功能（屏幕下部）
⑲	RTD	选择 RTD（铂电阻）测量及输出功能（屏幕下部）。重复按本键可循环选择 RTD 类型
⑳	Ω	选择压力测量及压力输出功能。重复按本键可循环选择不同的压力单位

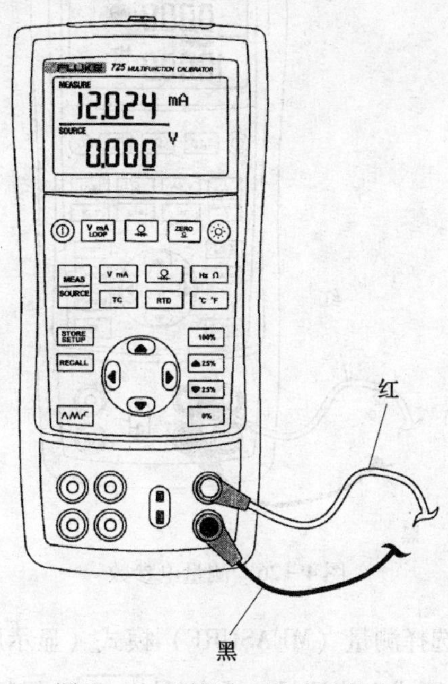

图 4—24　测量电压和电流输出

（2）回路电源测量电流

1）如图4—25所示，把校验仪接到变送器的电流回路端子。

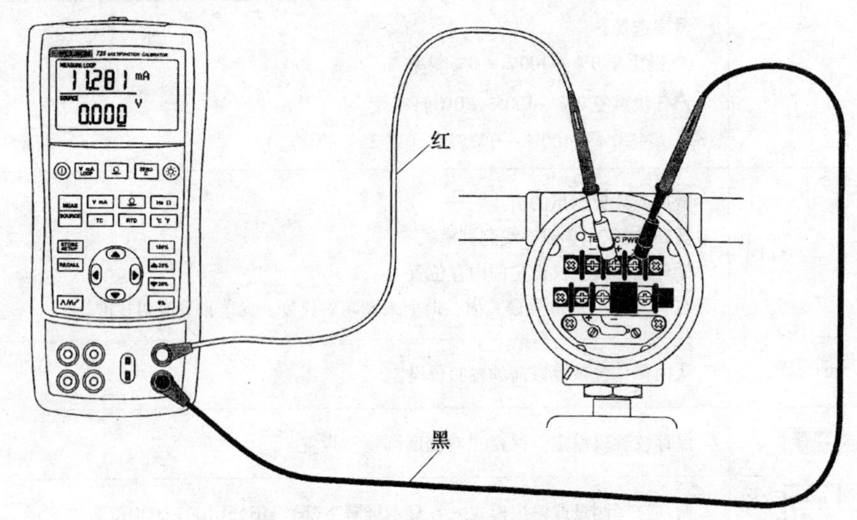

图4—25 供应回路电源的接线图

2）当校验仪在电流测量模式时按 V mA LOOP 。显示屏幕会出现LOOP，同时校验仪内部的24 V回路电源会打开。

（3）测量电参数（显示屏幕下部）

1）按照图4—26方式连接校验仪。

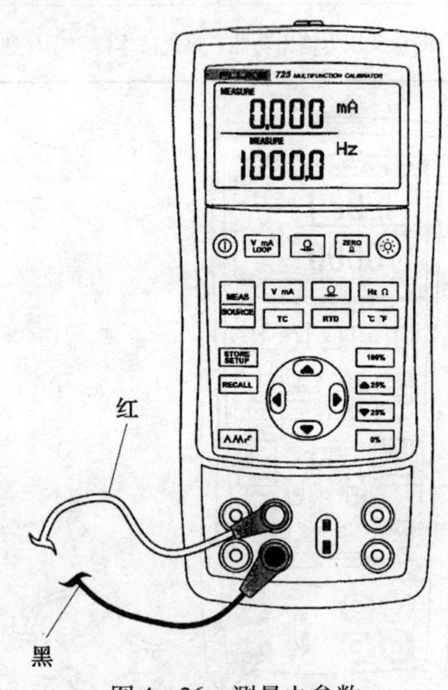

图4—26 测量电参数

2）如果有必要，按 MEAS SOURCE 选择测量（MEASURE）模式（显示屏幕下部）。

3）按 V mA 选择直流电压或电流测量，或者按 Hz Ω 选择频率或电阻测量。

（4）测量温度

1）使用热电偶

①把热电偶的导线接到适当的热电偶（TC）小插头，然后插入校验仪的TC输入/输出插孔。

②若有需要，按MEAS/SOURCE进入测量（MEASURE）模式。

③按TC显示热电偶读数。如果需要，继续按住本键来选择适当的热电偶类型。

2）使用铂电阻（RTD）

①若有需要，按MEAS/SOURCE进入测量（MEASURE）模式。

②按RTD显示RTD读数。如果需要，继续按住本键选择所需要的RTD类型。

③按▲或▼选择两线、三线或四线连接。

④把RTD接到仪表的输入插孔上。

⑤如果需要，可以按℃ ℉循环选择℃或℉温度单位。

（5）测量压力

1）如图4—27所示，把压力模块和校验仪连接起来。压力模块管接头的螺纹能接受标准的1/4英寸N PT管接头。

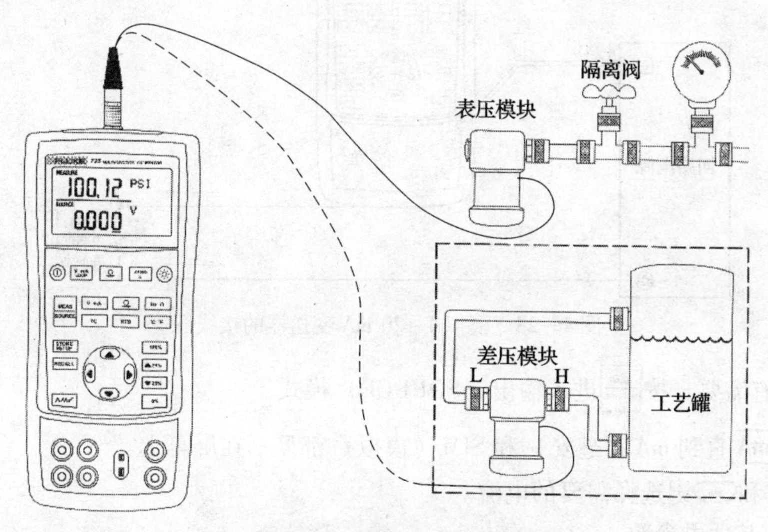

图4—27 测量压力的连接

2）按压力键。校验仪会自动感应到所连接的压力模块是哪一种并自动设定其量程。

3）按照压力模块说明书的说明，把模块归零。归零步骤因模块的类型有所不同，但都要按压ZERO。

（6）绝对压力模块的归零

1）按ZERO，REF Adjust（参考调整）将出现在压力读数的右方。

2）用▼来增加或用▲来减少校验仪的读数使它等于参考压力。

3）再次按ZERO退出归零步骤。

2. 输出模式（SOURCE）

在输出（SOURCE）模式下，校验仪有以下功能：产生供工艺仪表测试和校准的信号；供应或模拟电压、电流、频率和电阻；模拟 RTD 和热电偶等温度感应器的电气输出；测量外接的气体压力源以建立一个校准压力源。输出值显示在屏幕下部。

（1）输出 4～20 mA

1）把测试线接到 mA 插孔上（左边插孔）。

2）如果有需要，按[MEAS/SOURCE]进入输出（SOURCE）模式。

3）按[V mA]选择电流，按[▼]和[▲]键选择所需要的电流。

（2）模拟 4～20 mA 变送器

模拟是一种特殊的操作模式。在该模式下，校验仪代替了变送器而被连接到回路上，它能提供一个已知的、可设定的测试电流，用以校准显示仪器或控制器。

1）如图 4—28 所示，连接 24 V 回路电源。

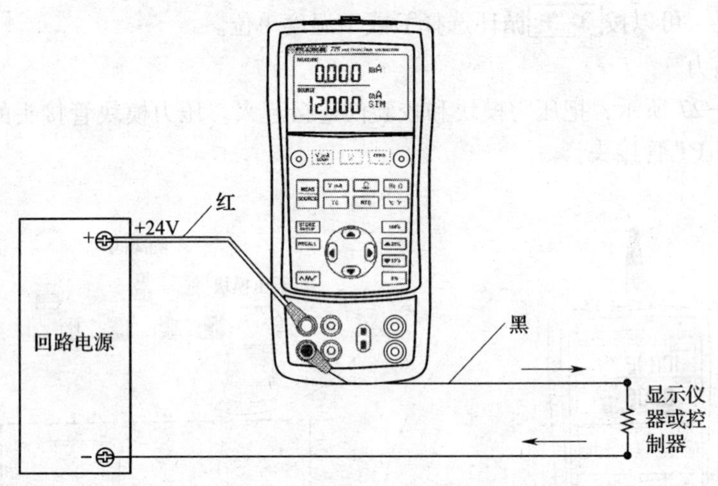

图 4—28　模拟 4～20 mA 变送器的接线图

2）如果有需要，按[MEAS/SOURCE]进入输出（SOURCE）模式。

3）按[V mA]直到 mA（毫安）和 SIM（模拟）都显示在屏幕上。

4）按[▲]和[▼]键选择需要的电流。

（3）输出其他电参数

1）根据校验仪的输出功能，按图 4—29 连接测试线。

2）若有需要，按[MEAS/SOURCE]选择输出（SOURCE）模式。

3）按[V mA]选择直流电压，或者按[Hz Ω]选择频率或电阻。

4）按[▲]或[▼]键选择需要的输出值。按[◀]或[▶]选择不同的数字作修改。

（4）模拟热电偶

1）如图 4—30 所示，把热电偶线接到适当的热电偶小插头上，然后把小插头插到校验仪的 TC 输入/输出插孔上。

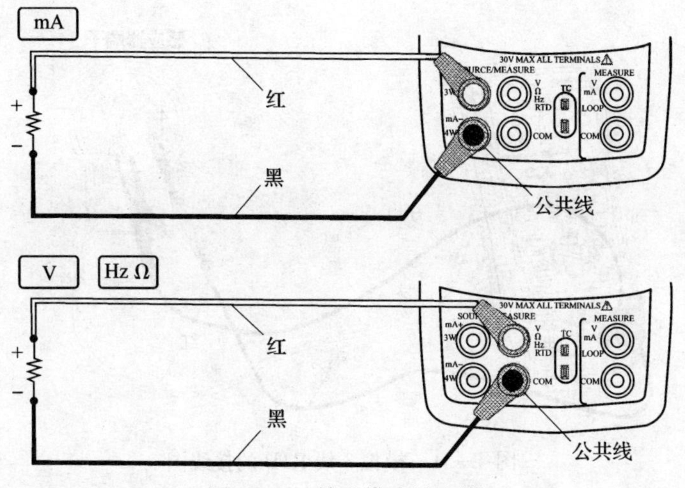

图 4—29 输出模式的连接

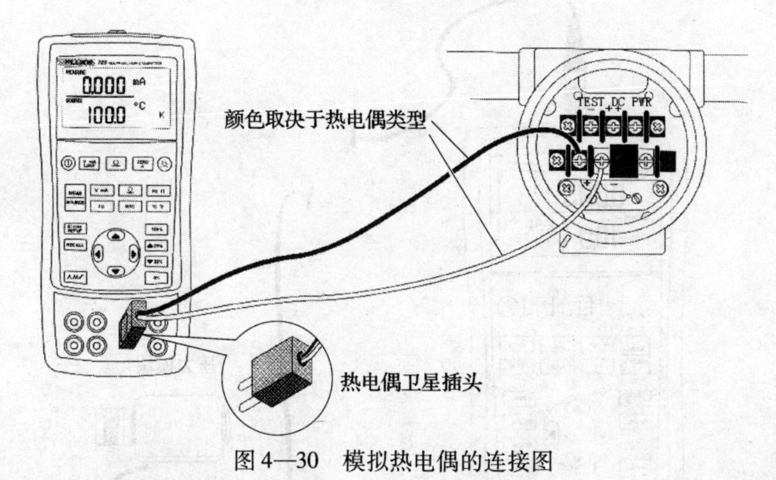

图 4—30 模拟热电偶的连接图

2）若有需要，按 MEAS SOURCE 选择输出（SOURCE）模式。

3）按 TC 选择 TC 显示屏幕。若有需要，继续按这个键来选择需要的热电偶类型。

4）按▲或▼选择所需要的温度。按◀或▶选择不同的数位作修改。

（5）模拟铂电阻（RTD）

1）如图 4—31 示，若有需要，按 MEAS SOURCE 选择输出（SOURCE）模式。

2）按 RTD 选择 RTD 类型。

3）按▲或▼键选择想要的温度。按◀或▶选择不同的数字作修改。

（6）输出压力

1）把压力模块和校验仪连接起来，如图 4—32 所示。压力模块管接头的螺纹能接受标准的 1/4 英寸 N PT 管接头。

2）按 （显示屏下部）。校验仪会自动感应到所连接的压力模块是哪一种并自动设定其量程。

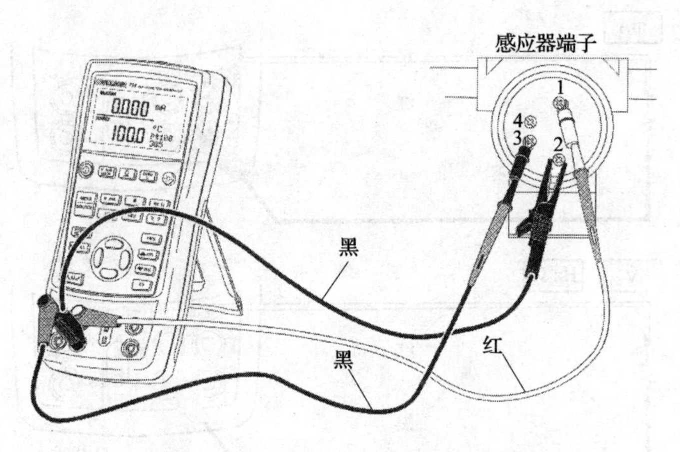

图4—31　模拟3线RTD的接线图

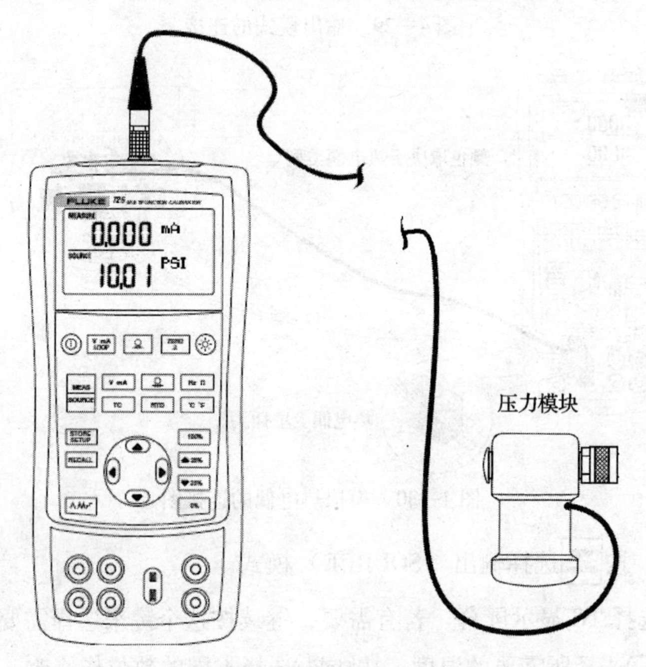

图4—32　压力模块连接图

3）按照压力模块说明书的说明，把模块归零。归零步骤按模块的类型有所不同。

4）用压力源给压力管线加压，直到显示屏上出现所需要的压力。

3. 输出参数设定

设定电流输出模式下0%和100%的输出参数。对电流输出而言，校验仪默认0%对应4 mA而100%对应20 mA。对其他输出参数，必须设定0%和100%的值以后才能使用步进或斜率输出功能。

（1）若有需要，按[MEAS SOURCE]选择输出（SOURCE）模式。

（2）选择所需要的输出功能并用箭头键输入数值。

（3）例如输入100℃，按住[0%]来储存该值。

(4) 例如输入 300℃按住 0% 来储存该值。

(5) 以 25% 的增量，手动步进（增加或减少）输出。

(6) 瞬时按下 H 或 DEg 使输出在 0% 和 100% 的量程之间跳换。

4. 步进和斜坡增/减输出

(1) 手动步进毫安电流输出

1) 用 ▲25% 或 ▼25% 逐步增/减电流输出，每一步为 25%。

2) 瞬时按下 0% 使输出为 0%，或按 100% 使输出为 100%。

(2) 自动斜坡增/减输出

1) 当按下 ⋀⋀⋰ 的时候，校验仪就产生一个连续、重复、0%—100%—0% 的斜坡输出。有三种斜坡波形可供选择。

2) 欲退出斜坡输出功能，请按任何一个键。

四、存储和恢复设定

1. 当建立一组校验仪设定以后，按 STORE SETUP。内存位置出现在显示屏幕上。

2. 按 ◀ 或 ▶ 选择 1 ~ 8 的位置。所选择的内存位置数字下会有下划线。

3. 按 STORE SETUP 直到内存数字消失然后重现。这样设定就已经储存了。

4. 欲恢复设定值，按 RECALL，内存位置出现在屏幕上。按 ◀ 或 ▶ 选择适当的内存位置，然后按 RECALL。

五、校准

1. 如图 4—33 所示，连接校验仪和被测仪表，按 V mA LOOP 选择电流（屏幕上部）。如果需要，再按 V mA LOOP 启动回路电源。

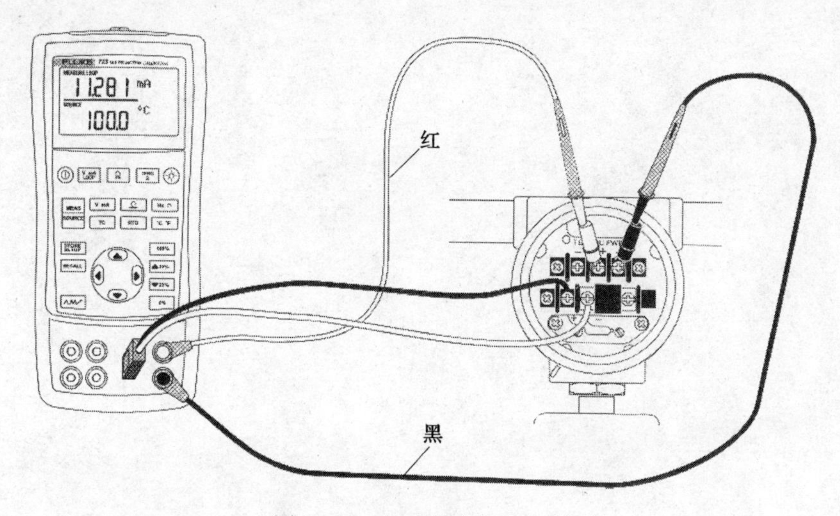

图 4—33 校准热电偶变送器

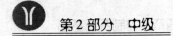

2. 按[TC]（屏幕下部）。如果需要，继续按这个键选择所需要的热电偶类型。
3. 如果需要，按[MEAS/SOURCE]选择输出（SOURCE）模式。
4. 按[▲]或[▼]键设定零点和量程参数。按住[0%]或[100%]来输入这些参数。
5. 按[▲25%]或[▼25%]检查0%—25%—50%—75%—100%点。如果有必要，调整变送器。

第五章

设备监控系统

设备监控系统包括工作站、通信网络、控制器、传感器及调节执行机构系统电源以及大屏幕投影系统等设备。本章主要介绍设备监控系统设备的硬件要求及其功能。

第一节　工　作　站

设备监控系统工作站包括操作工作站、维修工作站、服务器和 IBP 等，其中操作工作站、维修工作站、服务器的设备性质相似，本节仅介绍操作工作站。

一、操作工作站

1. 安装环境

（1）控制中心

环境温度：15 ~35℃。

相对湿度：10% ~85%。

（2）车站控制室设备

环境温度：10 ~39℃。

相对湿度：10% ~85%。

（3）其他设备

环境温度：0 ~49℃。

相对湿度：0% ~99%。

（4）地震烈度不大于 7 度。

2. 系统技术要求

（1）响应时间。OCC 控制响应时间 <3 s，OCC 信息响应时间 <3 s，车站控制响应时间 <2 s，车站信息响应时间 <2 s。

（2）车站设备监控系统单台设备平均无故障时间 MTBF 大于 50 000 h。

（3）车站设备监控系统单台设备装置故障恢复时间 MTTR 小于 30 min。

（4）端子的接线方式为防松动的固定方式。

（5）车站设备监控系统的所有设备包括计算机和显示器，在外界电磁场和静电干扰下，不会出现任何画面跳动和扰动。

（6）监控工作站保证所有被更新的图形和数据在有关显示器的切换时间少于 2 s。

（7）当电源供应中断后，在恢复运作时，控制器、I/O 和网络通信设备能自动重新启动，并在 30 s 内恢复正常运行。

（8）车站级车站设备监控系统控制器在 1 s 内自动检测模式控制冲突和完成相关计算及启动控制模式。

（9）所有车站设备监控系统发出的模式控制要求，实现程序的连锁保护，不会与其他操作产生冲突（即冲突检测功能）。假设没有冲突情况发生，确定信号在小于 0.5 s 内反馈到发出控制要求的设备，同时控制模式在 0.5 s 内启动。当接收到由 FAS 系统的警报信号后，在 1 s 内启动灾害模式。

（10）系统显示精度要求模拟量的显示精度不低于 0.5 级，温度的精确度不低于 0.1℃。

（11）车站设备监控系统的所有设备具有抗电磁干扰能力，其电磁干扰在 27 MHz 至 1 GHz的范围内小于 20 V/m 的磁场或满足相关的标准和规范要求。

（12）设备可抵抗无线电频率为 150 KHz 至 27 MHz 中的接触性干扰或满足国家相关的标准和规范要求。

（13）系统的时钟与全线其他系统保持一致，精度保证在秒级。

二、IBP

IBP 包括 IBP 盘面、柜体及操作台三部分。

1. IBP 盘面

马赛克盘面表面安装操作按钮、状态指示灯、蜂鸣器等电气元件，并印刷必要的工艺图和文字说明。所有操作按钮都加盖，和指示灯明显区分，防止误操作。IBP 盘面部件主要有带灯瞬时按钮、带灯交替按钮、不带灯瞬时按钮、不带灯交替按钮、钥匙转换开关、指示灯、蜂鸣器等。

采取功能分区的原则，将盘面根据系统功能和使用习惯划分为各自独立的区域，操作人员操作时目标明确，专业分工明确，互不干扰，盘面整体效果美观。盘面布局效果如图 5—1 所示。

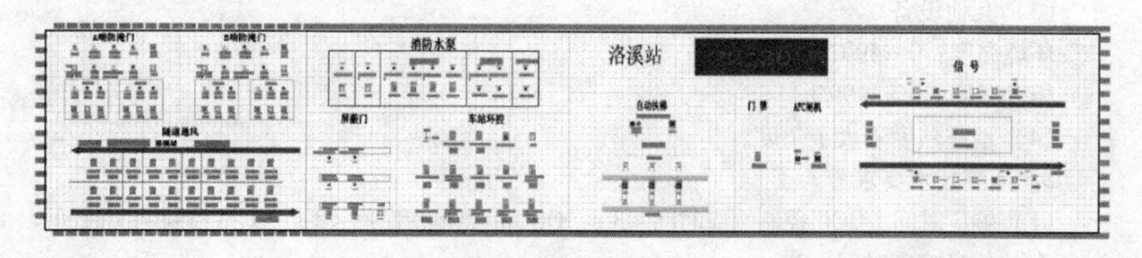

图 5—1　IBP 盘面布局

2. 柜体

柜体一般使用 IBP 盘面与工作站操作台一体的形式，柜体内部安装系统工作站、控制器及 I/O 模块、线槽和端子排等设备。线缆统一布置，操作台材料为钢板，外观上与室内设备风格统一，使操作员使用方便。

3. 操作台

操作台放置工作站显示器、键盘、鼠标、打印设备和调度电话等。

设备监控系统的 IBP 与自动售票系统（AFC）、轨道信号系统、屏蔽门控制系统等其他系统通常统一风格制作成车站综合操作屏，如图 5—2 所示

图 5—2　车站综合操作屏

第二节　设备监控系统通信网络

设备监控系统通信网络通常由工业以太网及现场总线组成，上层网络现场条件相对较好，一般使用工业以太网，设备现场由于条件比较恶劣，电磁干扰强，传输距离长等原因需要使用可靠性现场总线。

一、工业以太网

工业以太网一般是指在技术上与商业以太网（即 IEEE802.3 标准）兼容，但满足环境性、可靠性、安全性以及安装方便等工业现场要求的以太网。以太网是按 IEEE802.3 标准的规定，采用带冲突检测的载波侦听多路访问方法（CSMA/CD）对共享媒体进行访问的一种局域网。其协议对应于 ISO/OSI 七层参考模型中的物理层和数据链路层，以太网的传输介质为同轴电缆、双绞线、光纤等，采用总线型或星形拓扑结构，传输速率为 10 Mbit/s、100 Mbit/s、1 000 Mbit/s 或更高。

1. 工业以太网的优势

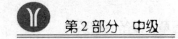

以太网是当今最流行、应用最广泛的通信技术，具有价格低、多种传输介质可选、高速、易于组网应用等诸多优点，而且其运行经验最为丰富，拥有大量安装维护人员，是一种理想的工业通信网络。

第一，基于TCP/IP的以太网是一种开放式通信网络，不同厂商的设备很容易互联。这种特性非常适合解决控制系统中不同厂商设备的兼容和互操作等问题。

第二，以太网的优势是低成本、易于组网。以太网网卡价格低廉，以太网与计算机、服务器等接口十分方便。以太网技术人员多，可以降低企业培训维护成本。

第三，以太网具有相当高的数据传输速率可以提供足够的带宽。而且以太网资源共享能力强，利用以太网作为现场的总线，很容易将I/O数据连接到信息系统中，数据很容易以实时方式与信息系统上的资源、应用软件和数据库共享。

第四，以太网易与Internet连接。在任何城市、任何地方甚至都可以利用电话线通过Internet对企业生产进行监视控制。

另外，以太网作为目前应用最广泛的计算机网络技术，受到了广泛的技术支持。几乎所有的编程语言都支持以太网的应用开发，有多种开发工具可供选择。

2. 工业以太网协议

由于商用计算机普遍采用的应用层协议不能适应工业过程控制领域现场设备之间的以太网要求，所以必须在以太网和TCP/IP协议的基础上，建立完整有效的通信服务模型，制定有效的以太网服务机制，协调好工业现场控制系统中实时与非实时信息的传输，形成被广泛接受的应用层协议，也就是所谓的工业以太网协议。目前已经制定的工业以太网协议有MODBUS/TCP、ProfiNet、Ethernet/IP、HSE等。

（1）MODBUS/TCP协议。法国施奈德公司推出透明工厂的战略使其成为工业以太网应用的坚决倡导者，该公司于1999年公布了MODBUS/TCP协议。MODBUS/TCP协议以一种非常简单的方式将MODBUS帧嵌入TCP帧中。这是一种面向连接的方式，每一个呼叫都要求一个应答。这种呼叫/应答的机制与MODBUS的主从机制相互配合，使交换式以太网具有很高的确定性。利用TCP/IP协议，通过网页的形式可以使用户界面更加友好，并且利用网络浏览器就可以查看企业网内部的设备运行情况。施奈德公司已经为MODBUS注册了502端口，这样就可以将实时数据嵌入到网页中，通过在设备中嵌入Web服务器，就可以将Web浏览器作为设备的操作终端。

（2）ProfiNet。德国西门子公司于2001年发布其工业Ethernet的规范，称为ProfiNet。该规范主要包括三方面的内容：

1）基于组件的对象模型（COM）的分布式自动化系统。

2）规定了ProfiNet现场总线和标准以太网之间开放透明通信。

3）提供了一个独立于制造商，包括设备层和系统层的模型。

ProfiNet的基础是组件技术，在ProfiNet中，每一个设备都被看成是一个具有COM接口的自动化设备，同类设备都具有相同的COM接口。在系统中可以通过调用COM接口来调用设备功能。组件对象模型使不同制造商遵循同一个原则创建的组件之间可以混合使用，简化了编程。每一个智能设备都有一个标准组件，智能设备的功能通过对组件进行特定的编程来实现。同类设备具有相同的内置组件，对外提供相同的 COM 接口。为不同设备的厂家之间提供了良好的互换性和互操作性。

（3）Ethernet/IP。美国罗克韦尔公司于 2000 年公布工业 Ethernet 规范，称为 Ethernet/IP。Ethernet/IP 是一种工业网络标准，它很好地采用了当前应用广泛的以太网通信芯片以及物理媒体。IP 代表 Industrial Protocol，以此来与普通的以太网进行区别。它是将传统的以太网应用于工业现场层的一种有效方法，允许工业现场设备交换实时性强的数据。Ethernet/IP 模型由 IEEE802.3 标准的物理层和数据链路层、以太网 TCP/IP 协议和控制与信息协议 CIP 三部分组成。CIP 是一个端到端的面向对象并提供了工业设备和高级设备之间连接的协议。CIP 有两个主要目的：一是传输同 I/O 设备相联系的面向控制的数据，二是传输同其他被控系统相关的信息，如组态、参数设置和诊断等。CIP 协议规范主要由对象模型、通用对象库、设备行规、电子数据表、信息管理等组成。

（4）HSE。FF 现场总线基金会于 2000 年公布了工业 Ethernet 规范，称为 HSE。HSE 是以太网协议 IEEE802.3、TCP/IP 协议族和 FF H1 的结合体。FF 现场总线基金会将 HSE 定位于实现控制网络与 Ethernet 的集成。由 HSE 连接设备将 H1 网段信息传输到以太网的主干网上，这些信息可以通过互联网送到主控室，并进一步送到企业的 ERP 和管理系统。操作员可以在主控室直接使用网络浏览器查看现场运行情况，现场设备也可以通过网络获得控制信息。

（5）设备监控系统以太网。车站设备监控系统以太网一般采用工业以太网（TCP/IP 协议），其应用层采用 Ethernet IP 通信协议，网络传输速度为 100 Mbit/s，车站局域网的传输介质为多模光缆。局域网支持 IEEE802.3，10Base T，100BaseTX 等国际工业标准。考虑轨道交通使用环境，一般使用工业级网络交换设备，如工业级交换机、光纤等。

二、现场总线

目前控制系统网络有 CAN、FF、Profibus 和 Lonworks 等现场总线通信模型。工业现场有其具体特点，如果按照 OSI7 层模式的参考模型，由于层间操作与转换的复杂性，网络接口的造价与时间开销显得过高。为满足实时性要求，也为了实现工业网络的低成本，现场总线采用的通信模型大都在 OSI 模型的基础上进行了不同程度的简化。如图 5—3 所示。

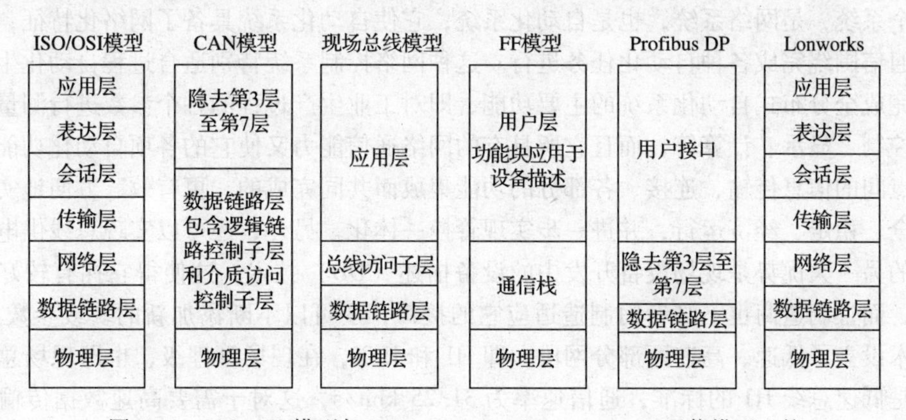

图 5—3 ISO/OSI 模型与 CAN、FF、Profibus、LonTalk 通信模型比较

1. CAN 总线

（1）CAN 的通信参考模型。CAN（controller area network）是控制器局域网的简称，是德国 Bosch 公司在 1986 年为解决现代汽车中众多测量控制部件之间的数据交换问题而开发的一种串行数据通信总线。

参照 ISO/OSI 标准模型，CAN 分为数据链路层（包括逻辑链路控制子层 LLC 和介质访问控制子层 MAC）和物理层。如图 5—3 中 CAN 部分所示。

MAC 子层主要规定传输规则，即控制帧结构、执行仲裁、错误检测、出错标定和故障界定。MAC 子层要为开始一次新的发送确定总线是否开放或者是否马上开始接收。位定时也是 MAC 子层的一部分。物理层规定了节点的全部电气特性。CAN 的通信协议由 CAN 通信控制器完成。CAN 通信控制器由实现 CAN 总线协议的部分和跟微控制器接口部分的电路组成。

（2）CAN 的特点及适用性。CAN 正如它的名称一样，是控制网络中的局域网类型。如前所述，它从一开始就是专为解决现代汽车中众多测量控制部件之间的数据交换问题而开发的总线式串行通信技术。它只包括了物理层和数据链路层，其全部内容可以封装在通信控制器的芯片内。因而可以说它并不是一项完整的控制网络技术，也不足以构成一个企业的控制网络，比较适宜作为控制网络的节点通信芯片的通信规范。

2. FF 总线

（1）FF 的通信参考模型。FF 数据通信与控制网络技术是由现场总线基金会 FF（fieldbus foundation）组织开发的，已被列入 IEC61158 标准。FF 的参考模型只具备 ISO/OSI 参考模型 7 层中的物理层、数据链路层和应用层，并把应用层划分为总线访问子层和总线报文规范子层，不过它又在原有 ISO/OSI 参考模型的第 7 层应用层之上增加了新的一层——用户层。

其中，物理层规定了信号如何发送；数据链路层规定如何在设备间共享网络和调度通信；应用层规定了在设备间交换数据、命令、事件信息以及请求应答中的信息格式；用户层用于组成用户所需要的应用程序，例如规定标准的功能块、设备描述，实现网络管理、系统管理等。模型如图 5—3 中 FF 部分所示。

（2）FF 的特点及适用性。基金会现场总线的最大特征就在于它不仅仅是一种总线，而且是一个系统，是网络系统，也是自动化系统，它使自动化系统具备了网络化特征，也使各种网络通信围绕完成各种自动化任务进行。这种网络控制系统特别适合过程自动化生产，它既可以完成全分布式自动化系统的主要功能，即对工业生产过程的各个参数进行测量、信号变送、控制、显示、计算等，而且它所具有的网络通信能力又使它的各项自动化功能是通过网络节点间的信息传输、连接、各部分的功能集成而共同完成的，更有效、方便地实现生产过程安全、稳定、经济运行，并进一步实现管控一体化。另外，还可以实现总线供电。

它的另一大优势是现场设备开发中的设备描述（DD）技术，这使得它拥有较好的可互操作性，而且制造商也不必专门制造适应它的接口，还可以不断添加新的块或参数。但 FF 通信技术设立了低速、高速两部分网段，即 H1 和 HSE，在现场管理级，也即现场总线部分使用的是低速总线 H1 的标准，通信速率为 31. 25 kbit/s，这对于需要高速数据传输的分散设备之间的通信就略显局促。

3. Profibus 总线

（1）Profibus 的通信参考模型。Profibus 是 Process Fieldbus 的缩写，是一种国际性的开放式的现场总线标准。Profibus 根据应用特点分为 Profibus－DP，Profibus－FMS，Profibus－PA 3 个兼容版本。

1）Profibus－DP。经过优化的高速、廉价的通信连接，专为自动控制系统和设备级分散 I/O 之间通信设计，用于分布式控制系统的高速数据传输。

2）Profibus－FMS。解决车间级通用性通信任务，提供大量的通信服务，完成中等传输速度的循环和非循环通信任务，用于一般自动化控制。

3）Profibus－PA。专为过程自动化设计，标准的本质安全的传输技术，用于对安全性要求高的场合及由总线供电的站点。

Profibus 采用了 OSI 模型的物理层、数据链路层。外设间的高速数据传输采用 DP 型，隐去了第 3～7 层，而增加了直接数据连接拟合，作为用户接口；FMS 型则只隐去了第 3～6 层，采用了应用层。具体模型如图 5—3 中 Profibus 部分所示。

PA 型的标准目前还处于制定过程中，与 FF 通信技术的低速网段部分标准相兼容。

Profibus 总线存取协议包括主站之间的令牌传递方式和主站与从站之间的主从方式，主从方式允许主站在得到总线存取令牌时可与从站通信，每个主站均可向从站发送或索取信息，通过这种方法有可能实现下列系统配置：纯主—从系统、纯主—主系统（带令牌传递）、混合系统。

（2）Profibus 的特点及适用性。Profibus 可使分散式数字化控制器从现场底层到车间级网络化。如前面所提到的，该系统分为主站和从站，主站决定总线的数据通信。从站为外围设备，没有总线控制权，仅对接收到的信息给予确认或当主站发出请求时向它发送信息。Profibus 系统是比较完善的网络控制系统，可以完成从设备级自动控制到车间级过程控制直至最上层的工厂管理级的控制，但系统设计复杂，由于主从式的设计导致软硬件投入也比前两种系统大很多，因此比较适宜于规模较大，经济和技术实力都较强的企业。

4. LonWorks 总线

（1）LonWorks 的通信参考模型。LonWorks 是一个开放的控制网络平台技术，是国际上普遍用来连接日常设备的标准之一，它采用分布式的智能设备组建控制网络，同时也支持主从式网络结构。它支持各种通信介质，该控制网络的核心部分——LonTalk 通信协议已经固化在神经元芯片之中。

LonWorks 被誉为通用控制网络，正是由于它的通信协议 LonTalk 是 ISO 组织制定的 OSI 开放系统互联参考模型的七层协议的一个子集。LonTalk 与 OSI 的七层协议比较如图 5—3 所示。

LonTalk 协议在物理层协议中支持多种通信协议，以适应不同的通信介质需要；它的 MAC 子层是链路层的一部分，它使用 OSI 各层协议的标准接口和链路层的其他部分进行通信；链路层提供子网内 LPDU 帧顺序的无响应传输，提供错误检测但不提供错误恢复能力；网络层提供给用户一个简单的通信接口，定义了如何接收、发送和响应报文等；传输层是无连接的，提供 1 对 1 节点，1 对多节点的可靠传输；会话层提供请求—响应机制，通过节点的连接来进行远程数据服务；表示层和应用层提供网络变量、显示报文、网络管理、网络跟踪、外来帧传输的服务。

（2）LonWorks 的特点及适用性。LonWorks 的最大特色就在于它与互联网的无缝结合，第三代的 LonWorks 技术已能充分利用互联网资源，将一个现场设备控制局域网络变成一个借助广域网跨越远程地域的控制网络，并提供端到端的各种增值服务。它的另一大特色是它的互操作性。不同生产厂商的器件之间实现了互相操作、互相替代。在 LonWorks 应用系统结构中，LonWorks 技术嵌入到现场设备中，使设备与设备之间保持对等的通信结构。同时，这些控制网络又通过各种互联网的连接设备将控制网络的信息通过互联网接入某个数据中心或运营商主持的企业数据库，还能通过 LNS 控制网络操作系统建立上层的企业解决方案，同时与 ERP、CRM 等信息技术应用相结合。因此 LonWorks 网络控制系统比较适用于那些地域分布很广而又需要上层集中管理的企业类型，比如电力系统的变电站、大厦物业管理、便利超市的统一管理等。

第三节 控 制 器

设备监控系统控制器包括主控制器、输入输出模块及控制箱柜等设备设施组成部分。

一、主控制器

车站设备监控系统的主控制器根据可靠性的需要，使用冗余控制器和非冗余控制器实现。

1. 冗余控制器

一般来说，涉及灾害模式控制或主要环控设备控制的控制器，根据系统控制增强可靠性理念可考虑采用冗余配置。冗余控制器要求如下：

（1）冗余控制器为模块化结构，所有硬件为标准产品或标准选件。

（2）所有模块（CPU、I/O、通信、电源等）是插接式。I/O 模块可带电插拔，所有模块通过权威机构的安全认证，包括 UL、CSA、CE 等。

（3）控制器 CPU 处理 I/O 的最大能力为实际 I/O 总点数的 4 倍以上，数字量不少于 12 K，模拟量不少于 4 K，处理速度为 0.08 ms/K。

（4）冗余控制器可接受实时同步时钟信号，时钟误差为秒级，冗余控制器时间设定准确度可至秒，并有四个数位的年份设定。

（5）储存器为永久性类型，提供不少于 3.5 M 字节的内存容量（不含扩展内存），且有电池后备。断电后后备电池维持时间为 3 个月。控制器的软件所占有的内存不超过设备配置容量的 50%。

（6）冗余控制器需提供足够的通信接口，满足网络通信以及 PLC 与现场设备通信的要求，提供与笔记本电脑通信的接口。

（7）冗余控制器采用双机热备、双背板方式，为硬件冗余。如一台不能工作或被诊断为故障，另一台必须保证所有连接设备及模式能不间断、无扰动地自动切换运行。冗余控制器能够自动或手动进行切换。主备冗余控制器的切换时间小于 100 ms，且不影响监控对象和监控系统设备的正常运行、系统功能正常执行及数据的正常通信。

（8）冗余控制器对所连接的所有 RI/O 及相关的 I/O 控制器能同时进行数据刷新，但同一时刻只能有一台发出指令。

2. 非冗余控制器

一般来说，涉及车站环境参数监控、应急操作盘等方面的控制器，根据系统可考虑采用非冗余配置。

应急操作盘一般有两类信息：一是紧急手动按钮通过硬线连接控制器的输入模块，IBP 具有足够数量的输入输出模块，考虑 20% 的备用。二是 FAS 盘通过通信总线与应急操作盘控制器的通信模块连接。

车站环境参数监控控制器对环境监控参数进行监视、操作及管理。配置远程 I/O 或者通过通信模块实现现场信号的采集，通信的介质通常采用屏蔽双绞线或光缆。

除冗余功能外，非冗余控制器技术要求与冗余控制器相似。

二、输入输出模块

PLC 输入输出模块包括开关量输入输出模块、模拟量输入输出模块、通信通道驱动模块、计数器模块、定位器模块等，一般每个模块有 8 点、16 点或 32 点。所有的 I/O 模块可带电更换且即插即用。

1. 开关量输入输出模块

开关量输入输出模块满足以下性能要求：

（1）模块有隔离装置，模块上有 LED 显示单元。

（2）I/O 模块通道要求。

（3）开关量的输入采用电流输入驱动的方式，光电隔离。

（4）开关量输出采用继电器输出的方式，继电器触点的容量不低于 2 A。在故障时候，输出点应断开。

2. 模拟量输入输出模块

模拟量输入输出模块满足以下性能要求：

（1）输入和输出模块提供端子与端子间、端子与总线间的绝缘保护。

（2）输入输出通道单独隔离，具有线性化的功能。

3. 通信通道驱动模块

有光隔离，为有源 RS485 驱动，驱动距离不少于 1 km。

三、控制箱柜

车站设备监控系统控制箱柜一般位于车站机电设备控制室、车站出入口、冷水机房、轨道区间内。由于轨道交通车站内部环境电磁干扰强、环境潮湿、设备分部等特点，系统控制箱柜对设备防护、安装及内部布局有一定的要求。

1. 防护要求

（1）控制柜。控制柜分布在环境相对好的机电设备控制室内，控制柜内系统设备有系统不间断电源、主控制器及功能模块、通信交换设备等主要设备，柜内同时进出

220 VAC、24 VAC 及各类直流线缆。虽然机电设备控制室工艺设计环境要求符合 26℃、20%～85%相对湿度，但设备控制室内机电设备线路集中，且可能存在其他用途的管路在控制柜上、下方经过，系统设备控制柜不但要防尘、防破坏，能承受由于列车引起的振动，而且要防水、防潮，有阻燃设计，具有良好的屏蔽功能，防电磁干扰、静电干扰。一般控制柜的防护满足 IP30，为保证控制柜内设备的运行环境温度，要求具有良好的通风散热能力。

（2）控制箱。控制箱分布在环境相对复杂的机电设备就地箱附近，如车站集水泵房、轨道区间或设备现场，控制箱内系统设备有系统电源模块、远程模块、通信交换设备等主要设备，箱内同时进出 220 VAC、24 VAC 及各类直流线缆，而且箱内设备布局相对密集。控制箱所处的环境更为复杂，系统设备控制箱比控制柜要求高，一般控制箱的防护满足 IP55，为保证控制箱内设备的运行环境温度，要求具有良好的散热能力。

2．安装要求

（1）控制柜

1）控制柜为前后双开门。

2）控制柜的高度和颜色以机电设备低压控制柜为基准，保持室内控制柜风格一致性，钢板的厚度不低于 2 mm。

3）具有良好的接地。

（2）控制箱

1）控制箱为单开门。

2）控制箱的高度和颜色以被控设备的控制箱为基准，保持控制箱风格一致性，钢板的厚度不低于 2 mm。

3）具有良好的接地。

3．箱柜内部布局

（1）控制柜

1）电源开关、端子排和中间继电器及 PLC 底板的插槽有 20%的余量。

2）控制柜的尺寸、PLC 的布置和端子的布置按标准规格来制造，全线统一考虑，采用标准化布置。

3）有电源工作指示灯、门控照明灯、门锁、电源插座等，以方便系统维护。

4）端子阻燃等级为 UL94V－0 并且端子金属部分要求为铜材料。

（2）控制箱

1）每个控制箱的 I/O 总点数一般不超过 48 点。

2）其他要求与控制柜类似。

第四节　传感器及调节执行机构

设备监控系统依靠传感器采集车站环境参数，调节执行机构为设备监控系统进行温度调节的执行设备。

一、传感器

传感器设备在轨道交通设备监控系统中，主要有温度、湿度、流量（包括流速）、压力及差压传感器。

1. 温度传感器

（1）工作原理。温度传感器主要是利用热电阻的电阻值随温度变化而变化这一特性来测量温度及与温度有关的参数。目前较为广泛的热电阻材料为铂、铜、镍等，它们具有电阻温度系数大、线性好、性能稳定、使用温度范围宽、加工容易等特点。用于测量 - 200 ~ 500℃范围内的温度。

（2）工作特性

1）室内型温度传感器一般阻值特性为 Pt100，符合 DIN43760 标准，防护等级为 IP30，壳体为塑料（阻燃等级符合 UL94 - V0）。温度传感器型号较多，下面以室内型传感器 HT - 90XX - URW 为例进行介绍。图 5—4 为室内型传感器 HT - 90XX - URW 尺寸，图 5—5 为室内型传感器 HT - 90XX - URW 外形，图 5—6 为接线示意图。

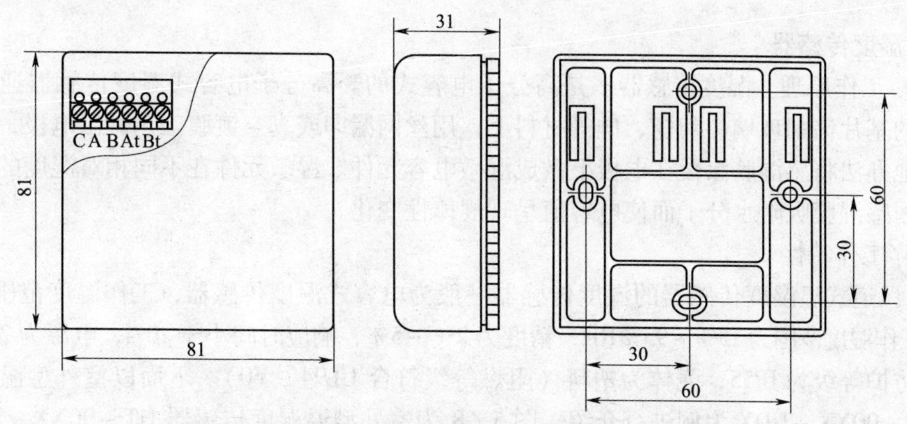

图 5—4 室内型传感器 HT - 90XX - URW 尺寸（mm）

图 5—5 室内型传感器 HT - 90XX - URW 外形

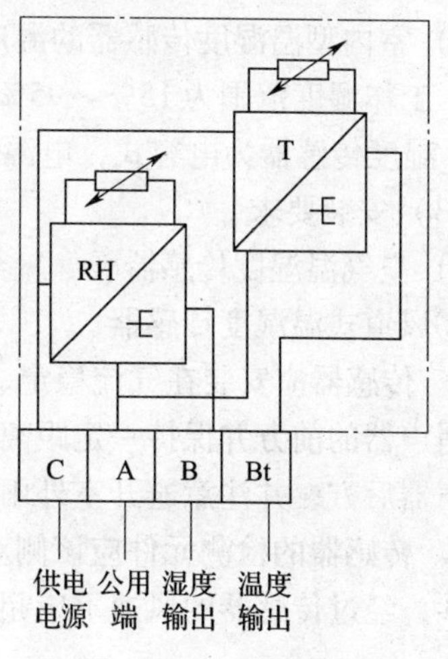

图 5—6 接线示意图

2）水温传感器一般阻值特性为Pt100，符合DIN43760标准，端子盒防护等级为IP65，壳体为塑料或不锈钢（阻燃等级符合UL94－V0）。图5—7为水温传感器外形。

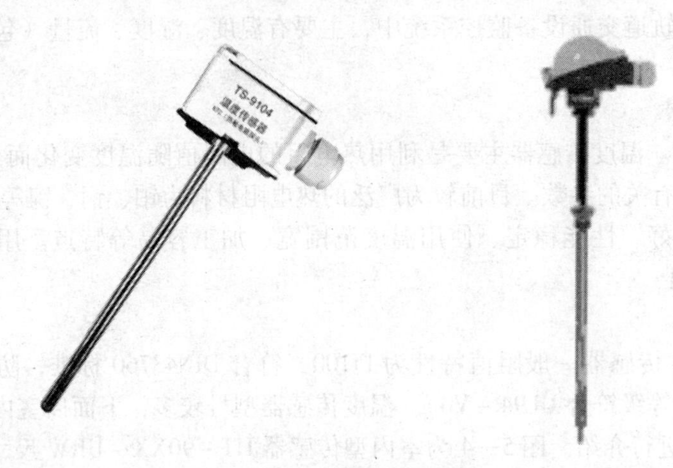

图5—7 水温传感器外形

2. 湿度传感器

（1）工作原理。湿度传感器多是高分子电容式的。高分子电容式湿度传感器通常都是在绝缘的基片诸如玻璃、陶瓷、硅等材料上，用丝网漏印或真空镀膜工艺做出电极，再用浸渍或其他办法将感湿胶涂覆在电极上做成湿敏电容元件。湿敏元件在不同相对湿度的大气环境中，因感湿膜吸附水分子而使电容值呈现规律性变化。

（2）工作特性

1）风道式温湿度传感器的湿度传感器一般为电容式湿度传感器，工作温度范围为5～50℃，工作湿度范围为15%～95%RH，精度为2%～5%，响应时间小于10 s，电源为24 VAC，端子盒防护等级为IP55，壳体为塑料（阻燃等级符合UL94－V0）。下面以室外型温湿度传感器HT－90XX－UDX为例进行介绍，图5—8为室外型温湿度传感器HT－90XX－UDX尺寸图，图5—9为HT－90XX－UDX外形。

2）室内型温湿度传感器的湿度传感器一般为电容式湿度传感器，工作温度范围为5～50℃，工作湿度范围为15%～95%RH，精度为2%～5%，响应时间小于10 s，防护等级为IP30，湿度传感器为电容式，电源为24 VAC，壳体为塑料（阻燃等级符合UL94－V0）。

（3）安装要求

1）空气温湿度传感器

①风道式温湿度传感器

a. 传感器应安装在气流稳定、高度适宜的位置，并要固定牢固。一般安装在风路中风机和消声器的前方并保持一定距离，尽量避免振动。用于探测新风的传感器一般安装在风路的消声器后方，并注意避开室外雨水。

b. 传感器的检测元件应该侧对风向安装，为减少灰尘附着或湿气侵蚀，并提高读数的准确性，经过传感器的风速不应超过15 m/s，尽可能长时间保证检测元件的灵敏度。

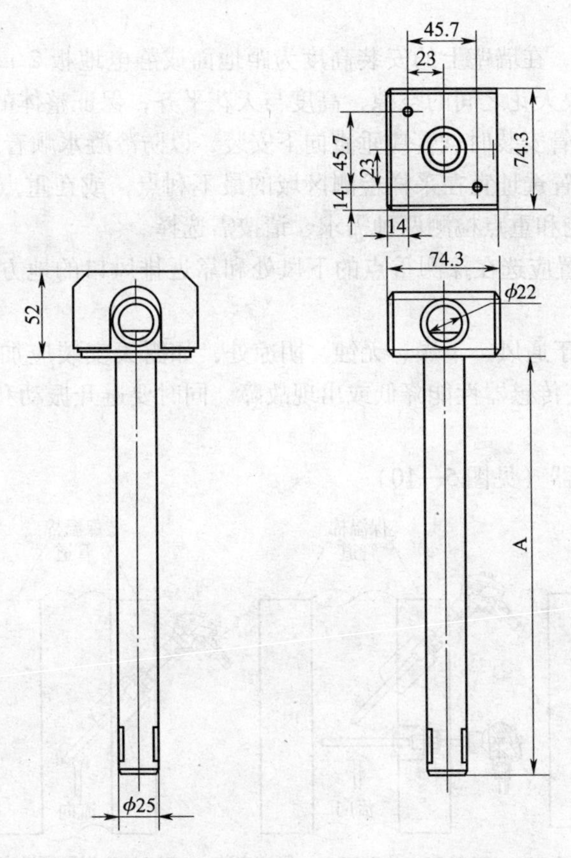

图 5—8 室外型温湿度传感器 HT－90XX－UDX 尺寸图

c. 对于回风总管，位置可选择距离机组近一点，距离出风口大于 600 mm 即可。对于送风总管，位置尽量远离机组并安装在所有支风管的前面。安装在送风室或回风室内时，应选择气流通畅的位置。这样便于调试、维修和检查。安装选址须注意考虑日后维修空间，如下方架梯位置等。

d. 在风管上开孔安装后，要注意做好缝隙的封闭。

图 5—9 HT－90XX－UDX 外形

e. 传感器应安装于通风、干燥、无蚀、阴凉处，如露天安装应加防护罩，避免阳光照射和雨淋，否则会使传感器性能降低或出现故障。

f. 进线软管应垂直向下安装，以防冷凝水顺着线管滴入设备内。

②室内型温湿度传感器

a. 在室内或站厅站台合理均匀布置传感器的安装位置，两个传感器的距离要求大于 10 m。

b. 要求安装在回风口附近，不能距离出入口和送风口太近，不能选择空气流通不畅的位置（即气流死角）。为减少灰尘附着或湿气侵蚀，并提高读数的准确性，经过传感器的风速不应超过 5 m/s。

c. 根据设计要求，在墙壁上的安装高度为距地面或静电地板 2 m。在站厅和站台内的传感器，应安装在两块天花之间的空隙，高度与天花平齐，保证整体的美观。

d. 如需用进线软管安装时软管应垂直向下安装，以防冷凝水顺着线管滴入设备内。

e. 传感器安装位置选址宜在采样检测区域的最不利点，或在重点检测区域。两种选址原则分别适应全局检测和重点检测两种需求，请按需选择。

f. 传感器安装位置应选在探测重点的下风处和靠近排风口的地方，以保证检测的有效性。

g. 传感器应安装于通风、干燥、无蚀、阴凉处，如露天安装应加防护罩，避免阳光照射和雨淋，否则将会使传感器性能降低或出现故障。同时要避开振动和电磁干扰源，也要避开大功率照明设备。

2）水管温度传感器（见图 5—10）

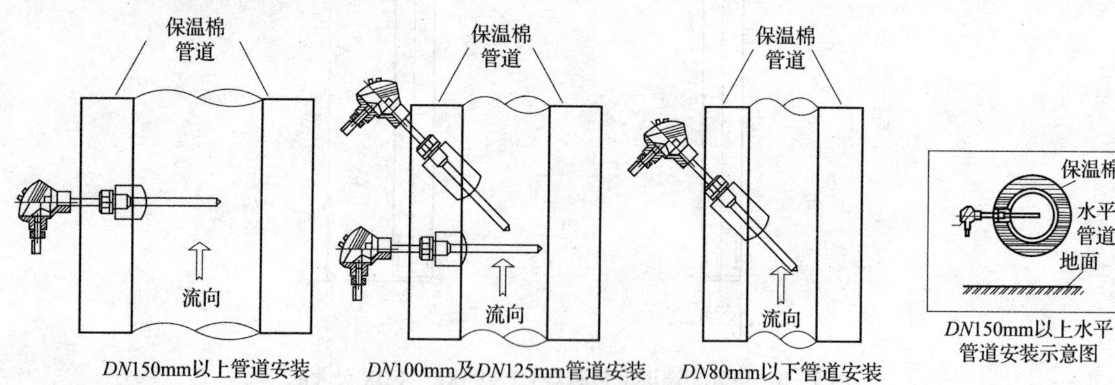

图 5—10 水管温度传感器安装示意图

①尽可能在垂直管道上开孔，为使感温元件位于管道中心，*DN*80 mm 以下管径采用倾斜 45°逆水流方向插入方式安装，*DN*150 mm 以上管径垂直插入，*DN*100 mm 及 *DN*125 mm 管径既可以 45°插入也可以垂直插入。在水平管段安装时严禁在管道下方开孔。若在 *DN*150 以上的水平管段上安装，必须在水平方向开孔安装。

②水温传感器的保护套管与凸台采用螺纹连接固定形式，应注意凸台与该螺纹的匹配。凸台由施工单位提供，并根据管径和安装方式选择合适的长度，以保证传感器插入深度经过水管中心线。尽可能使感温元件位于管道的中心。

③应先安装保护套管，并加螺纹盖帽保护，防止落入灰尘。

④安装保护套管完毕，打压试水确认无泄漏，方可插入和连接传感器。

⑤按接线图正确接线。

⑥为防止冷凝水进入设备内，进线的软管应垂直向下安装，在接线后一定要把设备外壳的螺钉上紧。

⑦电缆接线端口已加装了防潮保护套，使用过程中切勿剪断电缆或损坏保护套，以免产品失去防潮功能而导致其失效。

⑧安装传感器时，请注意须使电缆与产品同向转动，否则，会影响产品的防护效果并导

致产品故障。

3. 电磁流量传感器

（1）工作原理。电磁流量传感器原理是法拉第电磁感应定律，即导体在磁场中切割磁力运动时在其两端产生感生电动势（见图5—11）。导电性液体在垂直于磁场的非磁性测量管内流动，与流动方向垂直的方向上产生与流量成比例的感应电势，电动势的方向按弗来明右手规则确定，其值如下式。

$$E = kBDV$$

式中

E——感应电动势，即流量信号；

k——系数；

B——磁感应强度，T；

D——测量管内径，m；

V——平均流速，m/s。

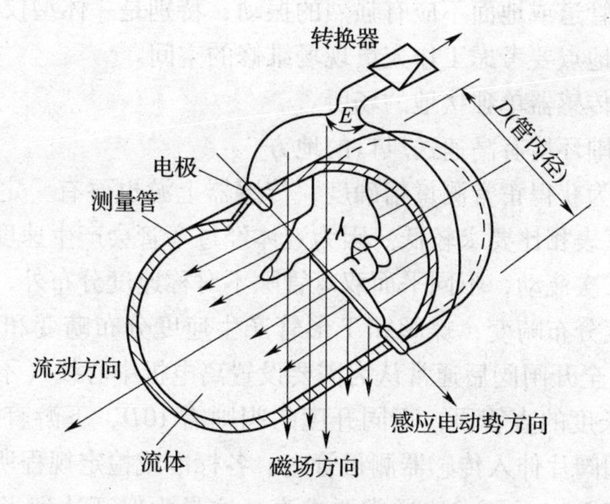

图5—11　电磁流量传感器工作原理

实际的电磁流量传感器由流量传感器和转换器（变送器）两大部分组成，整体外观如图5—12所示。流量传感器结构如图5—13所示，测量管上下装有励磁线圈，通励磁电流后产生磁场穿过测量管，一对电极装在测量管内壁与液体相接触，引出感应电势，送到转换器。励磁电流则由转换器提供。

（2）工作特性。电磁流量传感器供电电压为220 VAC，输出电流为4～20 mA，测量误差为±0.3%实际流量，精度高于0.25级，使用法兰连接，介质冷冻水温度为7℃，压力为1.2 MPa。流量传感器可承受介质温度为－25～140℃。压力为1.6 MPa。

（3）安装要求

1）传感器应安装在干燥通风的地方，避免安装在潮湿、容易积水受淹的场所，还应尽量避免阳光直射和雨水直接淋浇。

2）应尽可能避免装在周围环境温度过高的地方。一体型结构的电磁流量传感器还受制于电子元器件的使用温度，其使用环境温度需要低些。

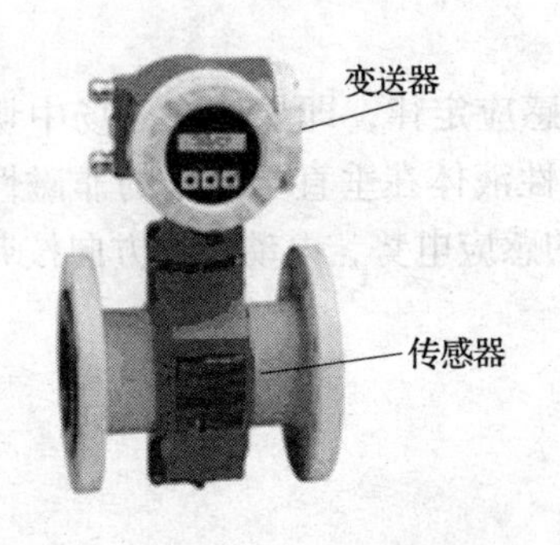

图 5—12 电磁流量传感器外观

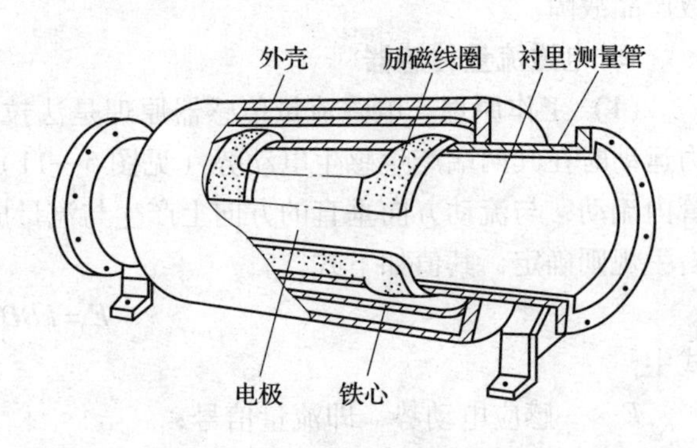

图 5—13 流量传感器结构图

3）安装传感器的管道上应无较强的漏电流，应尽可能地远离有强电磁场的设备，如大电动机、大变压器等，以免引起电磁场干扰。

4）安装传感器的管道或地面不应有强烈的振动，特别是一体型仪表。

5）安装传感器的地点要考虑工作人员现场维修的空间。

6）选择易于实现传感器单独接地的场所。

7）尽可能避开周围环境有高速送风口的地方。

8）直管段长度。为获得正常测量精确度，传感器上游也要有一定长度直管段，但其长度与大部分其他流量仪表相比要求较低。因为液体经过弯管会产生速度分布畸变，弯管外缘速度加快，并伴随着二次流动，不同平面双弯管除不对称速度分布外，还会产生旋涡；如未全开闸阀产生严重速度分布畸变，蝶阀和 T 形管产生速度分布畸变和旋涡。所以 90°弯头、T 形管、同心异径管、全开闸阀后通常认为需要设置离电极中心线（不是传感器进口端连接面）5 倍直径（5*D*）长度的直管段，不同开度的阀则需 10*D*，下游直管段为（2 ~ 3）*D* 或无要求，但要防止蝶阀阀片伸入传感器测量管内。各标准或检定规程所提出上下游直管段长度也不一致，汇集见表 5—1，要求比通常要求高。这是为保证达到当前 0.5 级精度仪表的要求。ISO 6817 是使用电磁流量传感器的标准，该标准认为对任何类型流动扰动至少应有 10*D* 的直管段，性能变动才能保证不超过 1%。ISO 9104 和 JJG 198 是为评定电磁流量传感器性能提出的文件；表中所列 JJG 198 的直管段长度是为精度 0.5 级及以上的仪表。如阀不能全开使用，应按阀截留方向和电极轴成 45°安装，则附加误差可大为减少。

表 5—1　　流量传感器相关管道选取标准

扰流件名称		标准或检定规程号				
		ISO 6817	ISO 9104	技术 B7554	ZBN 12007	JJG 198
上游	弯管、T 形管、全开闸阀、渐扩管	10*D* 或制造厂规定	10*D*	5*D*	5*D*	10*D*
	减缩管			可视做直管		
	其他各种阀			10*D*		
下游	各类	未提要求	5*D*	未提要求	2*D*	2*D*

9）电磁流量传感器安装位置和流动方向。传感器安装方向水平，垂直或倾斜均可，不受限制。但测量固液两相流体最好垂直安装，自下而上流动，这样不会出现水平安装时衬里下半部局部磨损严重，低流速时固相沉淀等缺点。水平安装时要使电极轴线平行于地平线，不要垂直于地平线，因为处于底部的电极易被沉积物覆盖，顶部电极易被液体中偶存气泡擦过遮住电极表面，使输出信号波动。如图 5—14 所示，c、d 为适宜安装位置；a、b、e 为不宜安装位置。b 处容易出现液体充不满，排放口最好如 f 所示，将更能使 b 处充满。对于固液两相流体，c 处也是不适宜安装位置。

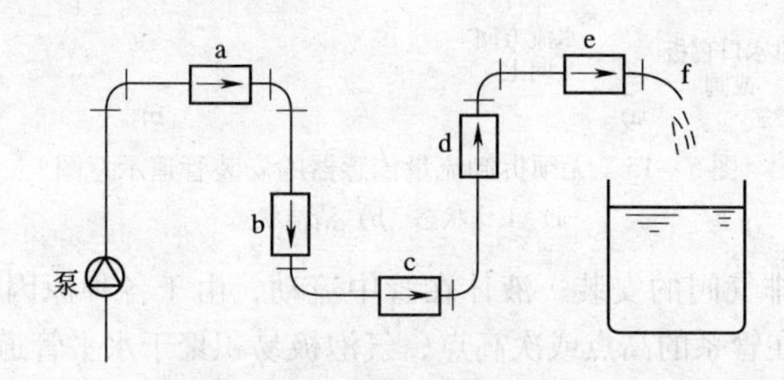

图 5—14　流量传感器安装位置示意图

10）流量传感器最好不要装在管系的高点或顶部。

11）流量传感器安装还应避开或远离两种不同电导率液体混合点的下游，因为两种不同电导率液体未混合均匀或未反应完全就流经测量点，会引起仪表输出晃动。最好将传感器移到混合点上游，或离开混合段相当距离。例如混合的反应时间为 60 s，而液体流速为 3 m/s，不考虑保险系数就要求距混合点 180 m。

12）负压管系安装和防止产生负压的安装。负压管系应用氟塑料衬里流量传感器需谨慎从事，有可能出现负压的正压管系应防止产生负压，例如液体温度高于室温的管系，停止运行关闭传感器上下游截止阀后，液体冷却收缩也会产生负压，应在传感器附件上安装负压防止阀。

13）旁路管的安装。为便于在工艺管道继续流动和传感器停止流动时检查和调整零点，应装旁路管。但大管径管系因为投资和位置空间限制，往往不易办到。根据电极污染程度来校正测量值，或确定一个不影响测量值的污染程度判断基准是困难的。除非采用非接触电极或带刮刀清除装置电极的仪表，有时还需要经常清除传感器内壁的附着物。对于管径大于 1.6 m，测量原水等易沉积的管系，在电磁流量传感器附近管道上应预置人孔，以便管系停止运动时清洗传感器测量管内壁。采样如图 5—15 所示的管道，在清洗电磁流量传感器时不需拆卸传感器，而且不影响管网的运作。平时打开检修阀，关闭旁通阀，水流经过流量计；清洗时关闭检修阀，打开旁通阀，拆开清除口盲板即可清洁流量计，污物从下方排水口排出。

14）管系进口处理。流程工业的管道系统进口常接于容器或高位槽，公用事业管道系统进口常接于水池或河渠，进口必须在液（水）面下有 2～5 倍进口管直径的距离。若相距过近，吸入口会产生旋涡，卷入液体与空气交界面的空气，随旋涡进入管道，影响正常测量。

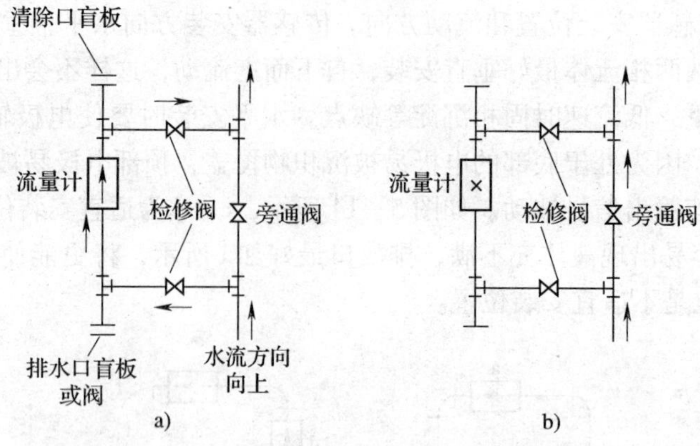

图 5—15 无须拆卸流量传感器的安装管道示意图

a）工作状态 b）清洁状态

15）手动或自动排气阀的安装。液体在管中流动，由于各种原因可能混有气泡，如流量传感器水平地安装在管系的高点或次高点，气泡极易积聚于水平管道上部和流量传感器测量管内，电磁流量传感器会出现输出晃动等故障现象。为便于检查故障原因和排除积聚气体，应在高点或次高点的流量传感器下游附近设置手动排气阀，定期检查和排气。若管系发生气泡概率较高或经常混有气泡，则应在流量传感器上游设置集气罐和自动排气阀，这一技术措施对于测量江河汲取原水的中大型电磁流量传感器极为重要，因为这类应用场所往往含有气泡。

16）接地。电磁流量传感器最好单独接地（接地电阻 10 Ω 以下或者 100 Ω 以下），分体型原则上接地应在传感器一侧，转换器接地应在同一接地点。如传感器装在有阴极腐蚀保护管道上，除了传感器的接地环一起接地外，还要用较粗铜导线（16 m^2）绕过传感器跨接管道两连接法兰上，使阴极保护电流与传感器之间隔离。有时候杂散电流过大，如电解槽沿着电解液的漏电流影响电磁流量传感器正常测量，则可采取流量传感器与其连接的工艺之间电气隔离的办法。有阴极保护的管线上，阴极保护电流影响电磁流量传感器测量时，也可采取本方法。

17）电磁流量传感器与大电动机的距离。磁场对电磁流量传感器的影响程度因传感器保护外壳结构材料和设计而异，差别甚大。例如有些外壳是用钢板等铁磁性材料制成的，就有较好磁屏蔽作用，影响较小；有些是用铝、玻璃钢等非铁磁性材料制成的，影响就较大。此外，干扰磁场与流量传感器磁场的方向不同，其影响程度也不一样。

4. 压力传感器（见图 5—16、图 5—17）

（1）工作原理。压力传感器的种类很多，不同的压力传感器，原理也不同，下面介绍几种常用的压力传感器的工作原理。

1）电容式压力传感器的工作原理。电容式压力传感器主要由实现压力——电容转换的容室敏感元件及将电容转换成二线制 4 ~ 20 mA 电子线路板组成。当过程压力从测量容室的两侧（或一侧）施加到隔离膜片后，经硅油灌充液传至容室的中心膜片上，中心膜片是个边缘张紧的膜片，在压力的作用下，产生相应的位移，该位移形成差动电容变化，并经过电子线路板的调节、震荡和放大转换成 4 ~ 20 mA 信号输出，输出电流与过程压力成正比。

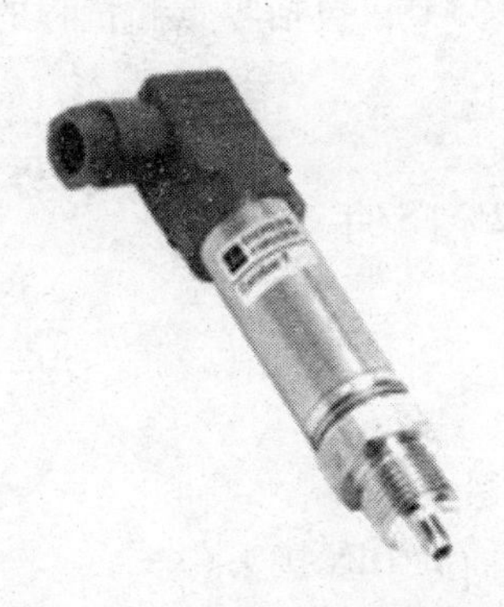

图5—16　压力传感器实物图

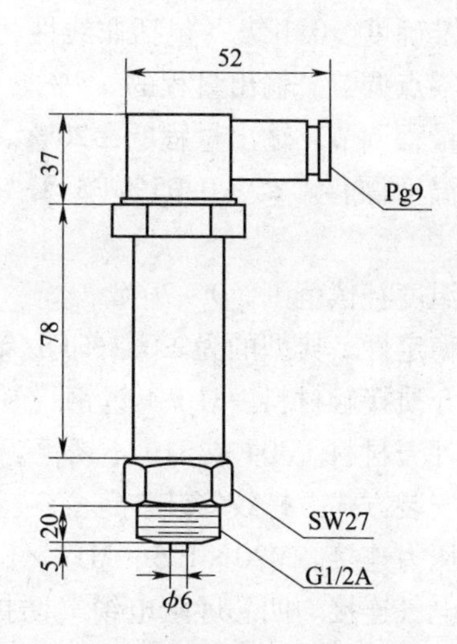

图5—17　压力传感器外形示意及尺寸图

2）扩散硅压力传感器的工作原理。被测介质的压力直接作用于传感器的膜片上（不锈钢或陶瓷），使膜片产生与介质压力成正比的微位移，使传感器的电阻值发生变化，利用电子线路检测这一变化，并转换输出一个对应于这一压力的标准测量信号。

3）陶瓷压力传感器的工作原理。抗腐蚀的压力传感器没有液体的传递，压力直接作用在陶瓷膜片的前表面，使膜片产生微小的形变，厚膜电阻印刷在陶瓷膜片的背面，连接成一个惠斯通电桥（闭桥），由于压敏电阻的压阻效应，使电桥产生一个与压力成正比的高度线性、与激励电压成正比的电压信号，标准的信号根据压力量程的不同标定为2.0 mV/V、3.0 mV/V、3.3 mV/V等，可以和应变式传感器兼容。通过激光标定，传感器具有很高的温度稳定性和时间稳定性，传感器自带温度补偿0～70℃，并可以和绝大多数介质直接接触。陶瓷是一种公认的高弹性、抗腐蚀、抗磨损、抗冲击和振动的材料。陶瓷的热稳定特性及它的厚膜电阻可以使它的工作温度范围高达－40～135℃，而且具有测量的高精度、高稳定性。电气绝缘程度大于2 kV，输出信号强，长期稳定性好。

（2）森纳士DG1300陶瓷压力传感器的工作特性

1）测量介质。与316不锈钢兼容的各种液体、气体或蒸汽。

2）测量范围。表压0～0.01 MPa至0～250 MPa；绝压0～0.1 MPa至0～250 MPa；真空0～－0.1 MPa。

3）过载压力。2倍满量程或300 MPa（取较小值）。

4）输出信号。4～20 mADC（两线制）。

5）供电电压。13～36 VDC（两线制）。

6）介质温度。－30～85℃。

7）环境温度。－20～85℃。

8）储存温度。－40～90℃。

9）相对湿度。≤95%（40℃）。

10）上升时间。≤5 ms可达90% FS。

11）准确度。0.1 级（包括非线性、重复性及迟滞在内的综合误差）。

12）零点调节。输出量程的 ±8%。

13）量程调节。输出量程的 ±20%。

14）温度漂移。≤ ±0.05% FS/℃（温度范围 -20 ~ 85℃，包括零点和量程的温度影响）。

15）温度补偿范围。0 ~ 70℃。

16）稳定性。典型的为 ±0.1% FS/年；最大的为 ±0.2% FS/年。

17）介质接触材料。316 不锈钢。

18）外壳材料。304 或 316 不锈钢。

19）安装方式。螺纹安装。

20）压力连接。M20 ×1.5、M12 ×1、G1/4、G1/2 阳螺纹等。

21）电气连接。四芯屏蔽电缆（防护等级 IP65）航空插头 DIN 接头。

（3）安装和维护

垂直管道压力传感器安装示意图如图 5—18 所示。

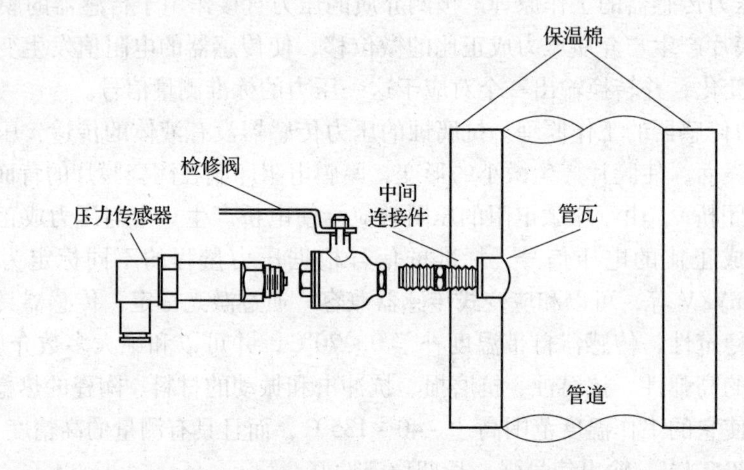

图 5—18　垂直管道压力传感器安装示意图

1）应保证取压点处的水流速度稳定。

2）取压点和水管温度传感器在同一管段上时，取压点应位于测温点的上游侧。

3）取压部件（取压管）在施焊时要注意端部不能超出管道的内壁，水平管上取压时应在截面 45°方向开孔，如图 5—19 所示。

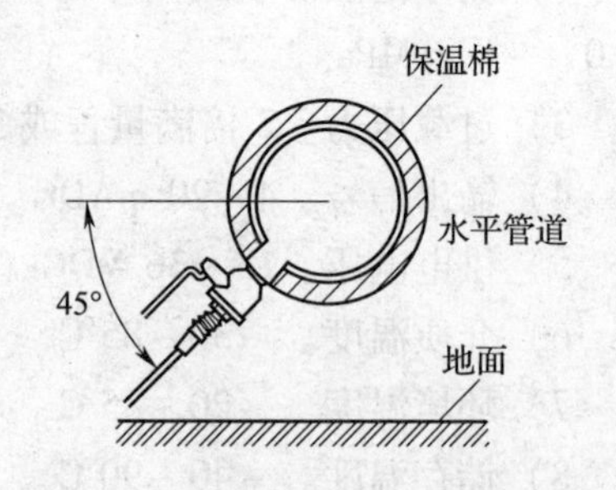

图 5—19　水平管道引压开孔示意图

4）导压管应尽可能短，而且弯头要尽可能少，并需做保温。

5）取压的截止阀应安装在冷冻水管的根部。在水管试压时应关断，保护压力传感元件不受损坏。

6）安装完毕后，应关闭所有截止阀，贴上封条，防止打压试水时损坏设备。

7）为防止冷凝水进入设备内，进线的软管应垂直向下安装，设备外壳的螺钉一定要上紧。进线建议使用金属管保护或者架空，并应固定在支架上，不能让传感器连接头长期受力。

8）电缆接线端口已加装了防潮保护套，使用过程中切勿剪断电缆或损坏保护套，以免产品失去防潮功能而导致其失效。

9）按接线图正确连接。

10）传感器应安装于通风、干燥、无蚀、阴凉处，如露天安装应加防护罩，避免阳光照射和雨淋，否则将会使传感器性能降低或出现故障。

11）传感器利用压力接口螺纹直接安装在被测系统的管道或容器壁上，不必使用安装支架。产品压力接口（标准配置）备有密封槽，被测压力较大时，加装尼龙或紫铜垫片可保证良好密封。

12）安装传感器时，须使电缆与产品同向转动，否则，会影响产品的防护效果并导致产品故障。

13）零点（Z）、量程（S）可调产品调试方法。拧开标有需调整参数点的螺钉，用旋具伸入其中，轻轻转动可调电阻，并同时监控数据，调试完毕，拧紧螺钉，以免潮气进入。

14）传感器属于精密仪器，安装时忌强力冲击、摔打，拧紧力矩应小于70 N·m，小量程传感器（量程小于0.5 MPa）的拧紧力矩应小于14 N·m。

15）被测介质温度高于传感器规定使用温度时，应使用引压管或其他冷却装置，把温度降至传感器规定使用的温度范围内。

16）产品外壳由不锈钢制作的，具有一定的耐腐蚀性，如被测介质腐蚀性较强，应选用耐腐蚀材料制作的传感器。

17）要防止引压孔堵塞，在工作温度范围内不应凝固成对敏感心子造成损坏的固体。

18）清洁传感器压力接口和引压孔时，应使用三氯乙烯或酒精注入引压孔中，并轻轻晃动，再将液体倒出，如此反复多次。禁止使用任何器具伸入引压孔中，以避免损伤敏感心子。

19）严禁系统过载，被测压力不得超出压力保护极限。如输出异常，应停机检查。

5. 差压传感器（见图5—20）

（1）工作原理。差压作用在扩散硅传感器隔离膜片上，通过密封液传至测量元件上，差压作用使硅膜片产生压阻效应，从而改变了扩散硅的阻值，由电桥转换成电信号传至微处理机处理，最后得到正比于差压的模拟、数字信号输出。

（2）E+H PMD235型智能差压传感器（见图5—21）

1）测量范围。最大测量范围为0～4 MPa，最小测量范围为0～50 Pa。

2）测量精度（包括线性度、迟滞和重复性）。±1%（*±0.5%）/设定量程（适用于在10∶1量程比范围内设定量程）；±1%（*±0.5%）×额定量程/（设定量程×10）（适用于在10∶1～20∶1量程比范围内设定量程）。

3）长期稳定性。优于1%/年，优于0.25%/5年。

图5—20　差压传感器

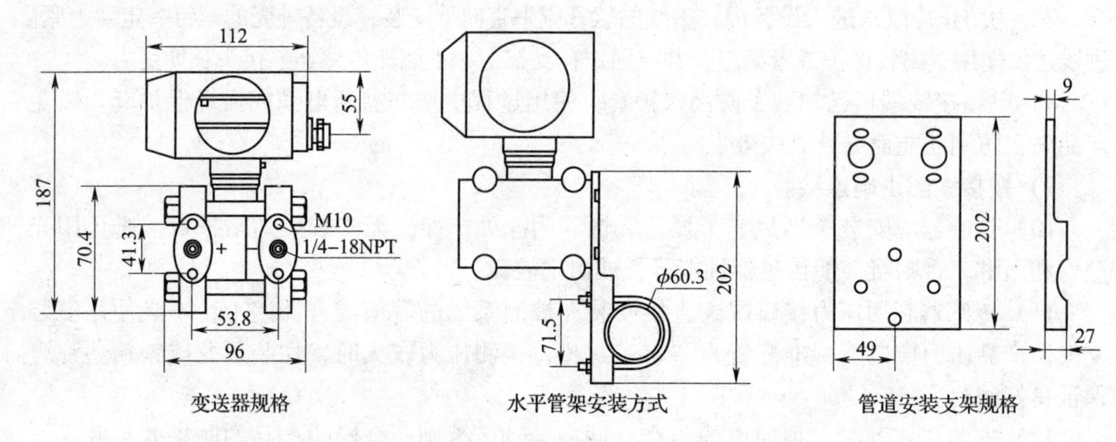

图5—21 E+H PMD235型智能差压传感器外形及安装支架规格

4）环境温度。-40～85℃。

5）介质温度。-40～85℃。

6）储存温度。-50～85℃。

7）温度影响（零点、满度）。0.04%（*0.03%）/10 K（-10～60℃）；0.1%（*0.03%）/10 K（-40～10℃或60～85℃）。

8）对信号的影响。±0.2% XTD+0.2%（-40～85℃）。

9）时间参数。热启时间为2 s，响应时间0.25～0.3 s（视量程而定）；上升时间（T90）为响应时间的1/3；阻尼时间为0～16 s（开关调节），0～40 s（HART手操器DXR275）。

10）静压影响。0.2%/10 MPa。

11）信号输出。叠加HART数字通信信号的4～20 mA线性或平方根模拟信号。

12）分辨率。优于10 μA。

13）电磁影响。抗干扰符合EN50082-2（E1993，VDE0839中81-2）标准，干扰传播符合EN50081-1（E1993，VDE0839中81-1）标准。

14）防护等级。IP65。

15）量程比。TD 20:1。

16）工作电源。45～115 VDC（标准型），30～115 VDC（隔爆型）。

17）电压波动。±2%。

18）自我监测。内部的微处理器能够对其自身传感器的工作状态、传感器的输出状态进行不间断的监测，任何变化和故障都将被计算机识别，并以故障代码的形式，通过现场数字显示器及手持终端予以输出显示和报警。

19）远程通信。叠加在4～20 mA输出电流信号线上的数字信号，在保证不影响传感器正常工作的状态下，实现对传感器的远程通信操作。用户可以利用手持终端远程传输、读取、显示和输入变送器的全部工作信息和附加信息，主要包括：浏览测量数据、工作组态、自监测诊断等信息。

（3）安装和维护。差压传感器安装的很多细节和压力传感器相似，另外还需要特别注

意以下几点：

1）差压传感器自重较大，应使用支架安装，或直接固定在墙壁上。应预留足够的操作调试空间，设备安装位置应易于拆装维修和调试。

2）排水管应引至地面或排水沟。

3）注意高低压端不得接反，加压时应先给高压，后给低压。单边加压，不允许超过最大使用压力。

4）传感器应垂直安装，并力求与取压点之间保持同一水平位置，避免引入由液位差所引起的附加误差。

5）严禁系统过载，被测压力不得超出压力保护极限。如输出信号异常，应停机检查。

6）注意保护传感器引出电缆。在工业现场使用时，建议使用金属管保护或者架空。切勿松动电缆引出端的密封螺母，避免潮气进入。

二、调节机构

设备监控系统的调节机构是电动二通阀及其执行机构的组合，用来控制流过空调机组的冷冻水的流量，从而控制空调机的冷量输出。

1. 二通阀

二通阀阀体材料为铸铁，主件材料为不锈钢，泄漏率不大于0.05%，连接方式为法兰连接，介质的工作温度为7℃，压力为1.2 MPa的冷冻水。

2. 执行机构

二通阀执行机构接收控制电信号，控制驱动设备（电动机或气动机）动作，实现推动二通阀阀体动作并精确稳定在目标行程（开度），同时输出对应当前行程（开度）的电信号。执行机构供电电源一般为24 ACV，50 Hz，控制信号为4～20 mA，信号反馈为4～20 mA，适用于冷应用环境，最高关断力、流量系数符合管路要求，开关行程时间小于30 s。

3. 二通阀安装注意事项

（1）二通阀两侧应安装检修用的截止阀，方便管道冲洗或二通阀拆装检修。当二通阀所属的主管道需要冲洗时，应把二通阀两侧的截止阀关闭，避免异物卡堵二通阀。

（2）一般将二通阀安装在空调机组的回水管道上。

（3）应注意提醒管道施工方面预留二通阀及其执行机构的安装位置，并考虑安装的高度，以满足阀和执行器的装拆、摇杆旋转、维修所需空间。

（4）因为二通阀执行机构重量较大，应尽量选择水平管道安装二通阀，避免垂直安装而令二通阀侧向受力。同时要求阀的中心线和两侧管道的中心线一致。

（5）设备标志方向与水流方向要一致。

（6）为防止冷凝水进入设备内，进线的软管应垂直向下安装，设备外壳的螺钉一定要上紧。

（7）严格区分二通阀的交流驱动电源与直流控制、反馈线路，按照端子图的编号接线，以避免接错线烧坏变压器和执行器。两种线路分开穿管敷设，避免交流线路干扰直流信号。

第五节 设备监控系统电源

设备监控系统常用的电源设备有不间断电源、变压器及开关电源等。

一、不间断电源

设备监控系统通常使用的不间断电源（UPS）为双重转换在线式，外形设计为机架式。为了满足用电设备的备用时间要求，UPS 设备一般由 UPS 设备本身及蓄电池组组成。

1. UPS 设备

（1）电气性能

1）电源设备的输入电源为单相交流电源，输入电压可调范围为 -15% ~10%。输入频率为 50 Hz ±4%（可调）。

2）输出为单相（220 V）三线制交流电源，输出波形为正弦波，变化范围为 ±2%（典型），频率为 50 Hz，变化范围 ±0.5%（电池模式下）。

3）输出频率为（50 ±0.5）Hz（电池逆变工作），输出波形失真度不大于 3%。

4）市电电池切换时间小于 4 ms，旁路逆变切换时间小于 4 ms（逆变器故障时），瞬变响应恢复时间不大于 40 ms（电池逆变工作）。

5）电源设备的效率大于等于 90%，输入功率因数不小于 0.9，输出功率因数大于等于 0.8。

6）电源设备工作噪声小于 55 dB。

7）设计使用寿命周期内，满负荷备用时间不低于 30 min。

（2）电源设备的电磁兼容性

1）传导干扰。在 150 kHz ~30 MHz 频段内，系统电源线上的传导干扰电平限值符合表 5—2 的要求。

表 5—2　UPS 系统电源干扰电平限值表

频率范围（MHz）	限值 dB（μV）	
	准峰值	平均值
0.15 ~0.5	79	66
0.5 ~30	73	60

2）磁辐射干扰。在 30 ~1 000 MHz 频段内，系统的电磁辐射干扰电平限值符合表 5—3 的要求。

表 5—3　UPS 电磁辐射干扰电平限值表

频率范围（MHz）	准峰限值 dB（μV/m）
30 ~230	40
230 ~1 000	47

（3）保护功能

1）电源设备具有输出短路保护功能，在输出负载短路时，立即自动关闭输出，同时发出声光报警信号。

2）电源设备具有输出过载保护功能，在输出负载超过额定负载时，发出声光报警；超出过载能力时，转为旁路供电。

3）在电源设备处于逆变工作方式、电池电压降至保护点时发出声光报警，停止供电。

4）电源设备的输出电压超过设定的电压（过压、欠压）值时，发出声光报警并转为旁路供电。

5）电源设备机内温度过高时，发出声光报警并转为旁路供电。

（4）遥测、遥信性能

1）电源设备具有 RS485 数据通信接口，支持标准开放的协议。

2）应能对电源设备的输入电压、输出电压、输出频率、蓄电池电压进行遥测。

3）电源设备提供 UPS/旁路供电、蓄电池放电电压低、市电故障、UPS 故障等信息。

4）电源设备具有定期对蓄电池组进行浮充、均充转换，电池组自动温度补偿及电池组放电记录功能。

（5）安全要求

1）电源设备接地装置与金属外壳间有可靠连接，连接电阻不大于 0.1 Ω。

2）电源设备的输入、输出端对地施加 500 V 直流电压时，绝缘电阻大于 2 MΩ。

3）电源设备的输入、输出端对地能承受 50 Hz、2 000 V 交流电压 1 min，漏电流小于 10 mA；或 2 800 V 直流电压 1 min，漏电流小于 1 mA，无击穿、无飞弧。

4）电源设备的对地漏电流不大于 3. 5 mA。

（6）可靠性要求。电源设备在正常使用环境条件下，平均无故障时间（MTBF）不小于 100 000 h（不含电池）。

2. 蓄电池组

蓄电池组电池正常工作环境条件为 0～45℃，蓄电池的壳、盖符合 GB/T 2408—2008 中的第 8. 3. 2FH－1（水平级）和第 9. 3. 2FV－0（垂直级）的要求。蓄电池静置 28 天后，其容量保持率不低于 96%。蓄电池在正常工作过程中，不能有酸雾逸出；在充电过程中遇有明火，内部不引燃、不引爆。蓄电池的安全阀有自动开启和关闭的功能，开阀压是 10～35 kPa，闭阀压是 5～15 kPa。蓄电池组进入浮充状态时，各蓄电池之间的端电压差不大于 90 mV（2 V）、240 mV（6 V）、480 mV（12 V）。单体蓄电池和由若干单体组成一体的组合蓄电池组，其中各电池间的开路电压最高与最低差值不大于 20 mV（2 V）、50 mV（6 V）、100 mV（12 V）。蓄电池的折合浮充寿命不低于 8 年。

3. 电池使用管理

（1）电池使用注意事项

1）避免过电流充电，充电电流应小于 0. 3 A。

2）避免电池短路或经常放电。

3）避免电池过电压充电。

4）避免电池长期闲置不用或使电池长期处于浮充状态而不放电。

5）避免深度放电，小电流放电会造成电池深度放电。

（2）电池智能管理

1）采用智能充电器，并可根据环境温度自动进行温度补偿，防止过充。

2）充电至浮充电压后，充电器会自动截止充电，避免电池长期处于浮充状态。

3）根据负载大小可自动调整放电时电池保护电压，可有效防止电池过放电。如负载为100%，单个电池保护点电压为9.5 VDC；如负载为10%，单个电池保护电压为11.0 VDC。

4）宽输入电压范围及智能升压电路减少了电池充放电的次数，延长电池寿命。

5）UPS可自动检测电池的容量，当电池容量不足或电池性能变差时，UPS会发出报警信号，确保不会由于电池故障引起UPS故障。

二、变压器

变压器是利用电磁感应原理，从一个电路向另一个电路传递电能或传输信号的一种电器，是电能传递或作为信号传输的重要元件。变压器的最基本形式包括两组绕有导线的线圈，并且彼此以电感方式结合一起。当一交流电流（具有某一已知频率）流于其中一组线圈时，于另一组线圈中将感应出具有相同频率的交流电压，而感应的电压大小取决于两线圈耦合及磁交链的程度。大部分的变压器均有固定的铁心，其上绕有一次与二次线圈。基于铁的高导磁性，大部分磁通量局限在铁心里。因此，两组线圈借此可以获得相当高程度的磁耦合。在一些变压器中，线圈与铁心紧密地结合，其一次与二次电压的比值几乎与两者的线圈匝数比相同。因此，变压器的匝数比一般可作为变压器升压或降压的参考指标。

图5—22是变压器的原理图，当一个正弦交流电压 U_1 加在一次线圈两端时，导线中就有交变电流 I_1 并产生交变磁通 Φ_1，它沿着铁心穿过一次线圈和二次线圈形成的闭合磁路。在二次线圈中感应出互感电动势 U_2，同时 Φ_1 也会在一次线圈上感应出一个自感电动势 E_1，E_1 的方向与所加电压 U_1 方向相反而幅度相近，从而限制了 I_1 的大小。为了保持磁通 Φ_1 的存在就需要有一定的电能消耗，并且变压器本身也有一定的损耗，尽管此时二次侧没接负载，一次线圈中仍有一定的电流，这个电流称为空载电流。

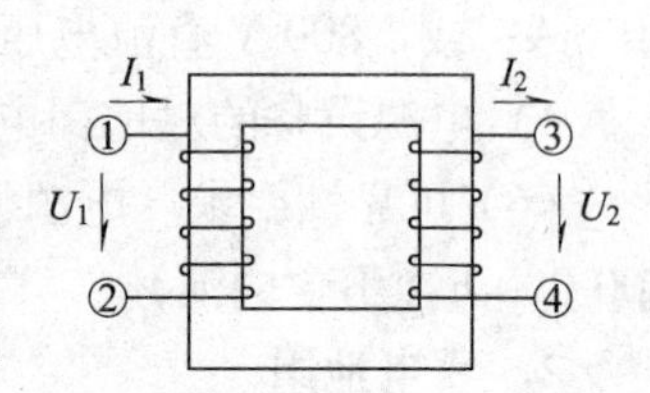

图5—22　变压器原理图

如果二次侧接上负载，二次线圈就产生电流 I_2，并因此而产生磁通 Φ_2，Φ_2 的方向与 Φ_1 相反，起了互相抵消的作用，使铁心中总的磁通量有所减少，从而使一次自感电压 E_1 减少，其结果使 I_1 增大，可见一次电流与二次负载有密切关系。当二次负载电流加大时，I_1 增加，Φ_1 也增加，并且 Φ_1 的增加部分正好补充了被 Φ_2 所抵消的那部分磁通，以保持铁心里总磁通量不变。如果不考虑变压器的损耗，可以认为一个理想的变压器二次负载消耗的功率也就是一次侧从电源取得的电功率。变压器能根据需要通过改变二次线圈的圈数而改变二次电压，但是不能改变允许负载消耗的功率。

变压器按用途可分为：输配电用的电力变压器，包括升、降压变压器等；供特殊电源用的特种变压器，包括电焊变压器、整流变压器、电炉变压器、中频变压器等；供测量用的仪用变压器，包括电流互感器、电压互感器、自耦变压器（调压器）等；用于自动控制系统的小功率变压器；用于通信系统的阻抗变换器等。设备监控系统常用的变压器主要是进行电

压转换，为传感元件或电动执行机构提供电源，主要是将 220 VAC 转换为 12 VAC 或 24 VAC。

三、开关电源

1. 工作原理

开关电源工作原理是将交流电压整流电路及滤波电路整流滤波后，变成含有一定脉动成分的直流电压，该电压进入高频变换器被转换成所需电压值的方波，最后再将这个方波电压经整流滤波变为所需要的直流电压，基本电路框图如图 5—23 所示。其中控制电路为一脉冲宽度调制器，它主要由取样器、比较器、振荡器、脉宽调制及基准电压等电路构成。控制电路用来调整高频开关元件的开关时间比例，以达到稳定输出电压的目的。

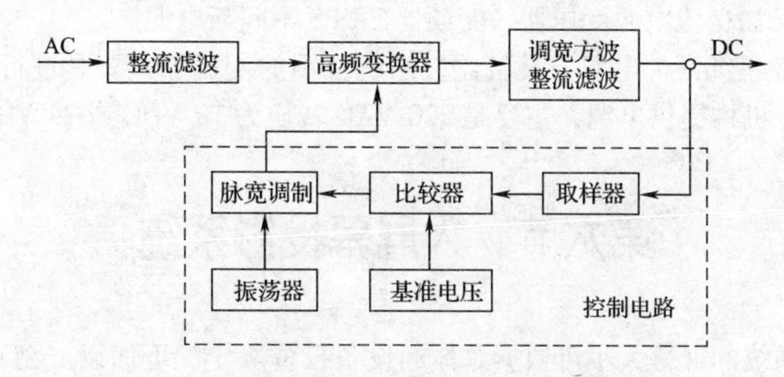

图 5—23　开关电源基本电路原理框图

交流电源输入时一般要经过扼流圈一类的设备，过滤掉电网上的干扰，同时也过滤掉电源对电网的干扰。在功率相同时，开关频率越高，开关变压器的体积就越小，但对开关管的要求就越高。开关电源一般还具有一些保护电路，比如空载、短路等保护，避免烧毁开关电源。

2. 开关电源的优缺点

（1）开关电源的优点

1）功耗小，效率高。在开关电源电路中，晶体管交替地工作在导通—截止和截止—导通的开关状态，转换速度很快，频率一般为 50 kHz 左右，甚至高达几百或者近 1 000 kHz，这使得开关晶体管的功耗很小，电源的效率可以大幅度地提高，其效率可达到 80%。

2）体积小，重量轻。开关电源不需要工频变压器，并且调整管耗散功率较低不需要大的散热片，滤波电容的容量和体积大为减少，使开关电源的体积小，重量轻。

3）稳压范围宽。开关电源的输出电压是由激励信号的占空比来调节的，输入电压的变化可以通过调频或调宽自动进行补偿，能够保证有较稳定的输出电压。

4）滤波的效率大为提高，使滤波电容的容量和体积大为减少。开关稳压电源的工作频率目前基本上是 50 kHz，是线性稳压电源的 1 000 倍，这使整流后的滤波效率几乎也提高了 1 000 倍。相同的纹波输出电压下，采用开关稳压电源滤波电容的容量只是线性稳压电源中滤波电容的 1/500 ~ 1/1 000。

（2）开关电源的缺点

1）开关干扰。开关稳压电源中，功率调整开关晶体管在工作时，产生的交流电压和电流通过电路中的其他元器件产生尖峰干扰和谐振干扰，同时开关稳压电源振荡器没有工频变压器的隔离，这些干扰就会窜入工频电网，使附近的其他电子仪器、设备和家用电器受到严重干扰。

2）高压电解电容器、高反压大功率开关管、开关变压器的磁心材料等器件工作不够稳定，影响开关电源的可靠性。

3. 开关电源应用

（1）开关电源形式

1）AC—DC。如个人用、家用、办公室用、工业用（计算机、传真机、充电器）。

2）DC—DC。如可携带式产品（移动电话、笔记本电脑、摄影机，通信交换机二次电源）。

3）DC—AC。如车用转换器（12～115/230 V）、通信交换机振铃信号电源。

4）AC—AC。如交流电源变压器、变频器、UPS不间断电源。

（2）设备监控系统开关电源。设备监控系统常用的变压器主要是进行电压转换，为传感元件或电动执行机构提供电源，主要是220 VAC转换为12 VDC或24 VDC。

第六节 大屏幕投影系统

大屏幕投影系统的屏幕大小可根据总体的设备投资决定，下面以威创4×2大屏幕作为实例进行说明。

一、系统组成

投影拼接墙由8套VTRON公司的Visionpro® XGA DLP一体化显示单元拼接而成（横向2排，纵向4列），整套大屏幕投影显示由以下几部分组成。

（1）60” 4×2 Visionpro® DLP显示单元。

（2）Visionlink信号处理板。

（3）Digicom大屏幕投影系统处理器。

（4）大屏幕投影应用管理系统（VWAS）软件。

二、系统主要设备连接关系（见图5—24）

大屏幕投影系统各组成部分的功能和关系：

（1）4×2 DLP显示单元拼接墙作为最终显示设备。

（2）大屏幕投影系统的视频信号来源可以是Visionlink信号处理板，也可以是Digicom大屏幕投影系统处理器。

（3）通过Visionlink信号处理板配合Video或RGB矩阵，用以收集和分配视频信号，再将视频直通显示在单独的DLP单元或多个DLP组合。

（4）通过Digicom大屏幕投影系统处理器，配合安装在内的大屏幕投影应用管理系统（VWAS）软件，通过RGBHV通道，灵活应用DLP大屏幕投影。

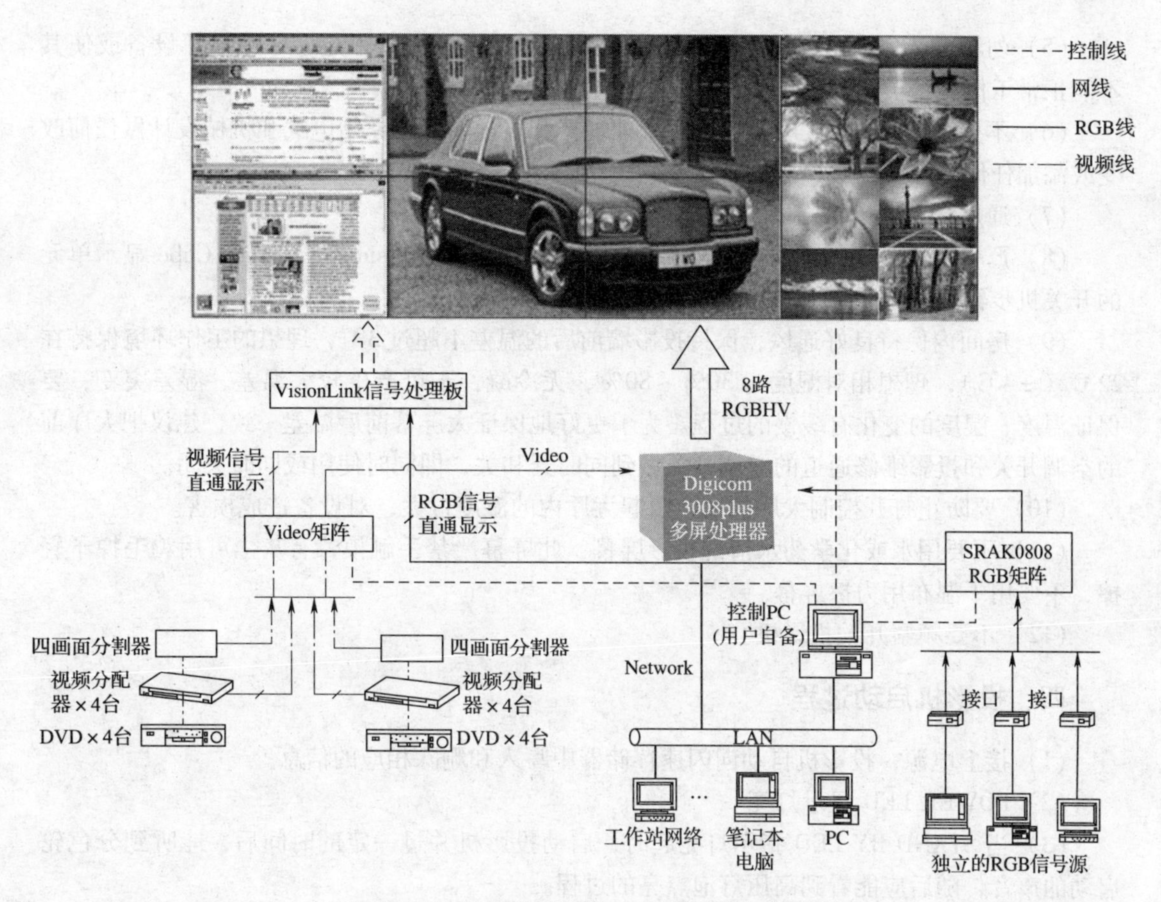

图 5—24 大屏幕投影系统主要设备连接关系图

(5) 配置控制 PC，可以通过 VWAS 控制 Digicom 大屏幕投影系统处理器，从而扩展出远程控制终端。

(6) 通过 Network 接入 Digicom 大屏幕投影系统处理器（Server）的其他计算机（Client），可以安装显示墙系统网络显示软件（Vlink），实现在大屏幕投影上显示 Client 机的视频信号。

三、使用注意事项

在进行日常维护和故障排除过程中必须遵守下列安全规定，对于保护人身安全和使设备免遭损毁是十分重要的。

(1) 在断开或连接系统设备之间的任何电气插头座或其他连接之前，始终要注意检查系统是否已经关机，系统电源线是否已从电源插口拔出。

(2) 在进行维护和故障排除之前，一定要检查 Digicom 大屏幕投影系统处理器、Visionpro Display Cube 显示单元及与它连接的设备是否具有和保持着完善的接地。

(3) 不要随意打开 Digicom 大屏幕投影系统处理器和显示单元的顶盖。机箱内部没有用户可以维修的部件。

(4) 数字显示拼接墙系统之上及其附近，不得喷撒任何化学品或其他液体。

（5）勿将可产生高温、潮湿的电器或物品放置在系统设备附近，以免损坏设备或使其不能正常工作。

（6）不要对 Digicom 大屏幕投影系统处理器和显示单元的原始电气和机械设计做任何改变或添加任何部件。

（7）通风孔和通风槽之中及其上面，不得搁置任何东西。

（8）严格遵守规定的 Digicom 大屏幕投影系统处理器和 Visionpro Display Cube 显示单元的开关机步骤。避免非法操作。

（9）房间内保持良好通风，保持投影墙前后的温差不超过3℃，理想的工作环境保持在22℃（±4℃），理想相对湿度为30%～80%，无冷凝，不可产生较大温差、湿差突变，要保证温度、湿度的变化有缓慢的过程。为了更好地保证大屏幕前后温差一致，建议把大厅前的空调开关和投影维修通道的空调开关做到同时开和关，即同时使用或同时关闭。

（10）要防止打开控制大厅的窗户引起大厅内的湿度过大，对设备造成损害。

（11）不要用水或化学药水清洗投影屏幕，此屏幕严禁手触摸，有灰尘可用鸡毛掸子轻擦，不要用干湿布用力擦屏幕。

（12）不要频繁开关投影机。

四、投影机启动过程

（1）接上电源，投影机自动向闪速存储器中写入和删除相应的信息。

（2）POWER LED 显示灯亮。

（3）当 STAND BY LED 指示灯亮起时，启动投影机并过一定的时间后，能听到分色轮启动的声音，随后应能看到高压灯泡点亮的过程。

第六章

设备监控系统检修及故障处理

第一节　设备监控系统检修

一、操作控制设备

1. 工作站检修

（1）检查电源电缆是否整齐牢固

1）使用万用表检查系统工作站配电电源是否为220 VAC（±5%）。

2）电缆是否有破损。

3）电缆标志是否清晰牢固。

4）电缆固定、包扎是否整齐。

5）所有设备的电源工作状态显示灯是否正常亮。

（2）检查网络电缆是否整齐牢固

1）电缆是否有破损。

2）电缆标志是否清晰牢固。

3）电缆固定、包扎是否整齐。

4）所有设备的工作状态显示灯是否正常亮。

（3）检查与控制器通信是否正常

1）使用万用表检查系统控制器电源是否正常。

2）控制器工作状态显示灯是否正常亮。

3）标志是否清晰牢固。

（4）检查设备监控功能是否正常

1）检查系统工作站操作系统是否正常。

2）检查系统工作站监控软件是否正常。

3）检查系统工作站图页显示是否和现场设备一致，运行工况是否符合工艺要求。

（5）系统病毒防护

1）查询系统自动杀毒记录。

2）在官方网站获取病毒库升级包，运行升级。

3）手动启动杀毒，全面查杀计算机病毒。

（6）清洁操作台面及周边卫生。对计算机开箱进行清洗吸尘工作，可使用一些专用的清洁喷剂，但要注意待喷剂完全挥发，设备上没有结露后方可上电。

（7）检测车站级之间和与中央级的通信是否正常

1）检查各车站的连接情况，在工作站计算机上使用“ping”命令检查各车站通信连接成功率。

2）检查中央级各车站的图页显示是否和现场设备一致。

（8）检测本车站级设备监控系统各级网络控制器通信是否正常

1）检查车站级内主控制器间的通信情况，查询相关的历史记录。

2）主控制器与各功能模块、远程 I/O 模块的通信情况，查询相关的历史记录。

（9）检查工作站时钟同步情况。查询与主时钟系统连接的工作站或控制器内的时间与主时钟系统时间是否一致。

（10）数据库备份。把数据库文件备份到不同的磁盘分区上。定期将备份出来的数据库文件刻录在 CD－R 或 DVD－R，做好标记并存放在专业资料室。

2. 工作站安装

（1）安装前准备整洁宽敞的工作场所，释放人体的静电，安装过程不得带电进行。

（2）确保组件良好，不使用有明显异常的设备，避免损坏其他组件。

（3）确保机箱稳固无变形。

（4）安装电源模块，把模块输出线收束好。

（5）正确安放主板，紧固安装螺钉。

（6）打开主板上 CPU 插座的固定杆，安装 CPU，注意针脚上的方向限制，待 CPU 完全安放好后，合上 CPU 插座的固定杆；安装 CPU 散热器，个别产品须在与 CPU 接触的一面人工涂抹散热硅胶。

（7）安装内存卡，注意安装方向性，并优先插入主板的 DIMM1 槽。

（8）安装网卡、显示卡、声卡等扩展卡。

（9）安装硬盘驱动器和其他光磁驱动器，注意驱动器的主从跳线设置，安装须稳固，连接线布置合理，不干扰其他部件。

（10）连接电源模块的输出线，连接线布置合理，不干扰其他部件，尤其不可妨碍机箱内部风扇的转动。

（11）连接机箱的开关和指示灯、蜂鸣器等接线。

（12）连接键盘、鼠标和显示器，注意主板 PS/2 键盘和鼠标接口的区别，紫色为键盘接口，绿色为鼠标接口，并需要注意接口的插接方向性。

（13）连接电源开机调试。

3. 综合应急操作盘

(1) 控制柜外观检查

1) 检查消防联动柜外观是否完好，安装是否牢固。

2) 抽风设备良好，设备干燥。

3) 测试手自动转换开关，以检查手自动切换是否正常，灯指示是否正常。

(2) 模块外观检查

1) 观察电源指示灯闪烁情况，判断是否异常。

2) 观察模块工作指示灯闪烁情况，判断是否异常。

(3) 检查模块安装是否紧固

1) 检查消防联动柜的模块是否有松动的现象，对有松动的模块进行紧固处理。

2) 检查消防联动柜的接线是否有松动的现象，对有松动的接线进行紧固处理。

(4) 检查模块发热情况是否正常。

(5) 检查并紧固光纤、网络电缆、电源电缆及信号电缆的连接。

(6) 模块除尘清洁

1) 用羊毛扫打扫消防联动柜，使得消防联动柜上面无明显的积尘。

2) 使用吸尘器清理柜内灰尘。

(7) 测量进线电源电压，使用万用表测量电源电压，正常应为220 VAC（±5%）。

(8) 测量24 VAC/DC开关电源电压，使用万用表测量输入电压应为220 VAC（±5%），输出电压应为24 VDC（±5%）。

(9) 测试模式是否正确

1) 按下消防联动柜上相应的模式。

2) 检查指示灯是否正确。

3) 在工作站上查看是否按所发出的模式指令正确执行。

4) 查看模式执行时，消防联动柜上的指示灯是否闪烁正常。

4. 辅助外设

(1) 打印机

1) 设备外观。检查外观是否完好，工作时有无异响和异味，清洁设备外表。

2) 打印测试。各品牌的打印机打印测试页方法参见打印机说明书。

(2) UPS。具体参考系统电源。

二、通信网络

1. 外观检查

(1) 清洁机柜表面污渍。

(2) 清洗干燥柜底防尘网。

(3) 检查机柜是否有锈蚀现象。

(4) 机柜内异物检查。

2. 检查设备安装

(1) 检查设备是否有松动的现象，对有松动的接线进行紧固处理。

（2）检查设备的电源、超5类线缆、光纤等接线是否有松动的现象，对有松动的接线进行紧固处理。

（3）检查散热风扇是否有松动的现象，对有松动的风扇进行紧固处理。

3. 状态及通信指示灯

（1）观察电源指示灯闪烁情况，判断是否异常。

（2）观察设备工作指示灯闪烁情况，判断是否异常。

（3）检查设备发热情况，应无异常过热。

（4）测量供电电源电压应为24 VDC（±5%）。

（5）测量接地点对地电阻应不大于4 Ω。

（6）除尘清洁，清理设备表面。

（7）检查所有交换机跳线开关设置，应符合正确工作参数设置要求。

三、控制器

1. 控制器电源模块

（1）检查模块外观。

（2）观察通信指示灯闪烁情况，判断是否异常。

（3）检查模块安装是否紧固。

（4）检查并紧固模块供电线缆连接。

（5）检查模块发热情况是否正常。

（6）测量输入电压应为220 V（±5%）。

（7）测量接地点对地电阻不大于4 Ω。

（8）模块除尘清洁。

2. CPU/PCU模块

（1）检查模块外观。

（2）观察状态指示灯闪烁情况，判断是否异常。

（3）检查模块安装是否紧固。

（4）检查并紧固网络电缆连接。

（5）检查模块发热情况是否正常。

（6）模块除尘清洁。

3. I/O模块

（1）检查模块外观。

（2）检查模块安装是否紧固，锁紧开关处于锁紧位置。

（3）检查并紧固模块供电线缆连接。

（4）检查模块发热情况是否正常。

（5）测量输入电压应为220 V（±5%）。

（6）测量接地点对地电阻不大于4 Ω。

（7）模块除尘清洁。

4. 控制箱柜

（1）箱柜外观

1）外观检查。检查设备对上的风管或线槽是否有冷凝水滴下，对环控机房和冷水机房的控制箱更应加强巡视。

2）检查固定情况。

3）运行环境。箱柜所在设备房湿度不能大于 90%，对箱柜设备进行维护后一定要将箱柜门锁紧，以防冷气进入箱柜内形成结露损坏设备，箱柜内温度不能大于 39℃。

（2）箱柜内部

1）检查门校。包括门校固定螺钉的紧固情况。

2）门锁检查。包括门锁固定螺钉的紧固情况及转动是否灵活。

（3）箱柜布线

1）测量空气开关输入电源电压应为 220 VAC（±5%）。

2）检查并紧固柜内所有电缆接线。

3）检查光电转换器发热情况是否正常。

4）检查柜内光纤（含尾纤、跳线）是否损伤，有无过度弯曲。

注意：使用一些专用的清洁喷剂，但要注意待喷剂完全挥发，设备上没有结露后方可上电。

四、传感器

1. 外观检查

（1）观察传感器安装是否牢固，管路安装点是否渗漏，工作时有无异响和异味，清洁设备外表。

（2）清洁设备外观，设备需要保温棉保护时保温棉是否完整。

（3）设备周围是否有可能会影响设备正常工作的因素，如异常灰尘、漏水、异物等。

（4）设备工作环境是否变化，如安装环境用途改变等。

2. 检查输出信号是否正常

（1）根据端子表查询传感器输出端子排、端子编号。

（2）使用万用表电压挡测量传感器的输出电压或电流挡测量传感器的输出电流，粗略算出对应的传感器读数。传感器输出标准信号为 4～20 mA 或 0～10 VDC。

（3）根据现场情况初步判断传感器信号属于正常范围。

3. 检查并紧固电缆接线

（1）电源线缆。理顺配传感器电源电缆及电缆标牌，紧固开关下桩、变压器进线、出线端电源线缆的固定螺钉。

（2）信号线缆。理顺配传感器信号电缆及电缆标牌，紧固传感器输出线缆及控制器 I/O 输入线缆的固定螺钉。

4. 零位反馈信号检查

（1）检查输出信号是否正常。

（2）模拟传感器零位反馈条件，使用万用表电压挡测量传感器输出电压或电流挡测量输出电流是否为传感器的最高或最低值。一般差压传感器零位设置是将连通阀全部打开进行设置。

5. 传感器表面清洁

（1）拆除传感器外壳，使用毛刷清扫外壳上面的灰尘。

（2）表面污渍无法清扫的，使用专用的清洁剂，如百洁灵等进行清洁；使用喷剂时需要待喷剂完全挥发，设备上没有结露后方可上电。

6. 精度校验

（1）软件校验

1）使用标准仪表在传感器同一位置进行检测，至少测量5 min得出稳定的度数。

2）与车站工作站显示终端显示度数进行对比。误差在5%内的偏移使用设置偏移量或调整斜率等参数进行进度调整。

3）调整后观察30 min，观察调整效果，如偏差较大重复上述两个步骤。

4）误差偏移大于5%时，使用专用工具校验或拆下送至专门的计量单位进行校验。

（2）专用工具校验

1）选择传感器厂家合适的专用校验标准仪表。

2）使用专用的连接电缆连接标准表与传感器，至少测量5 min得出稳定的度数，进行校验，具体校验操作参看校验标准表的操作规程。

五、二通阀及执行机构

符合设备监控系统性能指标的执行机构种类繁多，下面以西门子SKC62为例作进一步介绍。

1. 操作

（1）SKC62执行器外形及开关状态，如图6—1所示。

a)

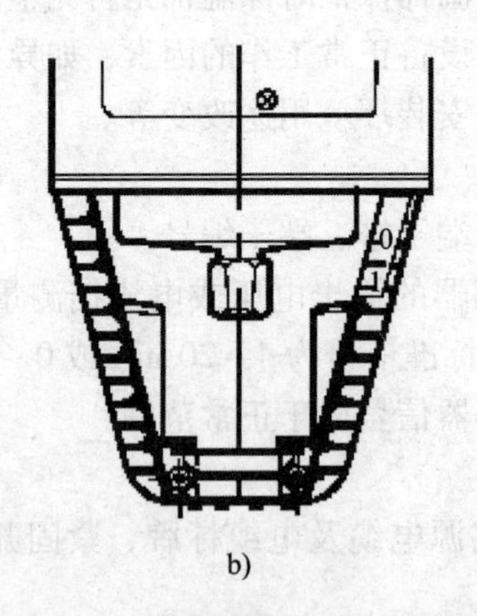
b)

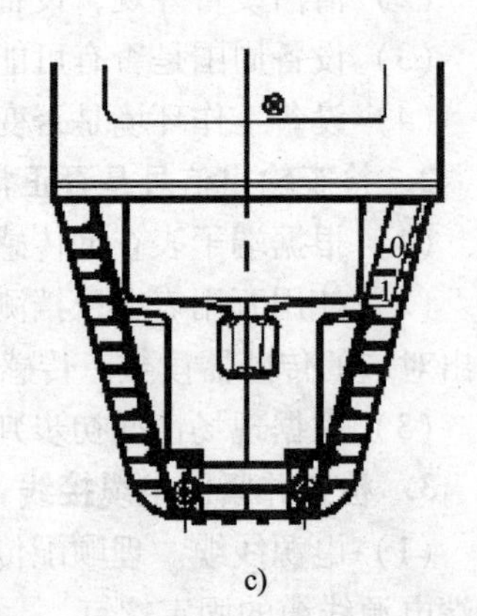
c)

图6—1　SKC62执行器外形及开关状态
a）外形　b）全关状态　c）全开状态

（2）电动操作。电动操作时需把摇柄逆时针摇到刻度显示空白位置并合上，如图6—2所示。

（3）手动操作。手动操作时需把摇柄掀起，如图6—3所示，顺时针转动时为开操作，反之为关操作。

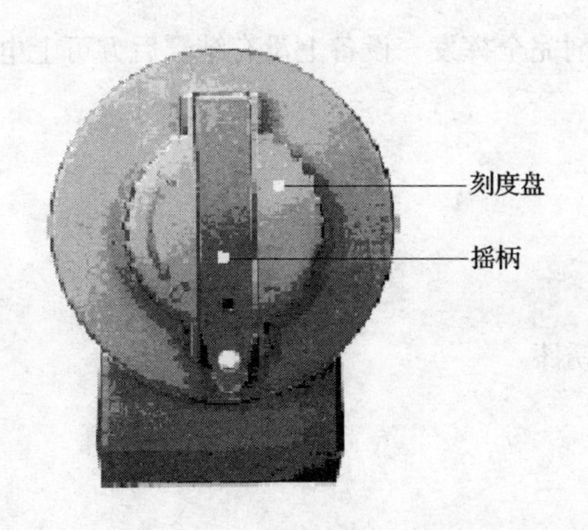

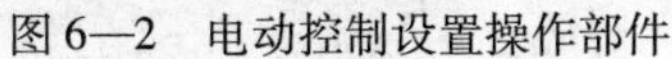

图6—2　电动控制设置操作部件

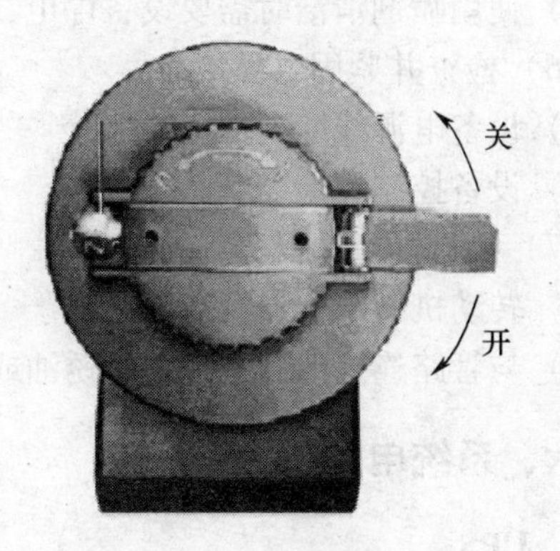

图6—3　手动控制设置操作

2. 检修

（1）外观检查

1）观察执行机构安装是否牢固，工作时有无过热、异响和异味。

2）清洁设备外观，设备需要保温棉保护时保温棉是否完整。

3）设备周围是否有可能会影响设备正常工作的因素，如异常漏水、异物等。

4）设备工作环境是否变化，如安装环境用途改变等。

（2）由工作站分别输出开度0%、5%、50%、100%，并检查控制器接收反馈值是否正确

1）将检修设备的旁路设备打开，避免检修工作影响设备的正常运行。

2）在工作站计算机人机界面中将该设备的控制权设置为“手动”。

3）输入0并下载执行，待执行器执行到位后对比控制命令与反馈值。系统执行器的行程时间为30 s。

4）重复步骤3)，输入5、50、100，对比控制命令与反馈值。

5）恢复设备为自动控制状态，将旁路设备恢复原状。

（3）检查电源供电

1）根据竣工图查询传感器输出端子排、端子编号。

2）使用万用表电压挡测量设备配电电源电压，系统配电为220 VAC，偏移电压为5%。

3）使用万用表电压挡测量执行机构使用的24 VAC电源，偏移电压为5%。

（4）测量二通阀反馈电压和控制电压是否在正常范围内

1）根据竣工图查询执行机构的输入、输出端子排、端子编号。

2）使用万用表电压挡测量控制电压，常用的执行机构控制电压为0～10 VDC或2～10 VDC。

3）使用万用表电压挡测量执行机构反馈信号，执行机构的反馈信号为4～20 mA或0～10 VDC。

4）比较控制命令和执行机构反馈。

（5）清洁二通阀执行器

1）使用毛刷或不脱毛软布清扫外壳上的灰尘。

2）表面污渍无法清扫的，使用专用的清洁剂，如百洁灵等进行清洁。

3）使用喷剂清洁时需要设备停电，待喷剂完全挥发，设备上没有结露后方可上电。

（6）检查并紧固电缆接线

1）设备电源线缆。

2）设备控制反馈线缆。

（7）执行器上油保养

1）转动机械部分加润滑油。

2）与管路连接部分适当加防锈油或涂防锈漆。

六、系统电源

1. UPS

（1）外观检查

1）观察工作时有无异响和异味。

2）设备周围是否有可能会影响设备正常工作的因素，如异常漏水、异物等。

3）设备工作环境是否变化，如安装环境用途改变等。

（2）检查指示灯指示状态。状态指示灯全为绿色显示正常，报警等显示红色或闪红为有故障，可查看故障代码，具体故障代码可参看设备说明书。

（3）通风检查

1）运行环境温度。UPS 设备正常运行温度为 10 ~ 39℃，通常 UPS 房间设计温度为 26℃。

2）设备散热

①查看散热风扇是否运转，如使用的是变频风扇在负荷低于 20% 时可能会停止运行，靠设备本身散热就可以满足要求。

②查询设备自检内部温度是否正常，具体操作参见设备说明书。

（4）检查设备各开关状态。开关包括电源开关、旁路开关等开关是否处于正常运行状态。

（5）逆变输出功能测试。只有动态双变换的 UPS 设备才需做此功能测试。

1）将系统被控设备控制权转换到“环控”，做好设备逆变失败的防护。

2）在设备功能菜单中选择逆变功能测试，按确认键进行测试。

（6）UPS 清洁

1）清除表面尘埃需用不脱毛软布或其他类似材料，有机溶剂会引起设备腐蚀。

2）表面污渍无法清扫的，使用专用的清洁剂，如百洁灵等进行清洁。

3）使用喷剂清洁时需要设备停电，待喷剂完全挥发，设备上没有结露后方可上电。

4）内部清洁须将设备切换到旁路运行模式。

5）拆除设备外壳。使用万向吹风机清除设备灰尘。

6）恢复设备外壳及切换正常运行模式。

（7）紧固 UPS 输入、输出电缆及主机与电池柜连接电缆，检查电缆是否有破损，必要时使用兆欧表测量线间绝缘。

2. 电池组

UPS 蓄电池的检修工具有万用表、套筒扳手、活扳手、扭矩扳手、内阻表及定电流负载试验组件等。

（1）运行环境温度。UPS 设备正常运行温度为 10～39℃，通常 UPS 房间设计温度为 26℃。

（2）整体外观和电池组电池架或柜、放电池区及可到达地方的清洁状况，清除表面尘埃需用不脱毛软布或其他类似材料（禁用有机溶剂）。

（3）检查连接处有无松动发热和腐蚀现象，电池柜是否有锈蚀的痕迹，若有应及时清理，做好防锈措施。

（4）电池是否有裂纹或电解液泄漏，外观是否变形，极柱安全阀周围是否有酸雾逸出。

（5）电池组浮充电压、浮充电流，各电池单体的浮充电压，并把各电压记录归档。

（6）单只电池的内阻值，把记录值同以前的数值进行比较。

（7）电池组更换安装

1）组装电池箱。

2）安装电池开关。

3）测量所有电池电压，电压偏移小于 0.2 V，将电池分层摆放在层架上，电池间隔至少保持 10 mm。

4）从电池开关下桩引出线缆，将电池逐个连接进行串联，在安装过程中要注意绝缘。

5）连接完毕，测量电池总电压是否为 240 VDC。

6）连接电池组与 UPS 电缆插座，做好固定并进行标志编码。

注意：不要把不同种类的蓄电池混合使用。

（8）容量测试

1）负载方式。可使用实际负载或专业放电仪对电池进行放电，考察放电时间。

2）容量测试。设定放电终止电压，恒流（或接近）放电，记录电池到终止电压时的放电时间与厂家提供的恒电流放电数据对比。

3. 变压器

（1）外观检查

1）观察变压器安装是否牢固，工作时有无异响和异味。

2）设备周围是否有可能会影响设备正常工作的因素，如异常漏水、异物等。

3）设备工作环境是否变化，如安装环境用途改变等。

（2）检查并紧固输入输出电缆，理顺电缆及电缆标牌。

（3）除尘清洁，使用毛刷清除设备灰尘，最好使用吸尘器吸尘。

4. 开关电源

（1）检查设备外观。工作时有无异响和异味；设备周围是否有可能会影响设备正常工作的因素，如异常漏水、异物等；工作环境是否变化，如安装环境用途改变等。

（2）检查设备安装是否紧固。

（3）检查并紧固设备输入及输出电源电缆连接。

（4）检查设备发热情况是否正常。

(5) 测量输入电压应为220 VAC（±5%）。

(6) 测量输出电压应为24 VDC（±5%）或15 VDC（±5%）。

(7) 测量接地点对地电阻应不大于4 Ω。

七、大屏幕投影系统

(1) 外观检查。

(2) 检查设备安装是否紧固。

(3) 检查显示信息是否正确。

(4) 检查并紧固电源电缆、通信电缆连接。

(5) 除尘清洁。

第二节　设备监控系统故障处理

一、系统工作站

1. 常见硬件故障现象和原因

(1) 工作站主机无法开机

1) 电源故障。

2) 主板、CPU等关键部件故障。

(2) 显示器无法开机

1) 外部供电故障、电缆损坏；

2) 显示器内部故障。

(3) 显示器无法正常显示信息

1) 显示器内部故障。

2) 主机显示卡故障。

3) 显示器与主机的接口或连接电缆损坏。

(4) 鼠标、键盘等输入设备失灵

1) 输入设备故障。

2) 设备与主机的接口或连接电缆损坏。

2. 硬件故障的判断和处理

(1) 计算机通电开机时，主板BIOS根据不同自检情况会有相应的报警提示鸣音，不同的BIOS芯片提示音代表的信息各异，请结合主板说明资料判断。

(2) 排除不明硬件故障导致的不能开机，宜采取“最小系统”逐步排除，即仅保留电源、主板、CPU、内存、显示卡、显示器，甚至不连接键盘、鼠标，然后尝试开机逐个排查。

(3) 一般正常情况下，短促鸣响一声，这是系统自检通过，系统正常启动的提示音。

(4) 若按下开机键，机器无法启动，电源风扇不转动。检查220 V输入电源和电源模

块，检查开机按钮及其与主板的连接。

（5）若按下开机键，机器无法启动，电源模块已启动，但机箱指示灯和蜂鸣器无响应，检查主板和电源模块。

（6）若按下开机键，机器无法启动，电源模块已启动，机箱电源指示灯亮起，但蜂鸣器无鸣音，检查 CPU。

（7）若按下开机键，机器无法启动，电源模块已启动，机箱电源指示灯亮起，但蜂鸣器有不正常鸣音，结合 BIOS 报警音信息指示，检查内存、显示卡等组件，也要留意 CPU 的散热情况。

（8）若按下开机键，机器已启动，但显示器无显示，检查显示器及其电源、与主机显示卡的连接。

（9）显示器显示不正常，检查显示卡及其接口、显示器连接线缆。

（10）若机器启动后，键盘的指示灯常亮或不亮，BIOS 启动画面有相应的键盘错误报警信息，检查键盘或其与主板的连接。

（11）若机器启动后，BIOS 启动画面有相应的硬盘错误报警信息，检查硬盘或其与主板的连接、电源模块的供电情况。

查明故障部件以后，更换兼容设备即可。更换过程必须注意在插拔设备前要关机停电，严禁带电操作。有部分设备如主板、显示卡等，新更换的产品芯片组与原来不同的，可能要使用新设备驱动程序才能正常工作。

二、通信网络

1. 常见的网络故障现象

（1）网络节点间无法相互访问。

（2）网络节点间数据传输出错。

（3）网络节点间数据传输效率低下。

2. 网络故障一般原因

（1）设备故障。

（2）线路故障。

（3）连接接口有物理损坏或灰尘异物。

（4）设备工作环境不良（过热、过冷、振动），光纤受到拉扯或弯折。

（5）设备和线路受到电磁干扰。

（6）软件问题。设置错误导致冲突，遭受病毒攻击等。

3. 故障处理

网络故障多数与硬件有关，如电缆、中继器、集线器、交换机及网卡等。对于以太网典型故障的查找，一般过程如下：

（1）收集一切可以收集到的有价值的信息，分析故障的现象。查询历史事件记录中相关的记录，初步判断故障点，有效缩小查找范围。

（2）将故障定位到某一特定的网段，或者是单一独立功能组（模块），也可以是某一用户。先把故障细分或隔离在一个小的功能段上，即首先排除最大的简单段，从任何一个方便的、靠近问题的站点出发，利用二分法隔离障碍，再继续使用二分法直至把故障划分到最小的单位。

（3）确认到底是属于特定的硬件故障还是软件故障。

（4）动手修复故障。

（5）验证故障确实被排除。

如果某个部件出了问题，最好不要立即去替换它，除非能肯定故障的来源。故障查找要注意一些事项，由于以太网采用通用总线拓扑结构以及物理层可扩展的潜在问题，所以某个特定物理层的问题会以不同的方式显现出来，由于采用的测试手段、位置和环境不同，显示出的现象也常常矛盾。

4. 故障实例分析

故障种类繁多，下面就不能访问服务器或某项服务进行故障实例分析，指导故障分析思路。要测试一下这个故障是否只影响该工作站（本地故障）还是会影响其他站点（大范围故障），可以通过其他工作站来证明这一点。如果故障在同一网段或 HUB 上的其他站点也存在故障，就试着从其他的网段或 HUB 上的站点进行测试。

（1）本地故障。在进行硬件故障查找以前，要确认其他用户也不能连接到这台机器上，这就排除了用户账号的错误。对一个单一的站点来说，典型的故障多发生在坏的电缆、坏的网卡、驱动软件，或是工作站设置不正确等问题上。

（2）全局问题。通常来说，在同轴网中的物理层故障会导致灾难性的网络故障。使用二分法来查找这类故障是可以很快定位解决的。间歇性故障是比较难以隔离的。

（3）电缆连接问题。目测连接性，检查连接性常用的方法就是检查 HUB、收发器以及近期出产的网卡上的状态灯。如果是 10BASE5 的电缆，要仔细检查所有的 AUI 电缆是否牢固的连接，锁要同时锁牢，很多问题只要简单地把未接牢的部分重新紧固就解决了；在检查物理层的问题时，要注意受损的电缆、不正确的电缆类型、未压接好的 RJ－45 水晶头或未插接牢的 BNC 头。对怀疑有问题的电缆可以用一般的电缆测试仪进行测试。

（4）服务器连接的完整性问题。如果在链路层上是完好的，那么就要检查协议方面是否有什么问题会影响服务器和工作站之间的通信。使用专业仪表或对服务器进行几次 ping 测试，要确认请求信号与返回的响应信号数目相等，结果不一致则表明有时好时坏的网卡或 HUB 的故障导致帧的丢失。临界状态和已坏的桥或路由器也可以用此方法很快定位。

三、控制器

1. 常见故障现象

（1）不能正确监视设备状态。

（2）不能正确控制设备。

（3）有系统内部设备相关报警信息。

（4）系统时间不正确。

（5）无法连接其他接口设备。

（6）系统显示的设备状态信息没有如常周期性更新或者明显不符合逻辑。

2. PLC 故障类型分析

PLC 控制系统主要由 CPU、输入输出控制和通信部分组成，如图 6—4 所示。因为 PLC 本身的故障可能性极小，系统的故障主要来自外围的元部件，这类故障可分为输入故障、操作人员的操作失误。

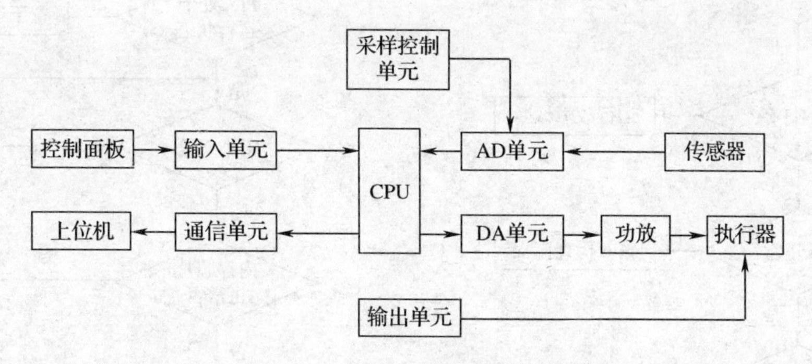

图 6—4 PLC 内部功能单元结构示意

（1）PLC 控制系统故障的宏观诊断。故障的宏观诊断是根据经验，参照发生故障的环境和现象来确定故障的部位和原因。PLC 控制系统的故障宏观诊断方法如下：

1）使用不当引起的故障。如属于这类故障，则根据使用情况可初步判断出故障类型、发生部位。常见的使用不当包括供电电源故障、端子接线故障、模板安装故障、现场操作故障等。

2）如果不是使用故障，则可能是偶然性故障或系统运行时间较长所引发的故障。对于这类故障，可按 PLC 的故障分布依次检查、判断故障。首先检查与实际过程相连的传感器、检测开关、执行机构和负载是否有故障，然后检查 PLC 的 I/O 模板是否有故障：最后检查 PLC 的 CPU 是否有故障。

3）在检查 PLC 本身故障时，可参考 PLC 的 CPU 模板和电源模板上的指示灯。

4）采取上述步骤还检查不出故障的部位和原因，则可能是系统设计错误，此时要重新检查系统设计，包括硬件设计和软件设计。

（2）PLC 控制系统的故障自诊断。故障自诊断是系统可维修性设计的重要方面，是提高系统可靠性必须考虑的重要问题。自诊断主要采用软件方法判断故障部分和原因。不同控制系统自诊断的内容不同。PLC 有很强的自诊断能力，当 PLC 出现自身故障或外围设备故障时，都可用 PLC 上具有的诊断指示功能的发光二极管的亮、灭来查找。

（3）总体诊断。根据总体检查流程图找出故障点的大方向，逐渐细化，以找出具体故障，如图 6—5 所示。

（4）电源故障诊断。电源灯不亮，需对供电系统进行诊断。如果电源灯不亮，首先检查是否有电，如果有电，则下一步检查电源电压是否合适，不合适就调整电压，若电源电压合适，则下一步检查熔丝是否熔断，如果熔断就更换熔丝、检查电源，如果没有熔断，下一步检查接线是否有误，若接线无误，则应更换电源部件。

（5）运行故障诊断。电源正常，运行指示灯不亮，说明系统已因某种异常而终止了正常运行。检查流程如图 6—6 所示。

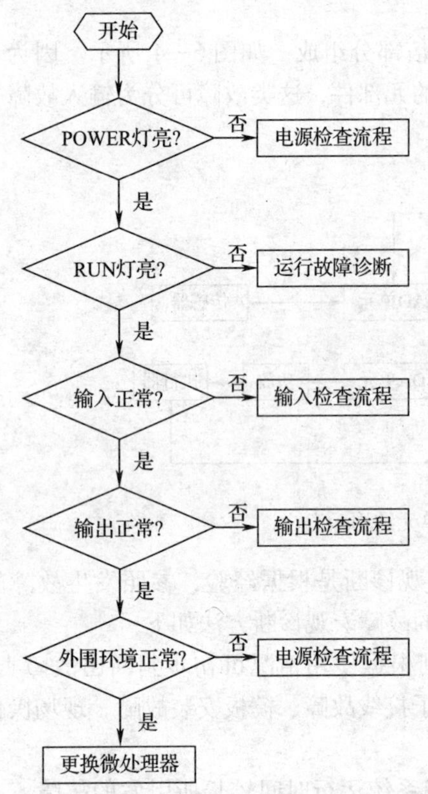

图6—5 总体检查流程图

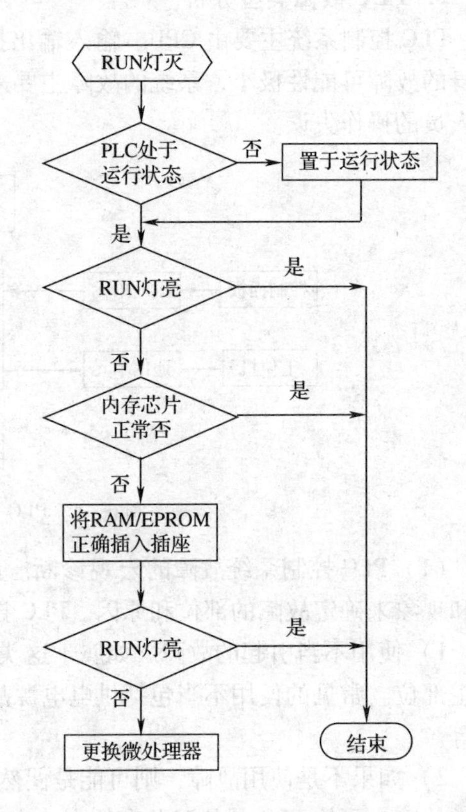

图6—6 PLC运行故障检查流程

(6) 输入输出故障诊断。输入输出是PLC与外部设备进行信息交流的通道，其是否正常工作，除了和输入输出单元有关外，还与连接配线、接线端子、熔丝等元件状态有关。

在诊断输入/输出故障时，最佳方法是区分究竟是模块自身的问题，还是现场连接的问题。如果有电源指示器和逻辑指示器，模块故障易于发现。通常，先更换模块，或测量输入或输出端子板两端电压测量值是否正确，模块不响应，则应更换模块。若更换后仍无效，则可能是现场连接有问题。输出设备截止，输出端间电压达到某一预定值，就表明现场连线有误。若输出器受激励且LED指示器不亮，则应替换模块。如果不能从I/O模块中查出问题，则应检查模块接插件是否接触不良或未对准。最后，检查接插件端子有无断线，模块端子上有无虚焊点。

(7) 指示诊断。LED状态指示器能提供许多关于现场设备、连接和I/O模块的信息。大部分输入/输出模块至少有一个指示器。输入模块常设电源指示器，输出模块则常设一个逻辑指示器。

对于输入模块，电源LED显示表明输入设备处于受激励状态，模块中有信号存在。该指示器单独使用不能表明模块的故障。逻辑LED显示表明输入信号已被输入电路的逻辑部分识别。

如果逻辑和电源指示器不能同时显示，则表明模块不能正确地将输入信号传递给处理器。输出模块的逻辑指示器显示时，表明模块的逻辑电路已识别出从处理器来的命令并接通。除了逻辑指示器外，一些输出模块还有一只熔断指示器或电源指示器，或两者兼有。熔断指示器只表明输出电路中的保护性熔丝的状态；输出电源指示器显示时，表明电源已加在负载上。像输入模块的电源指示器和逻辑指示器一样，如果不能同时显示，表明输出模块有故障。

3. 故障处理

（1）更换 CPU 及其他通信模块（见图 6—7）

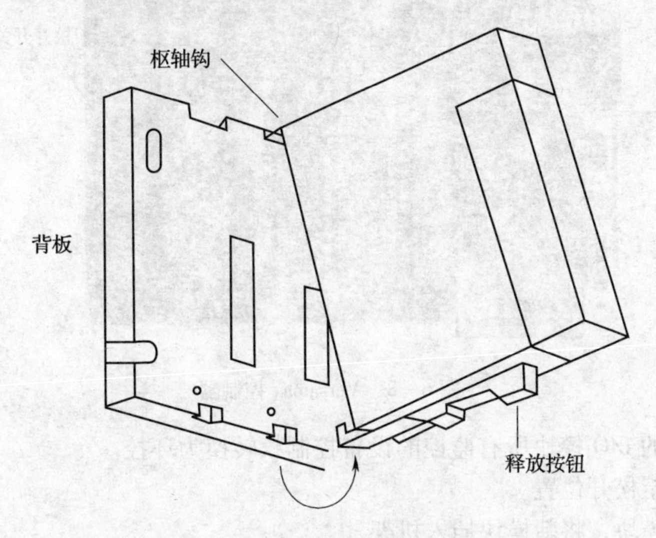

图 6—7　PLC 模块更换操作示意图

1）将所有的监控设备置于“环控”位。

2）关闭控制柜空气开关。

3）拆下 CPU 模块。

4）安装 CPU 模块。

5）合上空气开关，给设备上电。

6）恢复现场。

（2）更换锂电池。PLC 用户程序的随机存储器（RAM）、计数器和具有保持功能的辅助继电器等均用锂电池保护，锂电池的寿命大约为 5 年，当锂电池的电压逐渐降低到一定程度时，PLC 基本单元上电池电压跌落到指示灯亮。

更换锂电池的步骤如下：

1）在拆装前，应先让 PLC 通电 15 s 以上（这样可使作为存储器备用电源的电容器充电，在锂电池断开后，该电容可对 PLC 做短暂供电，以保护 RAM 中的信息不丢失）。

2）断开 PLC 的交流电源。

3）打开基本单元的电池盖板。

4）取下旧电池，装上新电池。

5）盖上电池盖板。更换电池的时间要尽量短，一般不允许超过 3 min。如果时间过长，RAM 中的程序将消失。

（3）I/O 模块。若为保证整个系统快速故障处理需替换一个模块，用户应确认被安装的模块是同类型的。有些 I/O 系统允许带电更换模块，而有些则需切断电源。若替换后可解决问题，但在一相对较短时间后又发生故障，那么用户应检查能产生电压的感性负载，也许需要从外部抑制其电流尖峰。如果熔丝在更换后易被烧断，则有可能是模块的输出电流超限，或输出设备被短路。下面以 GE 公司 Versamax 控制器（见图 6—8）为例进行 I/O 模块更换介绍。

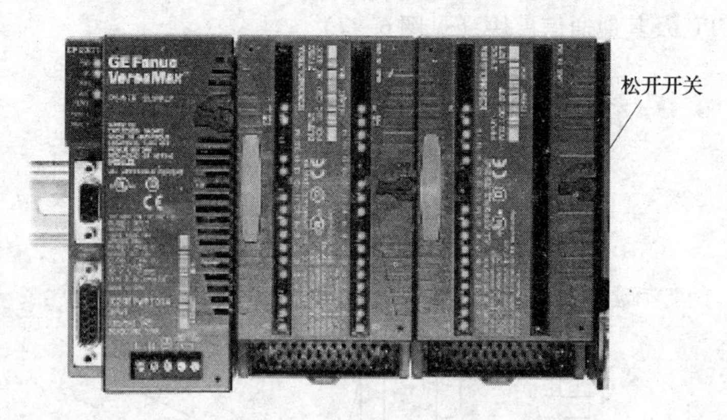

图 6—8　Versamax 控制器

1）将要更换的 I/O 模块所有监控的设备控制权转换为环控。

2）锁定杆扳至松开位置。

3）拔出故障模块，将新模块插入机架。

4）锁定杆扳至锁定位置。

四、传感器

1. 传感器的常见故障

（1）传感器显示数值与现场实际不符，误差过大。

（2）传感器外观出现严重破损。

（3）传感安装连接处出现泄漏。

2. 传感器的故障原因

（1）连接线缆或线缆连接处损坏。

（2）传输线路受干扰。

（3）现场环境有外部因素，使传感器受到物理损坏和污损。

（4）安装或使用过程的不当，导致传感器受到物理损坏。

（5）传感器关键探测元件老化。

（6）使用环境的异物导致传感器关键探测元件的污损。

3. 传感器故障的处理

（1）线路故障

1）断开传感器端和模拟量输入模块端的线路连接。

2）使用万用表、兆欧表等仪器检查线路的电气性能。

3）如果线路有故障，在更换线缆以后，要重新检查线路的电气性能。

4）必须确保线路屏蔽性能，排除电磁干扰。

（2）更换传感器

1）拆卸

①简单清理传感器外表。

②断开传感器电源供应端，拆卸连接线路并用绝缘胶布包扎线头，因传感器拆卸后悬空的线缆应临时收束固定好。

③拆出的传感器搬运过程中注意做好保护措施。

④恢复施工现场。

2）安装

①正确安装、固定传感器。

②线路连接前必须检查确定无异常电压和信号，正确连接线路。

③检查传感器及安装连接处是否有泄漏。

④检查传感器工作状态、输出信号。

⑤恢复施工现场。

五、二通阀及执行机构

1. 二通阀及执行器常见故障及原因

（1）不能动作

1）阀体受异物干扰卡死。

2）执行器控制电路板故障。

3）执行器电动机的驱动电源故障。

4）执行器电动机故障。

（2）阀体不能移动到位

1）阀体受异物干扰。

2）行程反馈元件故障。

3）执行器控制电路板故障。

（3）不能正确输出行程状态信号

1）行程反馈元件故障。

2）执行器控制电路板故障。

（4）执行器不正常发热，有异响

1）阀体不能移动到位，导致动作异常。

2）执行器控制电路板故障，导致动作异常。

2. 二通阀及执行器故障处理

若判明是二通阀执行器故障，则须更换执行器；若判明是二通阀阀体故障，则须通过更换执行器来解决。以下主要介绍二通阀阀体的拆装细节。

（1）阀门的拆装

1）阀门拆除时，用钢字在阀门上及与阀门相连的法兰上打好检修编号，并记录该阀门的工作介质、工作压力和工作温度，以便修理时选用相应材料。

2）检修阀门时，要求在干净的环境中进行。首先清理阀门外表面，或用压缩空气吹或用煤油清洗。

3）检查外表损坏情况，并作记录。

4）接着拆卸阀门各部件，用煤油清洗，检查部件损坏情况，并作记录。

5）对阀体阀盖进行强度试验。对密封圈可用红丹粉检验，检查阀座、闸板（阀办）的吻合度。

6）检查阀杆是否弯曲，有无腐蚀，螺纹磨损情况如何。

7）检查阀杆螺母磨损程度。对检查出的问题进行处理。

8）重新组装阀门。组装时，垫片、填料要全部更换。

9）进行强度试验和密封性试验。

（2）安装方向和位置注意事项

1）调节二通阀具有方向性，在阀体上有方向标志。

2）阀门安装的位置必须便于操作，闸阀禁止倒装。

（3）施工作业

1）安装前，应对阀门做检查，核对规格型号，清除阀内的杂物。

2）清扫阀门所连接的管路，用压缩空气吹去氧化铁屑、泥沙、焊渣和其他杂物。

3）安装螺口阀门时，将密封填料包在管子螺纹上，不要弄到阀门里，以免阀内存积，影响介质流通。

4）安装法兰阀门时，要注意对称均匀地锁紧螺栓。阀门法兰与管子法兰必须平行，间隙合理，须与管子焊接的阀门，应先点焊，再将关闭件全开，然后焊死。

（4）保温棉。阀内介质温度低，会引起结露，需要安装保温棉保护。

（5）填料更换。在更换填料时，要一圈一圈地压入。每圈接缝以45°为宜，圈与圈接缝错开180°。填料高度要考虑压盖继续压紧的余地，又要让压盖下部压填料室适当深度，此深度一般可为填料室总深度的10%～20%。对于要求高的阀门，接缝角度为30°。圈与圈之间接缝错开120°。除填料之处，还可根据具体情况，采用橡胶O形环、三件叠式聚四氟乙烯圈、尼龙碗状圈等成形填料。

六、系统电源

1. UPS

（1）常见故障及原因

1）UPS电源切换启动频繁

①交流220 V市电电网干扰过强或者电压波动范围过大。

②自动稳压控制和市电供电与逆变器供电的转换工作点调整不当。

2）UPS电源只能在逆变器供电状态工作，不能转换到市电供电状态

①交流市电220 V输入熔丝熔断，这可能是输出回路短路或过载；市电输入端火线与零线接线错误；交流市电出现过大的浪涌电流等原因造成。

②控制供电转换电压工作点微调电位器调整不当，导致转换电压偏高。

③主变压器二次反馈绕组开路，造成无交流反馈电压信号输入。

④交流稳压控制线路出现故障，造成在特定电压范围内 UPS 无输出。

3）UPS 电源只能在市电供电状态下工作，不能转换到逆变器供电状态

①若逆变器工作指示灯停止闪烁，处于长亮状态，并且 UPS 电源没有输出，则可能是每节 12 V 蓄电池端电压低于终了电压 10.5 V，从而引起自动保护。此外，可能是逆变器末级推挽驱动晶体管损坏或是脉宽调制组件无驱动振荡脉冲输出。

②若逆变器工作指示灯熄灭，电源没有输出，可能是蓄电池组 30 A 熔丝熔断，或是逆变器末级推挽驱动晶体管被烧毁而导致蓄电池组短路。此时，一般蓄电池电压都很低，有时甚至为零。具体原因是：内部辅助电源回路故障；推挽式末级驱动电路中两臂输出出现严重不平衡；过流保护线路失效；脉宽调制组件损坏；末级驱动晶体管基级线路中的保护二极管被损坏等五种情况造成。

4）逆变器工作指示灯正常，电源没有输出。可能原因是脉宽调制器件工作点失调或损坏；主电源变压器短路或层间击穿（可能性极小）；末级推挽驱动晶体管电路两臂严重不平衡；转换控制电路损坏等。

5）UPS 不间断电源处于逆变器供电时，后备工作时间达不到额定满负荷供电时间

①蓄电池过度放电，使端电压接近于规定的终了电压。一般情况下，每节 12 V 蓄电池端电压低于 10.5 V 时，就有可能造成启动失败。

②蓄电池在放电以后，没有足够时间充电或者市电电网电压长期在低压状态下运行，致使充电回路未能及时对蓄电池组进行有效充电，严重时根本充不上电。

③蓄电池长期处于“浮充状态”，导致蓄电池内阻增大，从而造成蓄电池实际可供使用的容量远远低于蓄电池组的额定容量。

④蓄电池充电回路损坏或者充电电压调整不当。在正常市电供电状态下，电源内部能够自动利用充电回路对蓄电池浮充充电，恢复蓄电池组的原有性能。若蓄电池组端电压过低，一般均需将蓄电池脱机进行均衡充电，才有可能重新恢复蓄电池组的性能。

6）“逆变器工作指示灯”停止闪烁，蜂鸣器常鸣

①频繁开关 UPS 不间断电源，造成启动失败。即 UPS 不在市电供电状态工作，也不在逆变器供电状态工作。一般要求在关断 UPS 电源开关后，至少要等 5 ~ 6 s 以后，才允许重新启动。

②UPS 电源由于负载过重或者蓄电池端电压过低引起自动保护线路动作。

③在有些 UPS 中，可能是控制工作状态指示灯和蜂鸣器的定时器组件损坏。

④在 UPS 电源负载回路中或在市电供电网络中有大负载或电感性负载接入。

7）变压器有异常声响

①整流回路和稳压电路故障，整流桥或集成稳压块烧毁。

②主变压器一次绕组或二次绕组打火。

③脉宽调制线路和末级推挽驱动晶体管之间的连接线缆断裂或插头座接触不良。

④末级推挽驱动晶体管电路两臂输出严重失调不匹配。

8）UPS 不间断电源每次开机工作一段时间后，蜂鸣器长鸣，无输出

①市电/逆变器供电转换控制电路故障，导致电压比较放大器工作不稳定。

②过电流保护电路工作点漂移，造成误动作。

（2）故障处理

1）分析故障现象。根据蜂鸣器发声、工作状态指示灯明暗闪烁、电源有无输出以及用户使用和维护情况等信息，参照以上8种故障现象的故障分析，判断是逆变器部分故障还是市电供电部分故障。同时依照故障UPS电源的特点和电路原理进行分析，实现故障定位。

2）拆机进行直观检查。查看电缆连接插头是否松动，各种元器件表面是否有异常情况，如有无特殊气味，熔丝是否熔断，以及有无断线、开焊或接触不良等现象。

3）若是市电供电电路故障，可以从输入级向后逐级检查，也可从后向前检查。检查路线为输入交流市电电压→自动稳压控制电路→抗干扰控制电路→继电器开关矩阵→转换控制电路→输出电路。

4）若是逆变供电电路故障，检查路线为：蓄电池端电压→末级推挽驱动晶体管→蓄电池组30 A熔丝自动保护电路→脉宽调制组件→断电器开关矩阵→输出电路。其中，蓄电端电压过低导致故障的故障率最高。

2. 电池组

（1）蓄电池电压过低。需要对这种小型密封铅电池进行均衡充电。一般使用恒流充电器充电，蓄电池电压恢复正常，装机后电源恢复正常供电。

（2）蓄电池电极爬酸开裂。更换蓄电池组时应尽可能按原型号配备，用参数相近的电池更换。

3. 变压器

变压器故障较为简单，而且系统使用的变压器为小功率变压器，为了提高系统可靠性，处理故障变压器一般以更换为主。其处理步骤如下：

（1）检查变压器外观有无明显烧焦及发热状况，如线圈引线是否断裂，脱焊，绝缘材料是否有烧焦痕迹，铁心紧固螺杆是否有松动，硅钢片有无锈蚀，绕组线圈是否有外露等。如有则更换变压器。如有明显过热情况，则检查变压器所带负荷是否增加或是否存在电源短路的情况。

（2）如没有明显烧焦及发热，使用万用表电压挡测量配电开关下桩电压供电220 VAC是否正常。如果没有判断为开关故障，重新开合无法正常供配电，则更换配电开关。如变压器配电电源正常则判断为变压器故障，更换变压器。

4. 开关电源

开关电源故障一般为熔丝熔断、整流二极管损坏、滤波电容开路或击穿、开关管击穿以及电源自保护等故障。设备故障后检查步骤如下：

（1）外观检查。首先，打开电源的外壳，检查熔丝是否熔断，再观察电源的内部情况，如果发现电源的PCB板上元件破裂，则应重点检查此元件，一般来讲这是出现故障的主要原因；闻一下电源内部是否有煳味，检查是否有烧焦的元器件；问一下电源损坏的经过，对开关电源进行过何种操作等。

注意：没通电前，用万用表测量高压电容两端的电压。如果是开关电源不起振或开关管开路引起的故障，则大多数情况下，高压滤波电容两端的电压未泄放掉，此电压有300多伏。在有可能的条件下，尽量先检查在断电状态下有无明显的短路、元器件损坏故障。

（2）测量检查。用万用表测量AC电源线两端的正反向电阻及电容器充电情况，如果电

阻值过低，说明电源内部存在短路，正常时其阻值应能达到100 kΩ以上；电容器应能够充放电，如果损坏，则表现为AC电源线两端阻值低，呈短路状态，否则可能是开关管击穿。

然后检查直流输出部分。脱开负载，分别测量各组输出端的对地电阻，正常时，表针应有电容器充放电摆动，最后指示的应为该路的泄放电阻的阻值。否则多数是整流二极管反向击穿所致。

(3) 加电检测。在通过上述检查后，就可通电测试。一般来讲应重点检查一下电源的输入端，开关三极管，电源保护电路以及电源的输出电压电流等。如果电源启动一下就停止，则该电源处于保护状态下，可直接测量PWM芯片保护输入脚的电压，如果电压超出规定值，则说明电源的处于保护状态下，应重点检查产生保护的原因。

(4) 常见故障

1) 熔丝熔断。一般情况下，熔丝熔断说明电源的内部线路有问题。由于电源工作在高电压、大电流的状态下，电网电压的波动、浪涌都会引起电源内电流瞬间增大而使熔丝熔断。重点应检查电源输入端的整流二极管、高压滤波电解电容、逆变功率开关管等，检查这些元器件有无击穿、开路、损坏等。如果确实是熔丝熔断，应该首先查看电路板上的各个元件，看这些元件的外表有没有被烧煳，有没有电解液溢出。如果没有发现上述情况，则用万用表测量开关管有无击穿短路。

2) 无直流电压输出或电压输出不稳定。如果熔丝是完好的，在有负载情况下，各级直流电压无输出。可能是开关电源中出现了开路、短路现象，过压、过流保护电路出现故障，振荡电路没有工作，电源负载过重，高频整流滤波电路中整流二极管被击穿，滤波电容漏电等。用万用表测量次级元件，排除了高频整流二极管击穿、负载短路的情况后，如果这时输出为零，则可以肯定是电源的控制电路出了故障。

3) 电源负载能力差。电源负载能力差是一个常见的故障，一般都是出现在老式或是工作时间长的电源中，主要原因是各元器件老化，开关管的工作不稳定，没有及时进行散热等。应重点检查稳压二极管是否发热漏电，整流二极管损坏、高压滤波电容损坏等。

七、大屏幕投影处理器

1. 处理器一般故障

每台主处理器和从处理器都有备份硬盘，当某台处理器实在无法启动时，请尝试对调备份硬盘。需关闭该处理器电源→用硬盘钥匙拿出正在使用的硬盘（左边的）和备用硬盘（右边的）对调后→用硬盘钥匙锁回→重新给处理器通电。

(1) 当大屏幕处理机出现长时间不反应状态时，如果鼠标、键盘还能使用，可把鼠标移到导航栏按右键选择“任务管理器”，关闭引起处理器故障的程序。或点击“开始”菜单，关机重启动。或同时按键盘的“CTRL + ALT + DEL”，然后选择重启动。

(2) 如果整个大屏幕出现“VTRON”蓝屏，可将监视器连到处理器后面的VGA端口上，按主处理器上的复位键“RST1”，在监视器看到选择进入Windows系统时按“F2”或“F8”键，系统会进入Windows XP的高级启动菜单的多个选择栏，选择“最后一次正确配置”后，正常进入系统。

(3) 如果大屏幕处理机出现长时间不反应状态，且鼠标、键盘也没反应时，可按主处理器上的复位键“RST1”，千万不要直接关闭处理器的电源，这样很容易损坏系统。

（4）处理器与控制计算机的 VWAS 无法连接

1）处理器的 PLINK 服务停止。在处理器开始菜单栏上选择运行“Power DeskTop Server”即可解除。

2）控制计算机上的 VWAS 软件的 VWAServer 服务故障。把 VWAS 程序关闭重启动即可解除。

3）网络不通引起。检查网络、线路和交换机状态即可解除。

2. 处理器不能开机

（1）检查开关电源是否合上。

（2）处理器电源是否正常。如供电电压范围不正常则调整电源输出范围至正常。

（3）如处理器能开机则是处理器板件故障，联系厂家或维修单位进行维修。

3. 处理器操作系统崩溃

（1）使用显示器连接处理器主机箱 VGA 输出端。

（2）重新启动处理器，在启动时选择“上次正确配置”启动。如正常启动则排除故障。

（3）如未排除则检查设备接插件是否松动或接触不良。

（4）如没有则是处理器板件故障，联系厂家或维修单位进行维修。

4. 处理器不能开机

（1）检查电源是否松脱。

（2）检查电源模块是否正常工作。

（3）检查处理器电源模块插件是否正常工作。

（4）执行以上步骤如还是不能正常工作，则判断为处理器板件故障，联系厂家或维修单位进行维修。

5. 处理器没有图像显示也没报警

（1）检查硬盘是否上锁。

（2）使用显示器连接处理器主机箱 VGA 输出端，检查是否有显示。

（3）没有显示则启动处理器，检查是否检测到硬盘，是否正常进入 Windows 系统。如不能则是处理器故障。

（4）如可以进入系统，则使用另外一个显示器连接处理器副机箱显示端。如可进入 Windows 系统则是投影器材故障。

6. 处理器的网络通信不能正常工作

（1）检查网络线路连接。

（2）检查网管设置。

（3）以上两个因素都没问题则是处理器故障。

7. 处理器的键盘不工作

（1）使用显示器连接处理器主机箱 VGA 输出端。

（2）将键盘延长线拔下，将键盘直接接入处理器上，检查键盘是否能正常工作。如不能则更换键盘，检查 Windows 系统下鼠标是否能正常工作。如恢复正常则接入键盘延长线，检查是否能正常工作。

（3）如还是不能正常工作，则判断为处理器故障，更换处理器。

8．处理器的鼠标不能工作

（1）使用显示器连接处理器主机箱 VGA 输出端。

（2）将鼠标延长线拔下，将鼠标直接接入处理器上，检查鼠标是否能正常工作。如不能则更换鼠标，检查 Windows 系统下鼠标是否能正常工作。如恢复正常则接入鼠标延长线，检查是否能正常工作。

（3）如还是不能正常工作，则判断为处理器故障，更换处理器。

9．处理器的风扇报警、指示灯闪烁

（1）对相应风扇进行拔插操作。

（2）如未恢复正常则换到另外一个位置测试。如还是不能正常工作，则是风扇故障，应更换风扇。如风扇能正常工作，则判断为风扇接口端故障。

（3）更换风扇接口端板件。

中级工理论知识考核模拟试题

一、填空题（请将正确的答案填在横线空白处，每题2分，共20分）

1. 为了使被控对象按预定的规律变化，自动控制系统必须具备一定的性能。这些性能主要包括：________、________和________。

2. ________PLC包括CPU模块、I/O模块、内存、电源模块、底板或机架，这些模块可以按照一定规则组合配置。

3. ________是用于过程测量技术的能测量和输出电参数和物理参数的手持便携式仪器。

4. 当设备监控系统接收到由________系统发出的警报信号后，在1 s内启动灾害模式。

5. 基于________的以太网是一种开放式通信网络，不同厂商的设备很容易互联。

6. 一般来说，涉及灾害模式控制或主要环控设备控制的控制器，根据系统控制理念可考虑采用________配置。

7. 设备监控系统依靠________采集车站环境参数。

8. 为了满足用电设备的备用时间要求，UPS设备一般由UPS设备本身及________组成。

9. 不要________开关投影机。

10. 安装设备前准备整洁宽敞的工作场所，释放人体的________，安装过程不得带电进行。

二、判断题（下列判断正确的请打"√"，错误的打"×"，每题2分，共20分）

1. 系统网络出现故障，只需检查硬件设备，无须检查软件。 （ ）

2. PLC具有逻辑运算功能，可代替继电器进行开关量控制。 （ ）

3. 在自动控制系统中，不仅要求系统稳定，而且要求被控量能迅速按照输入信号所规定的形式变化。 （ ）

4. RAM是一种读/写存储器（随机存储器），其存取速度最快，且数据具有断电保持。 （ ）

5. IBP包括IBP盘面、柜体及操作台三部分。 （ ）

6. 过程校验仪只有输出信号的功能，不具备输入功能。 （ ）

7. UPS设备不具有输出短路保护功能。 （ ）

8. 温度传感器主要是利用热电阻的电阻值随温度变化而变化这一特性来测量温度及与温度有关的参数。 （ ）

9. 电磁流量传感器应该装在管系的高点或顶部。 （ ）

10. 使用喷剂清洁时，需要先将设备关停、断电，待喷剂完全挥发，设备上没有结露后方可上电。 （ ）

三、单项选择题（下列每题的选项中，只有1个是正确的，请将其代号填在横线空白处，每题2分，共20分）

1. ______控制系统是输出量对系统的控制作用没有任何影响的控制系统，该控制系统的结构简单、成本低、工作稳定性好，但它不具备自动修正被控输出量偏差的能力。

A. 闭环　　B. 开环　　C. 双环　　D. 负反馈

2. 系统在输入信号的作用下，其响应经过暂态过程进入稳态后，系统的输出值与期望值之间存在误差，称为________误差。

A. 稳态　　B. 静态　　C. 系统　　D. 暂态

3. 为了进一步提高 PLC 的可靠性，近年来对大型 PLC 还采用双 CPU 构成______系统，或采用三 CPU 的表决式系统。

A. 并行　　B. 主备　　C. 冗余　　D. 双保险

4. 操作控制设备的________与全线其他系统保持一致。

A. 配置　　B. 性能　　C. 颜色　　D. 时钟

5. ProfiNet 的基础是组件技术，在 ProfiNet 中，每一个设备都被看成是一个具有____接口的自动化设备。

A. COM　　B. BNC　　C. AUI　　D. AAUI

6. 高特性、低价格的________传感器将是压力传感器的发展方向。

A. 光纤　　B. 陶瓷　　C. 电容　　D. 扩散硅

7. __________电源是将交流电压变为直流电压。

A. UPS　　B. 变压器　　C. 开关电源　　D. 调压器

8. 差压传感器安装时，注意高低压不得反接，加压时__________。

A. 先给低压，后给高压　　B. 要同时给压

C. 要给最大压力　　D. 先给高压，后给低压

9. 用万用表测量开关电源的 AC 电源线两端的正反向电阻，如果电阻值过低，说明电源内部存在__________。

A. 短路　　B. 开路　　C. 击穿　　D. 断路

10. ________不属于数字控制系统与一般连续控制系统比较具有的优点。

A. 精度高　　B. 速度快

C. 灵敏度好　　D. 抑制噪声能力强

四、简答题（每题 10 分，共 40 分）

1. 简述自动控制系统的常用分析法。

2. 简述模块式 PLC 的组成部分。

3. 简述以太网的优点。

4. 简述 PLC 控制系统输入输出故障的相关物理故障点。

中级工技能操作考核模拟试题

一、更换模块式 PLC 系统的 CPU 模块。（共 40 分）

二、更换差压传感器并测试。（共 60 分）

中级工理论知识考核模拟试题答案

一、填空题

1．稳定性　响应速度　精确度

2．模块式

3．过程校验仪

4．FAS

5．TCP/IP

6．冗余

7．传感器

8．电池组

9．频繁

10．静电

二、判断题

1．×　2．√　3．√　4．×　5．√　6．×　7．×　8．√　9．×　10．√

三、单项选择题

1．B　2．A　3．C　4．D　5．A　6．B　7．C　8．D　9．A　10．B

四、简答题

1．答：经典控制理论中，常用的分析方法是时域分析法、根轨迹法和频域法。

2．答：模块式 PLC 包括 CPU 模块、I/O 模块、内存、电源模块、底板或机架。

3．答：以太网是当今最流行、应用最广泛的通信技术，具有价格低、多种传输介质可选、高速度、易于组网应用等诸多优点。

4．答：除了和输入输出模块有关外，还与连接配线、接线端子、熔丝等元件状态有关。

中级工技能操作考核模拟试题答案

一、答:

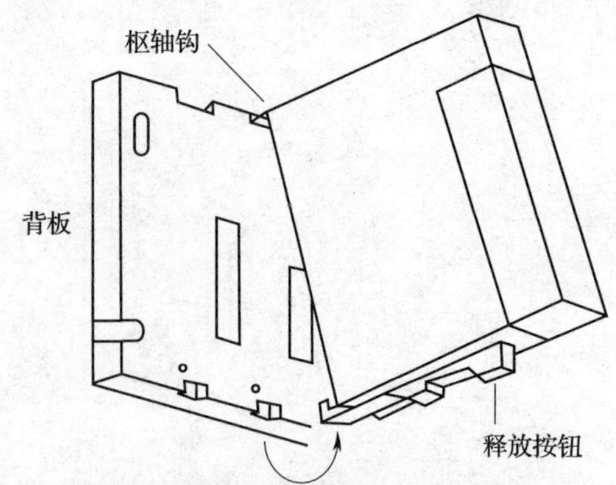

1. 确认 CPU 模块组态及系统控制程序已经备份。(5 分)

2. 将所有的监控设备置于环控位，手动操作环控设备保持原运行状态。(5 分)

3. 关闭对应控制柜空气开关，使用万用表确认系统处于断电状态。(5 分)

4. 拆下 CPU 模块，安装 CPU 模块。(5 分)

5. 合上空气开关，给设备上电。(5 分)

6. 使用便携计算机连接控制器，对新 CPU 模块进行重新组态，成功后再重新下载系统控制程序。(5 分)

7. 测试系统监控功能。(5 分)

8. 恢复现场。(5 分)

二、答:

1. 关闭设备电源，将设备电源线、信号线拆除。(5 分)

2. 关闭差压传感器导压管截止阀，断绝水压来源。(5 分)

3. 开启连通阀，开启泄压冲洗阀，将冷水排除。(5 分)

4. 拆除传感设备上的导压管，然后将差压传感器从固定支架上拆除。(5 分)

5. 检查固定支架牢固情况，如良好将新的差压传感器按照原设计固定在支架上。(5 分)

6. 将导压管按原设计接入传感器，并将导管内的空气排除，关闭泄压冲洗阀。(5 分)

7. 关闭连通阀，开启差压传感器导压管截止阀。(5 分)

8. 连接设备电源线，开启电源，观察设备运行状态，使用万用表测量信号是否正常。(5 分)

9. 运行正常，关闭电源后进行信号线连接。(5 分)

10. 开启电源，关闭一端导压管截止阀，开启连通阀信号进行调零。(5 分)

11. 关闭连通阀，开启所有导压管截止阀进行信号测试校验。(5 分)

12. 恢复管路保温，恢复现场。(5 分)

第3部分 高 级

轨道交通系统中的设备监控系统采用计算机控制和网络技术实现轨道交通系统车站机电设备自动控制管理的系统，它包含了设备自动控制、计算机控制及计算机网络等技术。设备监控系统高级检修工的技能要求是深入掌握系统设备维修知识，具备独立完成或组织完成系统高级别检修工作，并能独立解决软件、硬件故障的检修技能。

第七章

数据库基础知识

数据库功能在设备监控系统中得到广泛的应用，已成为必不可少的系统功能，通过对系统数据库功能的不断扩展，使设备监控系统成为了运营管理人员了解设备运行状况和制定设备维修管理决策的重要工具，下面以主流的 SQL Server 2000 为例进行介绍。

第一节 SQL Server

SQL Server 2000 为主流历史数据库系统，掌握 SQL Server 有利于进行系统数据库的维护。

一、数据库概述

数据库技术从诞生以来根据需求经历了几代技术的发展，形成了目前的体系和结构。

1. 主要发展阶段

数据库技术从20世纪60年代中期产生，到今天有30多年的历史，其发展速度之快、应用范围之广是其他技术所远不及的。数据库技术的研究和发展已成为现代信息化社会具有强大生命力的一个重要领域。30多年来，已从第一代的层次、网状数据库系统，第二代的关系数据库系统，发展到第三代以面向对象模型为主要特征的数据库系统。

2. 发展动力

数据库技术发展的有两种原动力。一种是方法论的发展，方法论的发展较典型的代表是面向对象数据库（OODB）技术、分布式数据库（DDB）技术和多媒体数据库（MDB）技术的发展和形成。另一种是与多种技术的结合。如典型的数据库家族成员：知识库、工程数据库、模糊数据库、演绎数据库、时态数据库、统计数据库、空间数据库和并行数据库等。它们都是在特定技术领域中，通过数据库技术实现对特定数据对象进行计算机管理，并实现对被管理数据对象的操作。

3. 数据库组成

（1）数据库。数据库是指长期保存在计算机的存储设备上、并按照某种模型组织起来的、可以被各种用户或应用共享的数据的集合。

（2）数据库管理系统。数据库管理系统（Database Management Systems，DBMS）是指提供各种数据管理服务的计算机软件系统，这种服务包括数据对象定义、数据存储与备份、数据访问与更新、数据统计与分析、数据安全保护、数据库运行管理以及数据库建立和维护等。

二、SQL Server 2000

SQL Server数据库具有较强的开放性与兼容性，在轨道交通设备监控系统中应用广泛，以下将以SQL Server 2000数据库为例进行着重介绍。

1. SQL Server 2000的版本

根据不同的工程规模和应用需求，SQL Server 2000提供了不同的版本供用户选择。

（1）企业版。企业版支持SQL Server 2000全部可用功能，并可根据支持最大的Web站点和企业联机事务处理（OLTP）及数据仓库系统所需的性能水平进行改变。企业版作为生产数据库使用。

（2）标准版。标准版支持SQL Server 2000的许多功能，但在服务器扩展性、大型数据库支持、数据仓库、Web站点等方面能力欠缺。标准版适合小工作组或部门的数据库服务器用。

（3）个人版。供移动用户使用，这些用户有时从网络上断开，但所运行的应用程序需要SQL Server数据存储。在客户端计算机上运行需要本地SQL Server数据存储的独立应用程序也使用个人版。

（4）开发者版。开发者版支持企业版的所有功能，但是只能作为开发和测试系统使用，不能作为生产服务器使用。

另外，SQL Server 2000还有Windows CE版和企业评估版两个比较不常见的版本。

2. SQL Server 2000 系统数据库

系统数据库是 SQL Server 系统运行的基础，用于记录系统运行所需的基本信息和提供服务支持，如图 7—1 所示。

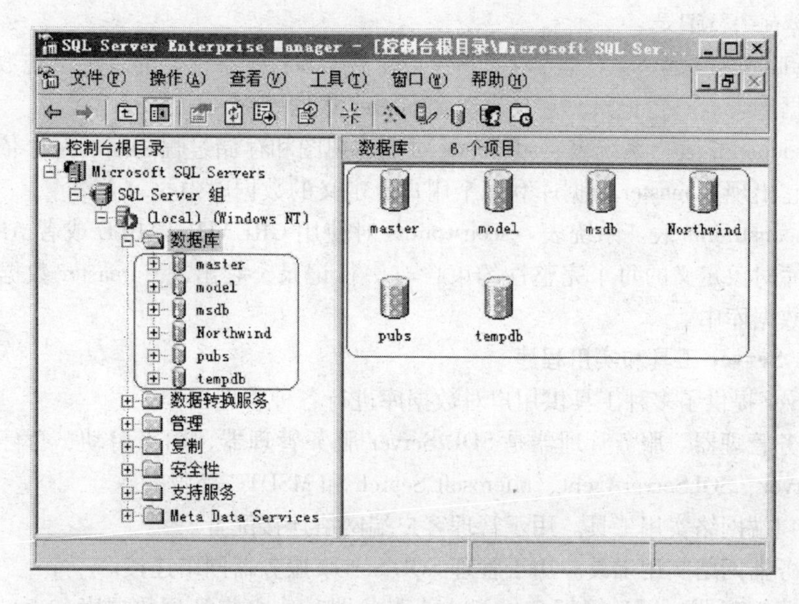

图 7—1 SQL Server 2000 系统数据库

（1）master 数据库。master 数据库是 SQL Server 系统最重要的数据库，它记录了 SQL Server 系统的所有系统信息。这些系统信息包括所有的登录信息、系统设置信息、SQL Server 的初始化信息和其他系统数据库及用户数据库的相关信息。

（2）model 数据库。model 数据库是所有用户数据库和 tempdb 数据库的模板数据库，它含有 master 数据库所有系统表的子集，这些系统数据库是每个用户定义数据库需要的。

（3）msdb 数据库。msdb 数据库是代理服务数据库，为其警报、任务调度和记录操作员的操作提供存储空间。

（4）tempdb 数据库。tempdb 数据库是一个临时数据库，它为所有的临时表、临时存储过程及其他临时操作提供存储空间。

（5）pubs 和 Northwind 数据库。pubs 和 Northwind 数据库是两个实例数据库，它们可以作为 SQL Server 的学习工具。

3. SQL Server 系统表

系统表是用于描述 SQL Server 系统的数据库、基表、视图和索引等对象的结构。

（1）sysobjects 表。SQL Server 的主系统表 sysobjects 出现在每个数据库中，它对每个数据库对象含有一行记录。

（2）syscolumns 表。系统表 syscolumns 出现在 master 数据库和每个用户自定义的数据库中，它对基表或者视图的每个列和存储过程中的每个参数含有一行记录。

（3）sysindexes 表。系统表 sysindexes 出现在 master 数据库和每个用户自定义的数据库中，它对每个索引和没有聚簇索引的每个表含有一行记录，它还对包括文本或图像数据的每个表含有一行记录。

（4）sysusers 表。系统表 sysusers 出现在 master 数据库和每个用户自定义的数据库中，它对整个数据库中的每个 Windows NT 用户、Windows NT 用户组、SQL Server 用户或者 SQL Server 角色含有一行记录。

（5）sysdatabases 表。系统表 sysdatabases 对 SQL Server 系统上的每个系统数据库和用户自定义的数据库含有一行记录，它只出现在 master 数据库中。

（6）sysdepends 表。系统表 sysdepends 对表、视图和存储过程之间的每个依赖关系含有一行记录，它出现在 master 数据库和每个用户自定义的数据库中。

（7）sysconstraints 表。系统表 sysconstraints 对使用 CREATE TABLE 或者 ALTER TABLE 语句为数据库对象定义的每个完整性约束含有一行记录，它出现在 master 数据库和每个用户自定义的数据库中。

4. SQL Server 工具和实用程序

SQL Server 提供了多种工具供用户对数据库进行各种管理工作。

（1）服务管理器。服务管理器是 SQL Server 服务管理器，用来启动、暂停、继续和停止 MSSQLServer、SQLServerAgent、Microsoft Search 和 MSDTC 等服务。

（2）客户端网络实用工具。用于管理客户端网络连接配置。

（3）服务器网络实用工具。用于管理 SQL Server 服务器网络连接。

（4）企业管理器。用于管理 SQL Server 服务器，建立与管理数据库、表、视图、存储过程、触发程序、角色、规则、默认值等数据库对象，以及用户定义的数据类型、备份数据库和事务日志、恢复数据库、设置任务调度、提供跨服务器的拖放控制操作、管理用户账户及建立 Transact-SQL 命令语句以及管理和控制 SQL Mail。

（5）导入和导出数据。提供 SQL Server 与其他数据源之间的数据转换服务。

（6）事件探查器。这是 SQL Server 事件探查器，能够实时地捕获服务器活动记录，监视 SQL Server 所产生的事件，并可将监视结果输出到文件、表或屏幕上。

（7）查询分析器。图形化的查询分析工具。

（8）联机丛书。为用户提供 Microsoft SQL Server 的联机文档资料，它具有索引和全文搜索能力，可根据关键字来快速查找用户所需的信息。

第二节 SQL Server 2000 的操作

用户通过各种管理工具对数据库服务进行管理和对数据库进行创建、编辑、查询、导入、导出等各项操作。

一、服务管理器

服务管理器用于对系统运行、连接等服务功能的管理。SQL Server 2000 服务管理器如图 7—2 所示。

1. 启动服务器

（1）自动启动服务器。

（2）用 SQL Server 服务管理器启动。

（3）用企业管理器启动。

2. 暂停和停止服务器

暂停和关闭服务器的方法与启动服务器的方法类似，只需在相应的窗口中选择“暂停（Pause）”或“停止（Stop）”选项即可。为了保险起见，应在停止运行 SQL Server 之前先暂停 SQL Server。

图 7—2　SQL Server 2000 服务管理器

二、企业管理器

企业管理器用于配置系统环境和管理 SQL Server 的各种对象，如图 7—3 所示。

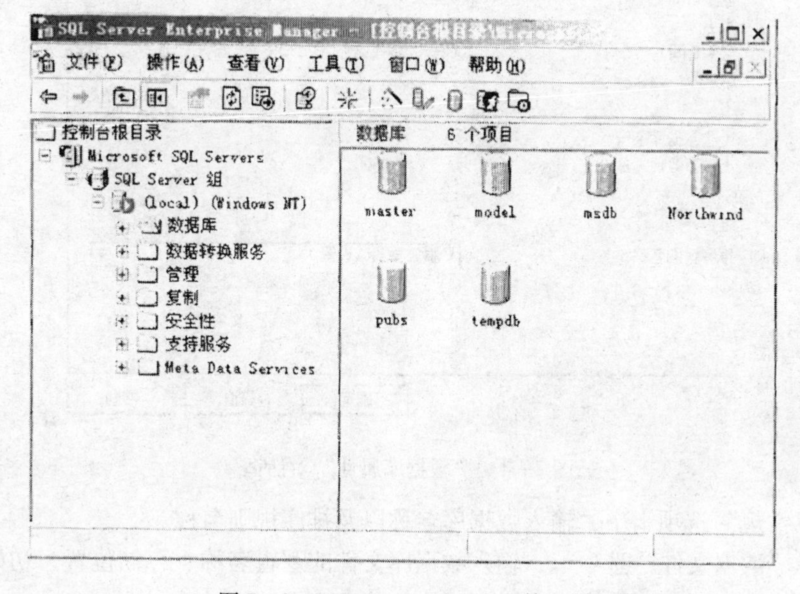

图 7—3　SQL Server 2000 企业管理器

1. 使用企业管理器连接与断开服务器

在 SQL Server 企业管理器的 SQL Server 组中用左键单击所要连接的服务器，或者用右键单击所要连接的服务器，从快捷菜单中选择“连接”选项，即可连接。如果在注册服务器时选择了在连接时提示输入 SQL Server 账户信息选项，则会提示输入这些信息。

断开服务器的操作路径与连接服务器相同。

2. 企业管理器配置服务器选项设置

在企业管理器的 SQL Server 组（Group）中用右键单击所要进行配置的服务器，从快捷菜单中选择“属性（Properties）”选项，可进行服务器的属性（配置选项）的设置。

三、数据库管理

通过企业管理器的图形窗口，可对数据库进行各种管理操作。

1. 创建和修改数据库

(1) 创建数据库。每个数据库都由关系图、表、视图、存储过程、用户、角色、规则、默认、用户自定义数据类型和用户自定义函数几个部分的数据库对象所组成。使用企业管理器创建数据库的步骤如下：

1) 在数据库文件夹或其下属任一数据库图标上单击右键，选择新建数据库选项，就会出现“数据库属性”对话框，如图7—4所示。

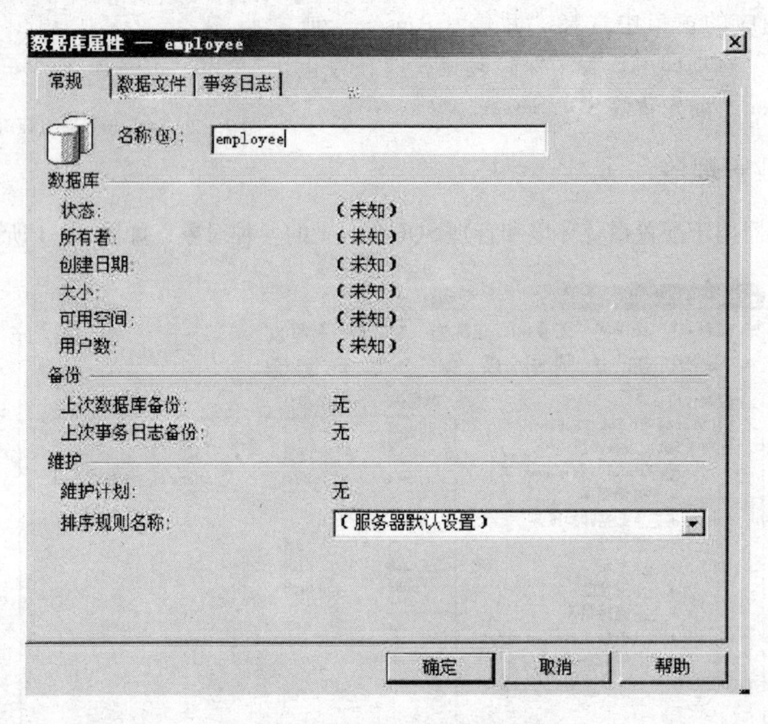

图7—4 “数据库属性”对话框

2) 在“常规”选项卡中，输入数据库名称以及排序规则名称。

3) 选择“数据文件”选项卡，输入数据库文件的逻辑名称、存储位置、初始大小和所属文件组名称，如图7—5所示。

4) 选择“事务日志”选项卡，设置事务日志文件信息，如图7—6所示。

5) 单击“确定”按钮，即创建了新的数据库。

(2) 修改数据库。可对数据库以下选项的设置进行更改：

1) ANSI NULL默认设置。允许在数据库表的列中输入空（NULL）值。

2) 递归触发器。允许触发器递归调用。SQL Server设定的触发器递归调用的层数最多为32层。

3) 自动更新统计信息。允许使用SELECT IN TO或BCP、WRITETEXT、UPDATETEXT命令向表中大量插入数据。

4) 残缺页检测。允许自动检测有无损坏的页。

5) 自动关闭。当数据库中无用户时，自动关闭该数据库，并将所占用的资源交还给操作系统。

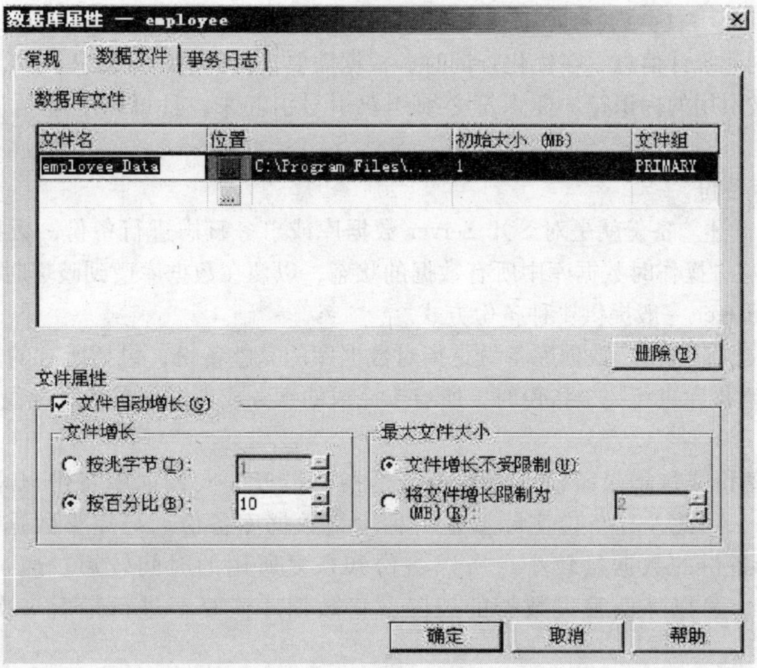

图 7—5　“数据文件”选项卡

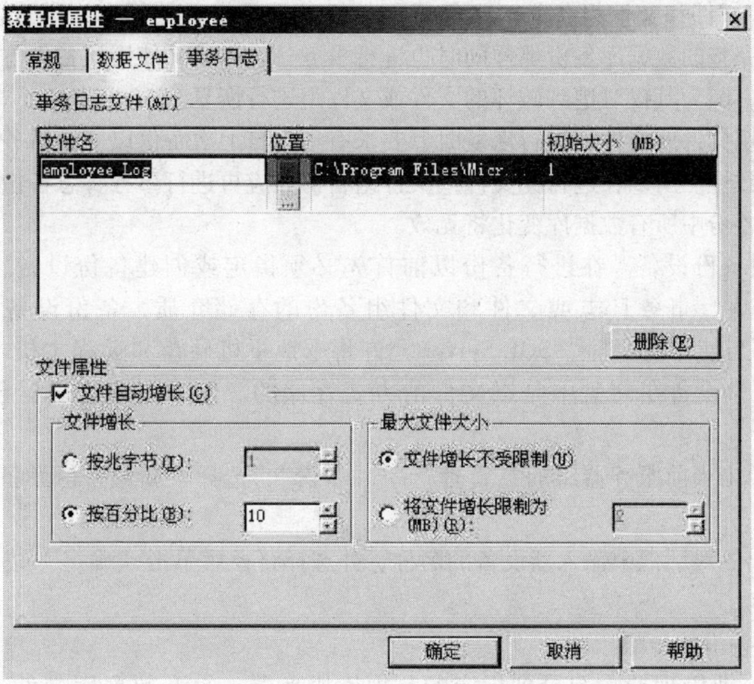

图 7—6　“事务日志”选项卡

6）自动收缩。允许定期对数据库进行检查，当数据库文件或日志文件的未用空间超过其大小的25%时，系统将会自动缩减文件使其未用空间等于25%。

7）自动创建统计信息。在优化查询时，根据需要自动创建统计信息。

8）使用被引用的标识符。标识符必须用双引号引起来，且可以不遵循 Transact - SQL 命名标准。

2. 数据库备份

（1）备份概述。备份就是对 SQL Server 数据库或事务日志进行备份，数据库备份记录了在进行备份这一操作时数据库中所有数据的状态，以便在数据库遭到破坏时能够及时地将其恢复。SQL Server 一般提供4种备份方式。

1）完全数据库备份。数据库备份是指对数据库的完整备份，包括所有的数据以及数据库对象。在对数据库进行完全备份时，所有未完成的事务或者发生在备份过程中的事务都不会被备份。

2）差异备份或称增量备份。差异备份是指将最近一次数据库备份以来发生的数据变化备份起来，因此差异备份实际上是一种增量数据库备份。与完整数据库备份相比，差异备份由于备份的数据量较小，所以备份和恢复所用的时间较短。通过增加差异备份的备份次数，可以降低丢失数据的风险，将数据库恢复至进行最后一次差异备份的时刻。

3）事务日志备份。事务日志备份是指对数据库发生的事务进行备份，包括从上次进行事务日志备份、差异备份和数据库完全备份之后，所有已经完成的事务。

4）数据库文件和文件组备份。文件或文件组备份是指对数据库文件或文件夹进行备份，但其不像完整的数据库备份那样同时也进行事务日志备份。使用该备份方法可提高数据库恢复的速度，因为其仅对遭到破坏的文件或文件组进行恢复。

但是在使用文件或文件组进行恢复时，要求有一个自上次备份以来的事务日志备份来保证数据库的一致性。所以在进行完文件或文件组备份后应再进行事务日志备份，否则备份在文件或文件组备份中所有数据库变化将无效。

（2）创建备份设备。在进行备份以前首先必须指定或创建备份设备，备份设备是用来存储数据库、事务日志或文件和文件组备份的存储介质，备份设备可以是硬盘、磁带或管道。当使用磁盘时，SQL Server 允许将本地主机硬盘和远程主机上的硬盘作为备份设备，备份设备在硬盘中是以文件的方式存储的。使用企业管理器创建备份设备的步骤如下：

1）右键单击当前服务器组的“管理”→“备份”，选择“新建备份设备”，如图7—7所示。

2）在弹出的对话框中输入新设备的名称，并选择路径后单击“确定”按钮保存，如图7—8所示。

（3）执行备份的步骤

1）启动企业管理器，登录到指定的数据库服务器，打开数据库文件夹，用右键单击所要进行备份的数据库图标，在弹出的快捷菜单中选择“所有任务”，再选择“备份数据库”。

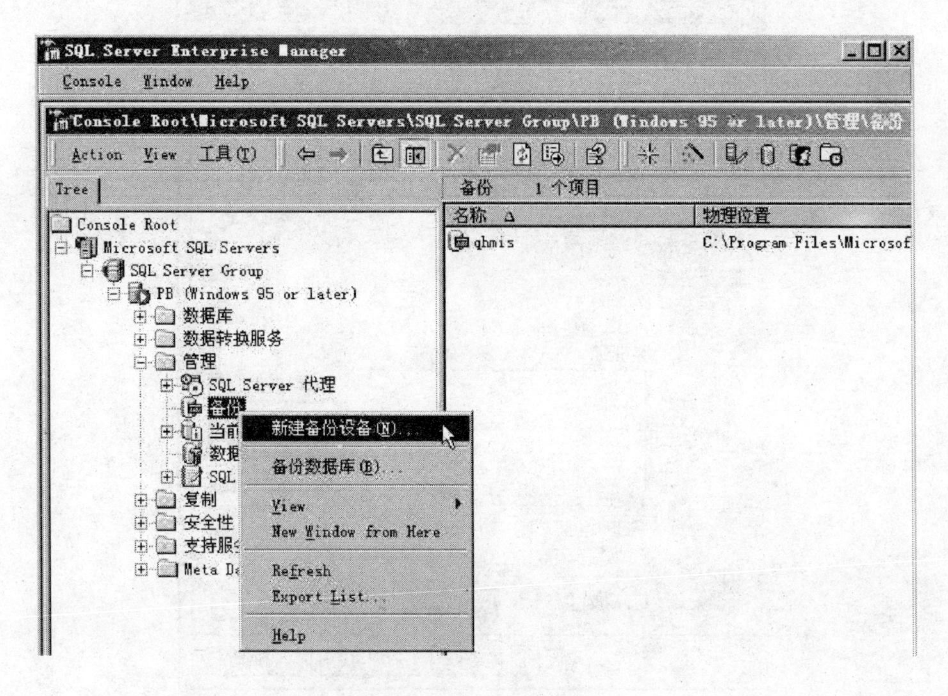

图 7—7　新建备份设备

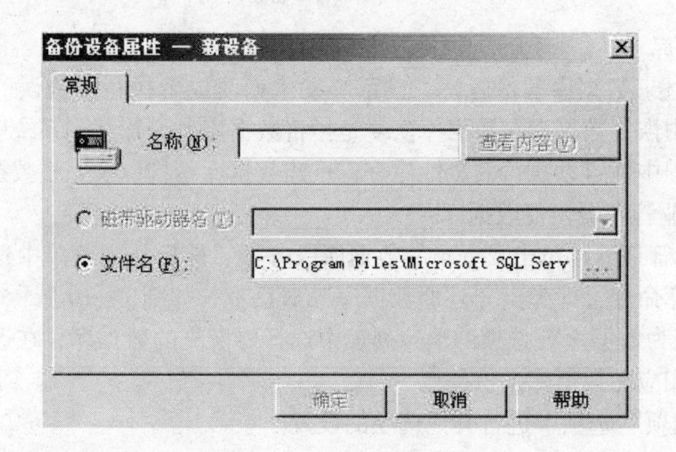

图 7—8　编辑备份设备属性

2）在弹出的“SQL Server 备份”对话框中有两个选项卡，即“常规”和“选项”选项卡，如图 7—9 所示。

3）在“常规”选项卡中，选择备份数据库的名称、操作的名称、描述信息、备份的类型、备份的介质和备份的执行时间。

4）通过单击“添加”按钮选择备份设备。

5）勾选“调度”复选框来改变备份的时间安排。

6）在“选项”选项卡中进行附加设置。

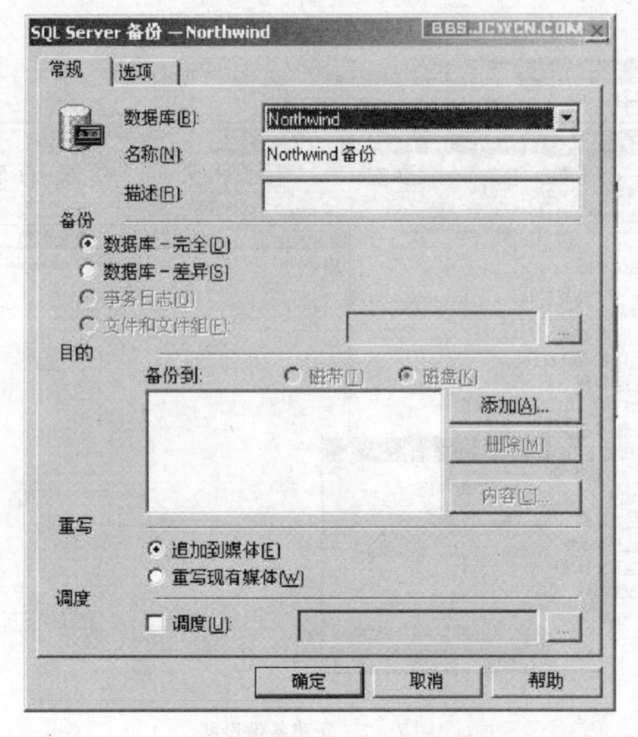

图 7—9　“SQL Server 备份”对话框

3. 恢复数据库

（1）恢复概述。数据库备份后，一旦系统发生崩溃或者执行了错误的数据库操作，就可以从备份文件中恢复数据库。数据库恢复是指将数据库备份加载到系统中的过程。系统在恢复数据库的过程中，自动执行安全性检查、重建数据库结构以及完整数据库内容。

（2）使用企业管理器恢复数据库

1）打开企业管理器，单击要登录的数据库服务器，然后从主菜单中选择工具，在菜单中选择还原数据库命令，即弹出“还原数据库”对话框，如图 7—10 所示。

2）在“还原为数据库”选项的下拉列表中选择要恢复的数据库，在还原组中通过选择单选按钮来选择相应的数据库备份类型。

3）选中“选项”选项卡进行其他选项的设置。

（3）恢复系统数据库

1）关闭 SQL Server，运行系统安装目录下的 bin 子目录下的 rebuilem. exe 文件，这是个命令行程序，运行后可以重新创建系统数据库。

2）系统数据库重新建立后，启动 SQL Server。

3）SQL Server 启动后，系统数据库是空的，没有任何系统信息。因此，需要从备份数据库中恢复。一般是先恢复 master 数据库，再恢复 msdb 数据库，最后恢复 model 数据库。

4. 制订数据库的维护计划

利用数据库的维护计划向导可以方便地设置数据库的核心维护任务，以便于定期地执行这些任务，其创建数据库维护计划的步骤如下：

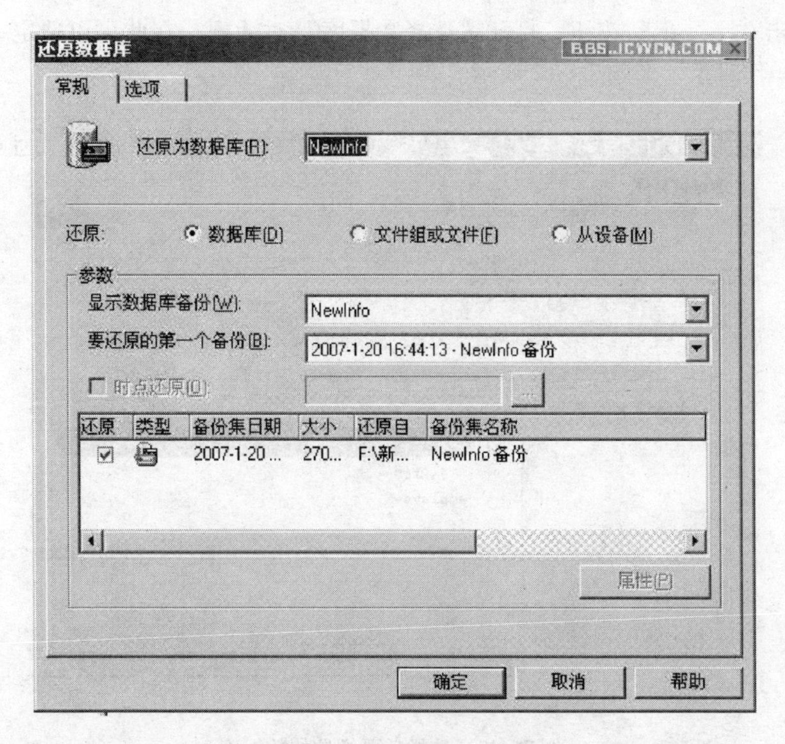

图 7—10　“还原数据库”对话框

（1）如图 7—11 所示，在企业管理器上右键单击当前服务器组的“管理”→“所有任务”→“维护计划”，选择“新建维护计划”。

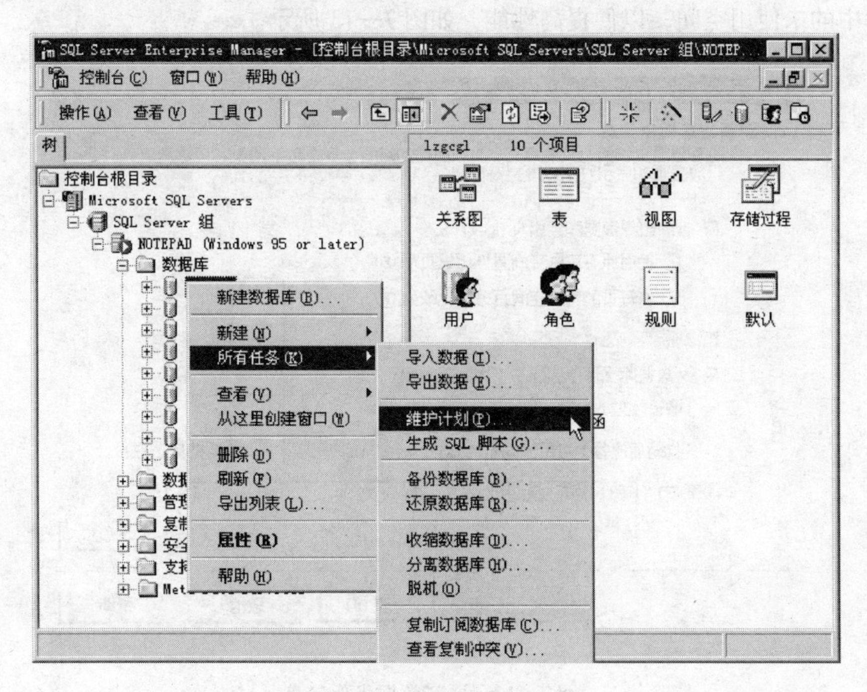

图 7—11　制订数据库维护计划

（2）单击“下一步”按钮，打开“选择数据库”对话框，在此可以选定一个或多个的数据库作为操作对象，如图7—12所示。

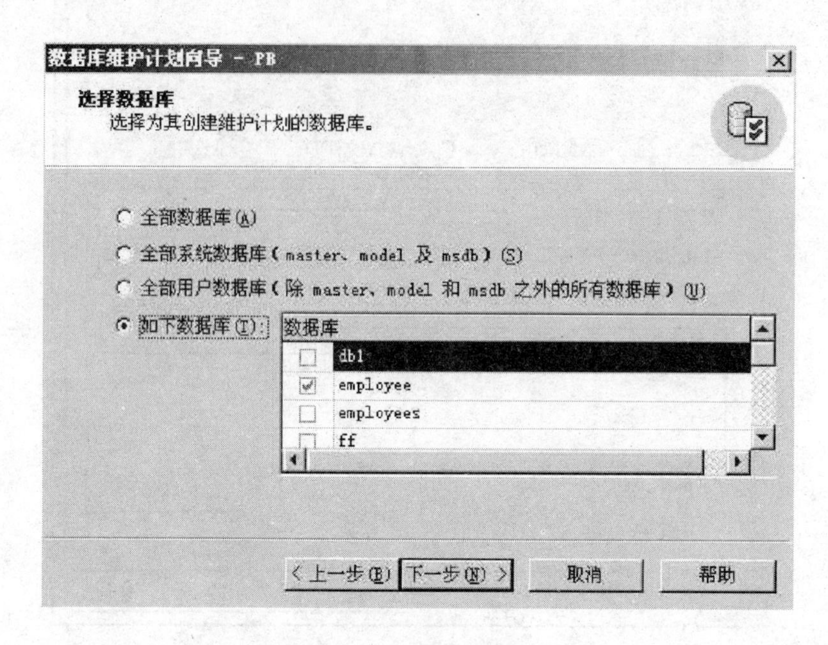

图7—12　选择需要维护的数据库

（3）单击“下一步”按钮，打开“更新数据优化信息”对话框。在此对话框中可以对数据库中的数据和索引进行重新组织，能够设定在满足一定条件的情况下，维护计划自动删除数据库中的未使用空间，以便提高性能，如图7—13所示。

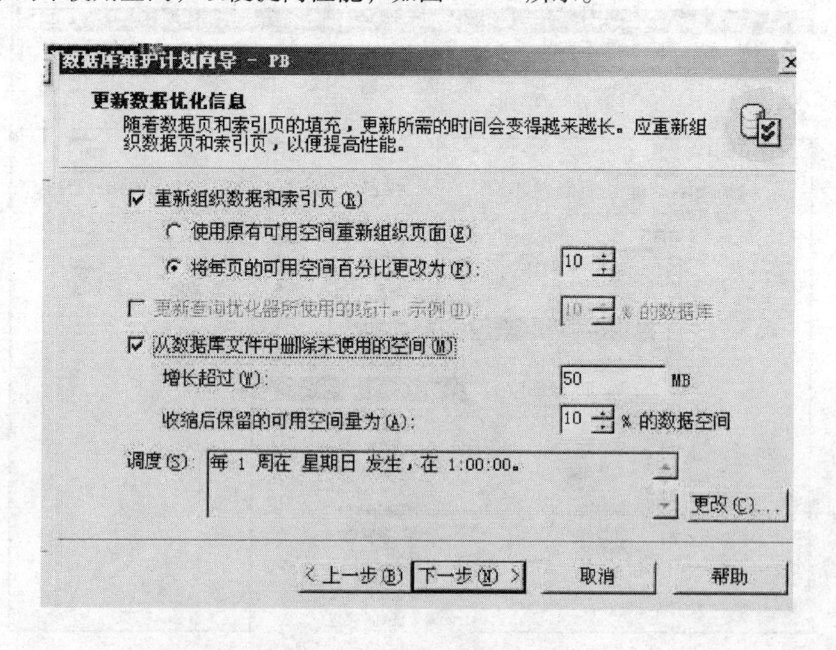

图7—13　更新数据优化信息

（4）单击“下一步”按钮，打开“编辑反复出现的作业调度”对话框，在此对话框中设定每项作业的持续运行时间和运行的频率。完成设置后，需选定右上角的“启用调度”复选框，如图 7—14 所示。

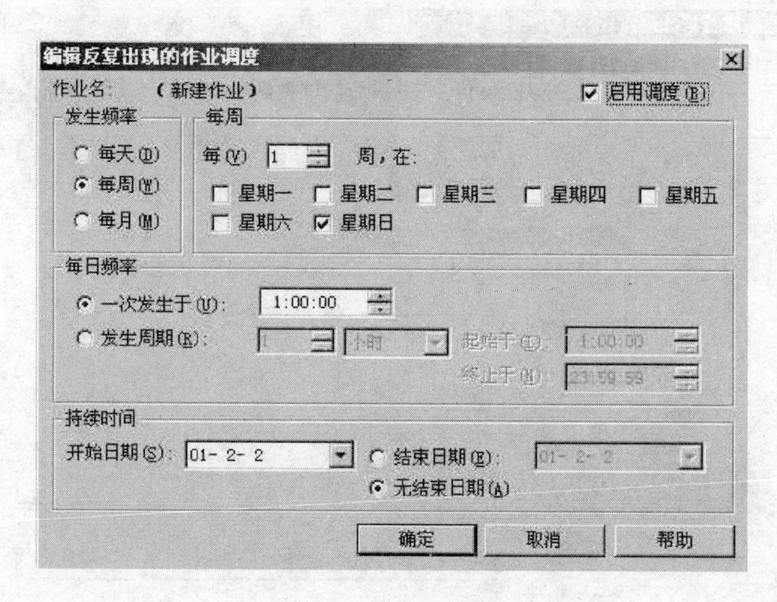

图 7—14　“编辑反复出现的作业调度”对话框

（5）单击“下一步”按钮，打开“检查数据库完整性”对话框，在此对话框中设定维护计划在备份数据库前自动检查数据库的完整性，以便检测由于硬件或软件错误而导致数据的不一致，如图 7—15 所示。

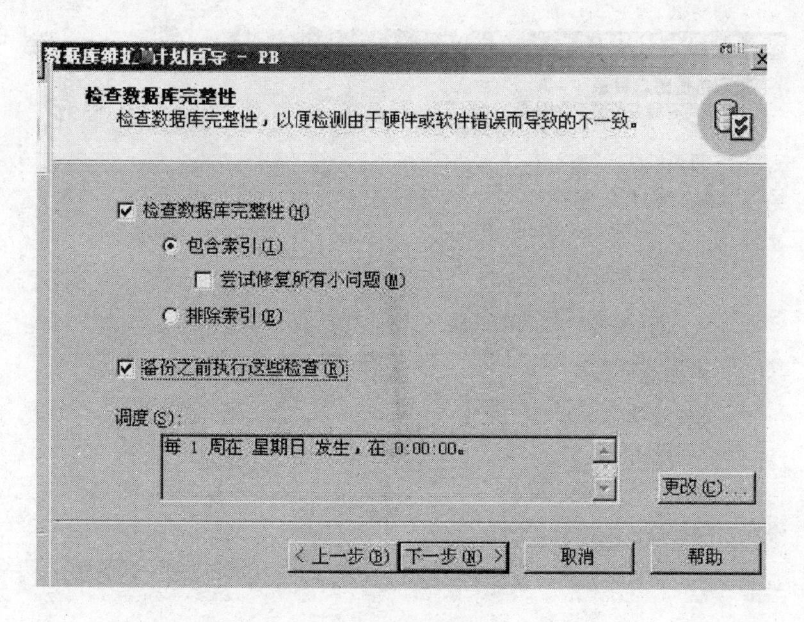

图 7—15　“检查数据库完整性”对话框

（6）单击“下一步”按钮，打开“指定数据库备份计划”对话框，在此对话框中设定数据库备份文件的完整性检查和备份设备，如图7—16所示。

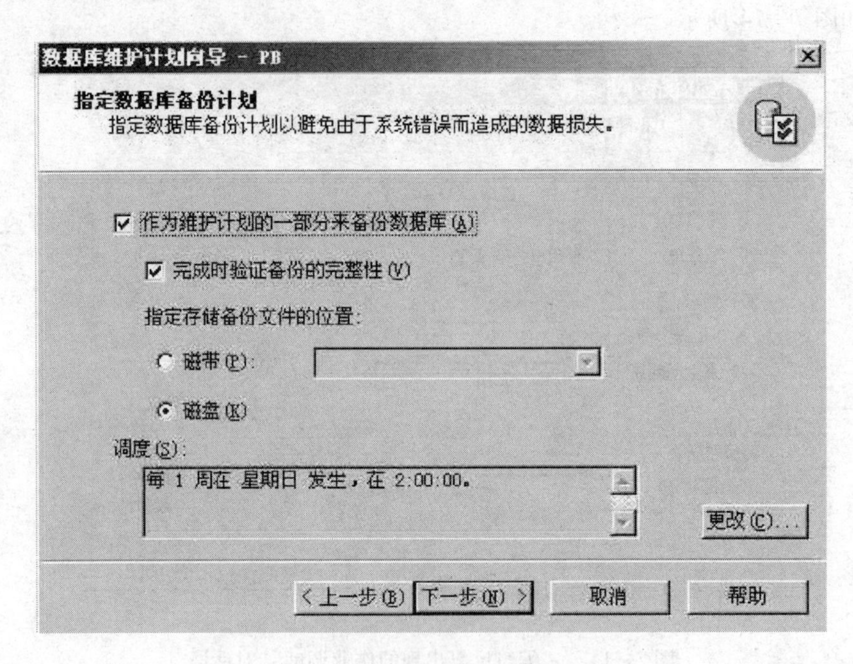

图7—16 “指定数据库备份计划”对话框

（7）单击“下一步”按钮，打开“指定备份磁盘目录”对话框，在此对话框中指定备份文件的存储目录和其他附属选项，如图7—17所示。

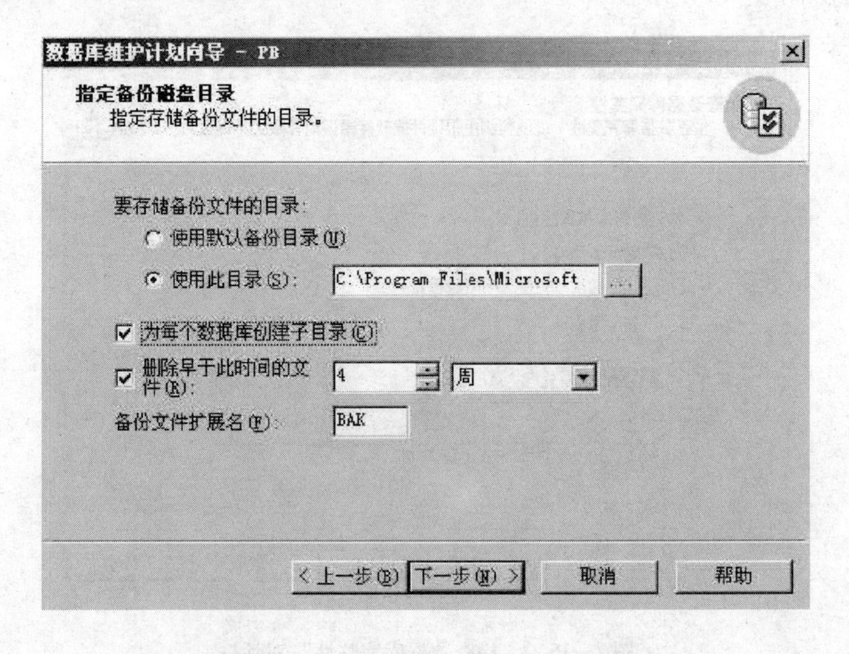

图7—17 “指定备份磁盘目录”对话框

（8）单击“下一步”按钮，打开“指定事务日志备份计划”对话框，在此对话框中设定事务日志文件备份文件的完整性检查和备份设备，如图7—18所示。

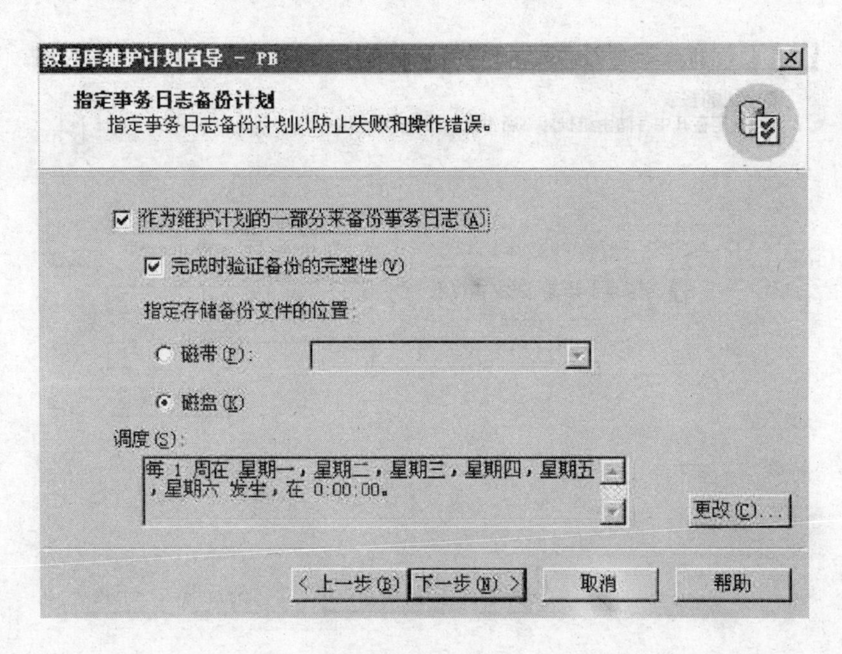

图7—18 “指定事务日志备份计划”对话框

（9）单击“下一步”按钮，打开“指定事务日志的备份磁盘目录”对话框，在此对话框中指定事务日志备份文件的存储目录和其他附属选项，如图7—19所示。

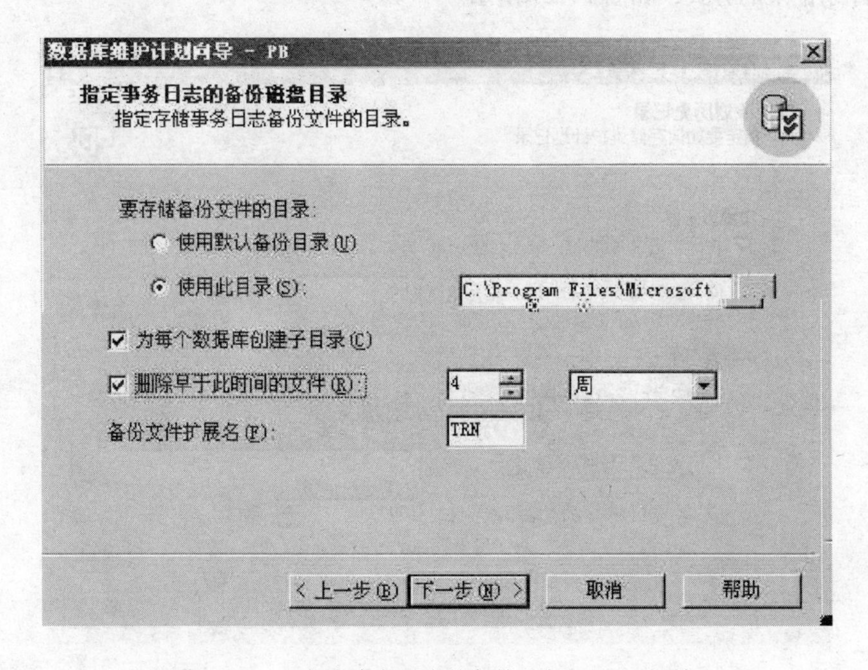

图7—19 “指定事务日志的备份磁盘目录”对话框

(10)单击“下一步”按钮，打开“要生成的报表”对话框，在此对话框中指定由此维护计划生成的报表的存储目录，如图7—20所示。

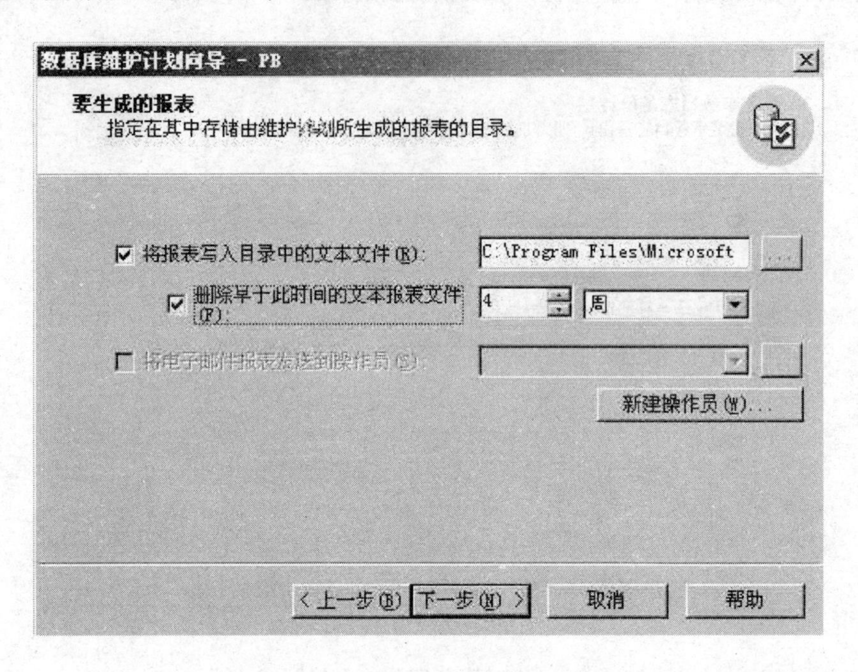

图7—20 “要生成的报表”对话框

(11)单击“下一步”按钮，打开“维护计划历史记录”对话框，在此对话框中指定存储维护计划记录的方式，如图7—21所示。

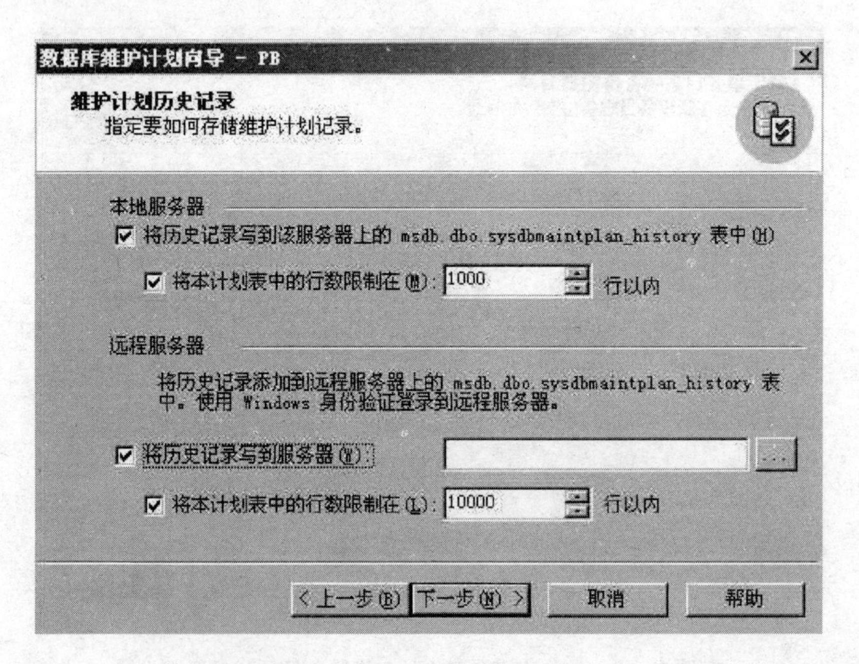

图7—21 “维护计划历史记录”对话框

（12）单击“下一步”按钮，在弹出的“完成数据库维护计划向导”对话框中输入该维护计划的名称，单击“完成”按钮，完成维护计划的创建。

四、系统数据类型

支持的数据类型包括整型数据类型、浮点数据类型、字符数据类型、日期和时间数据类型、文本和图形数据类型、货币数据类型、位数据类型、二进制数据类型、特殊数据类型、新增数据类型等。

1. 整型数据类型

整型数据类型是最常用的数据类型之一，它主要用来存储数值，可以直接进行数据运算，而不必使用函数转换。

（1）int（integer）。int（或 integer）数据类型可以存储从 -2^{31}（$-2\ 147\ 483\ 648$）到 $2^{31}-1$（2 147 483 647）范围之间的所有正负整数。

（2）Smallint。可以存储从 -2^{15}（$-32\ 768$）到 $2^{15}-1$ 范围之间的所有正负整数。

（3）Tinyint。可以存储从 0 到 255 范围之间的所有正整数。

2. 浮点数据类型

浮点数据类型用于存储十进制小数。浮点数值的数据在 SQL Server 中采用只入不舍的方式进行存储。

（1）Real。可以存储正的或者负的十进制数值，最大可以有 7 位精确位数。

（2）Float。可以精确到第 15 位小数，其范围从 $-1.79E-308$ 到 $1.79E+308$。

（3）Decimal 和 numeric。Decimal 数据类型和 numeric 数据类型完全相同，它们可以提供小数所需要的实际存储空间，但也有一定的限制，可以用 2 ~ 17 个字节来存储从 $-10^{38}-1$ 到 $10^{38}-1$ 之间的数值。

3. 字符数据类型

字符数据类型可以用来存储各种字母、数字符号和特殊符号。

（1）Char。其定义形式为 char（n），每个字符和符号占用一个字节的存储空间。

（2）Varchar。其定义形式为 varchar（n）。用 char 数据类型可以存储长达 255 个字符的可变长度字符串。

（3）Nchar。其定义形式为 nchar（n）。

（4）Nvarchar。其定义形式为 nvarchar（n）。

4. 日期和时间数据类型

（1）Datetime。用于存储日期和时间的结合体。它可以存储从公元 1753 年 1 月 1 日零时起到公元 9999 年 12 月 31 日 23 时 59 分 59 秒之间的所有日期和时间。

（2）Smalldatetime。与 Datetime 数据类型类似，但其日期时间范围较小，它存储从 1900 年 1 月 1 日到 2079 年 6 月 6 日内的日期。

5. 文本和图形数据类型

（1）Text。用于存储大量文本数据，其容量理论上为 1 到 $2^{31}-1$（2 147 483 647）个字节，但实际应用时要根据硬盘的存储空间而定。

（2）Ntext。与 Text 数据类型类似，存储在其中的数据通常是能直接输出到显示设备上的字符，显示设备可以是显示器、窗口或者打印机。

（3）Image。用于存储照片、目录图片或者图画，其理论容量为 $2^{31}-1$（2 147 483 647）个字节。

6. 货币数据类型

（1）Money。用于存储货币值，存储在 Money 数据类型中的数值以一个正数部分和一个小数部分存储在两个4字节的整型值中，存储范围为 -922 337 213 685 477. 580 8 ~ 922 337 213 685 477. 580 8，精度为货币单位的万分之一。

（2）Smallmoney。与 Money 数据类型类似，但其存储的货币值范围比 Money 数据类型小，其存储范围为 -214 748. 346 8 ~ 214 748. 346 7。

7. 位数据类型

Bit 称为位数据类型，其数据有两种取值：0 和 1，长度为 1 字节。

8. 二进制数据类型

（1）Binary。其定义形式为 binary（n），数据的存储长度是固定的，即 $n+4$ 字节，当输入的二进制数据长度小于 n 时，余下部分填充 0。

（2）Varbinary。其定义形式为 varbinary（n），数据的存储长度是变化的，它为实际所输入数据的长度加上 4 字节。其他含义同 binary。

9. 特殊数据类型

（1）Timestamp。也称时间戳数据类型，它提供数据库范围内的唯一值，反映数据库中数据修改的相对顺序，相当于一个单调上升的计数器。

（2）Uniqueidentifier。用于存储一个 16 字节长的二进制数据类型，它是 SQL Server 根据计算机网络适配器地址和 CPU 时钟产生的唯一号码而生成的全局唯一标识符代码（Globally Unique Identifier，GUID）。

10. 新增数据类型

（1）Bigint。用于存储从 -2^{63}（-9 223 372 036 854 775 807）到 $2^{63}-1$（9 223 372 036 854 775 806）之间的所有正负整数。

（2）sql_ variant。用于存储除文本、图形数据和 Timestamp 类型数据外的其他任何合法的 SQL Server 数据。

（3）table。用于存储对表或者视图处理后的结果集。这种新的数据类型使得变量可以存储一个表，从而使函数或过程返回查询结果更加方便、快捷。

五、数据库对象及操作

SQL Server 2000 数据库对象包括表、视图、索引、存储过程、触发器、图表等。

1. 数据表的一般操作

利用企业管理器或 Transact - SQL 语句可以对数据库表进行以下操作。

（1）创建表。在 SQL Server 2000 中，每个数据库中最多可以创建 200 万个表，用户创建数据库表时，最多可以定义 1 024 列，也就是可以定义 1 024 个字段。

（2）增加、删除和修改字段。利用企业管理器增加、删除和修改字段。在企业管理器中，打开指定的服务器中要修改表的数据库，用右键单击要进行修改的表，从弹出的快捷菜

单中选择“设计表”选项，则会出现“设计表”对话框，在该对话框中，可以利用图形化工具完成增加、删除和修改字段的操作。

（3）查看表结构。要查阅数据库表结构，用右键单击要查看其中数据的表名，在弹出的菜单中选择“属性”。

（4）查看表中的数据。要查阅数据库表中保存的数据，用右键单击要查看其中数据的表名，在弹出的菜单中选择“打开表”→“返回所有行”命令，将返回该表的所有数据行。也可以选择“查询”查看符合查询条件的数据。

（5）删除表。在企业管理器中，展开指定的数据库和表格项，用右键单击要删除的表，从快捷菜单中选择“除去表”选项，则会出现除去对象对话框。单击“全部删除”按钮，即可删除表。

2. 视图

视图是从一个或者多个表或视图中导出的表，其结构和数据是建立在对表的查询基础上的。和真实的表一样，视图也包括几个被定义的数据列和多个数据行，但从本质上讲，这些数据列和数据行来源于其所引用的表。因此，视图不是真实存在的基础表而是一个虚拟表，视图所对应的数据并不实际地以视图结构存储在数据库中，而是存储在视图所引用的表中。视图的优点和作用如下：

（1）可以使视图集中数据、简化和定制不同用户对数据库的不同数据要求。

（2）使用视图可以屏蔽数据的复杂性，用户不必了解数据库的结构，就可以方便地使用和管理数据，简化数据权限管理和重新组织数据以便输出到其他应用程序中。

（3）视图可以使用户只关心感兴趣的某些特定数据和所负责的特定任务，而那些不需要的或者无用的数据则不在视图中显示。

（4）视图大大地简化了用户对数据的操作。

（5）视图可以让不同的用户以不同的方式看到不同或者相同的数据集。

（6）在某些情况下，由于表中数据量太大，因此在设计表时常将表进行水平或者垂直分割，但表的结构变化会对应用程序产生不良的影响。

（7）视图提供了一个简单而有效的安全机制。

3. 索引

数据库中的索引与书籍中的索引类似，索引使数据库程序无须对整个表进行扫描，就可以在其中找到所需数据。数据库中的索引是某个表中一列或者若干列值的集合和相应的指向表中物理标志这些值的数据页的逻辑指针清单。索引具有如下作用：

（1）通过创建唯一索引，可以保证数据记录的唯一性。

（2）可以大大加快数据检索速度。

（3）可以加速表与表之间的连接，这一点在实现数据的参照完整性方面有特别的意义。

（4）在使用 ORDER BY 和 GROUP BY 子句中进行检索数据时，可以显著减少查询中的分组和排序时间。

（5）使用索引可以在检索数据的过程中使用优化隐藏器，提高系统性能。

4. 存储过程

SQL Server 提供了一种方法，它可以将一些固定的操作集中起来由 SQL Server 数据库服务器来完成，以实现某个任务，这种方法就是存储过程。

在 SQL Server 中存储过程分为两类：系统提供的存储过程和用户自定义的存储过程。

5. 触发器

触发器是一种特殊类型的存储过程，它不同于前面介绍过的存储过程。触发器主要是通过事件进行触发而被执行的，而存储过程可以通过存储过程名称而被直接调用。触发器是一个功能强大的工具，它使每个站点可以在有数据修改时自动强制执行其业务规则。触发器可以用于 SQL Server 约束、默认值和规则的完整性检查。

（1）触发器的特点

1）触发器是自动的。当对表中的数据作了任何修改（比如手工输入或者应用程序采取的操作）之后立即被激活。

2）触发器可以通过数据库中的相关表进行层叠更改。

3）触发器可以强制限制，这些限制比用 CHECK 约束所定义的更复杂。

（2）触发器的应用

1）INSERT 触发器。INSERT 触发器通常被用来更新时间标记字段，或者验证被触发器监控的字段中的数据满足要求的标准，以确保数据的完整性。

2）UPDATE 触发器。修改触发器和插入触发器的工作过程基本一致，修改一条记录等于插入了一条新的记录并且删除一条旧的记录。

3）DELETE 触发器。DELETE 触发器通常用于两种情况：

第一种情况是为了防止那些确实需要删除但会引起数据一致性问题的记录的删除。

第二种情况是执行可删除主记录的子记录的级联删除操作。可以使用这样的触发器从主销售记录中删除所有的订单项。

4）嵌套的触发器。如果一个触发器在执行操作时引发了另一个触发器，而这个触发器又接着引发下一个触发器，以此类推，这些触发器就是嵌套触发器。触发器可嵌套至 32 层，并且可以控制是否可以通过“嵌套触发器”服务器配置选项进行触发器嵌套。如果允许使用嵌套触发器，且链中的一个触发器开始一个无限循环，则超出嵌套级，而且触发器将终止。在执行过程中，如果一个触发器修改某个表，而这个表已经有其他触发器，这时就要使用嵌套触发器。

6. 图表

图表（又称关系图）是 SQL Server 中一类特殊的数据库对象，它提供给用户直观地管理数据库表的方法。通过图表，用户可以直观地创建、编辑数据库表之间的关系，也可以编辑表及其列的属性。

第八章

设备监控系统软件知识

在设备监控系统硬件架构的基础上，需要通过对系统软件的编辑实现系统的用户功能，一个好的监控系统软件不仅可为用户提供友好、美观的人机界面，更应切合项目的需要，实现优化的控制策略，以使系统达到适用性要求和稳定性要求。

第一节　系统软件及控制要求

控制系统软件主要由操作系统、监控系统、数据库等部分组成，通过对这些软件合理的配置和编辑，共同实现对系统的控制功能。

一、系统软件知识

1. 操作系统

目前计算机操作系统有 Windows、UNIX 及 Linux 等，控制系统通常应用在 Windows 操作系统中，下面主要对控制系统常用的 Windows 操作系统进行介绍。目前控制系统常用的 Windows 系统有 Windows 2000、Windows XP 和 Windows 2003。

（1）Windows 2000。Windows 2000 版本主要面向公司用户，包括 Server、Advanced Server 和 Data Center Server。Windows 2000 在稳定性、安全性等方面取得了长足进步，它属于 Windows NT 的升级版，其网络管理功能大大增强。硬件上更大的支持也让 Windows 2000 有了更高的性能，Windows 2000 Professional 最多支持达 4 GB 的 RAM 和两路对称多处理器。由于微软公司对 Windows 2000 停止技术支持，新监控系统的驱动可能会存在问题。

（2）Windows XP。Windows XP 系统稳定性大大提高，不过由于微软公司把越来越多的第三方提供软件整合在操作系统中，这些软件包括防火墙、媒体播放器（Windows Media Player）、即时通信软件（Windows Messenger），以及它与 Microsoft Passport 网络服务的紧密结合，可能存在安全风险以及对个人隐私的潜在威胁。微软公司考虑计算机的安全需要，内建了极其严格的安全机制，控制软件配置的缺漏可能会导致监控系统信息的丢失。

(3) Windows 2003。Windows 2003 加强了网络的协助共享、管理、保护和备份内部网络上文件的工具和技术，加强在电子邮件及通信方面的管理，保护 Internet 连接安全的技术，并支持应用关系数据库，使 Windows 2003 成为广泛的网站解决方案，并对 . net 技术扩展到服务器的应用范围。监控系统一般工作站上较少使用，只有服务器上使用。

2. 监控系统软件

轨道交通通常使用 PLC 控制系统，下面就 PLC 系统监控软件进行介绍。PLC 系统监控软件通常分为上位机软件和下位机软件。

(1) 上位机软件。轨道交通系统是公共交通行业，为了保证系统能安全可靠地运行，通常采用国外 PLC 设备，国外 PLC 系统知名厂家有 GE、西门子、罗克韦尔、施耐德等，目前国内的 PLC 设备在稳定可靠性上有了长足的进展。下面主要对国外 PLC 厂家的上位机软件做进一步介绍。

1) GE。GE 公司常用的 PLC 上位机软件为 CIMPLICITY，可与 100 多个厂家的 200 多种控制设备通信。除了 PLC 系统之外，CIMPLICITY 还可与 DCS、智能 I/O、CNC 通信。通信驱动程序可以是内置、DDE、Applicom、OPC。典型的 Server 与 Viewer 网络结构由 Server 采集控制器的数据并广播给 Viewer，CIMPLICITY 提供的基本数据动态显示功能包括数值显示、文本显示、对象颜色变化、棒状图、旋转、平移等。CIMPLICITY 提供的变量时间趋势图和 XY 画笔功能可以帮助用户分析生产情况。AutoCAD、PowerPoint、Visio、CoreDRAW 等的图形可以插入 CIMPLICITY 中，并可被拆组和动态连接。

2) 西门子。西门子公司常用的 PLC 上位机软件为 SIMATIC WinCC，它是第一个使用最新的 32 位技术的过程监视系统，是世界上第一个集成的人机界面（HMI）软件系统，具有良好的开放性和灵活性，用来处理生产和过程自动化。WinCC 是在生产过程自动化中解决可视化和控制任务的工业技术系统。它提供了适用于工业的图形显示、信息、归档以及报表的功能模板。高性能的过程耦合、快速的画面更新以及可靠的数据传送使其具有高度的实用性。

3) 罗克韦尔。罗克韦尔公司常用的 PLC 上位机软件为 RSView32，上位机通过 RSLINX 软件建立与 PLC 的连接。它是一种集成式的、组件化的人机接口软件，它运行于 Windows 操作系统下，RSView32 具有模块化、易扩充性、分布式体系结构，数据库、系统设置、内置高级语言编写的程序、画面和数据处理等功能相对独立，在线修改某一个功能模块时不会影响其他模块的正常执行。可以很方便地完成工艺监控画面的形成、数据实时采集、趋势记录分析、报警报表打印等任务。该组态软件还具有很强的网络浏览器集成功能、嵌入标准的编程语言（VB）、在线帮助、支持实时视频图像和嵌入字处理、电子表格和 ActiveX 文本等功能。该软件包括运行版和开发版。各站运行版都有授权，开发版可供多用户使用。

4) 施耐德。施耐德公司常用的 PLC 上位机软件为 Monitor Pro，它是一个采用当今开放的系统标准，基于对象设计的 SCADA 系统，一直是工控软件的先驱，逐步发展为跨平台的工控软件，第一个将 Microsoft 的 Distributed Network for Application 技术应用到工控软件中；形成真正的 Server/Client 结构，方便数据集成，可以在节点之间很容易地共享数据，Client/Server 结构采用标准接口 OPC 通信，使外部软件开发极其灵活，更可以和硬件相兼容。

（2）下位机软件

1）GE。目前GE PLC的编程软件有Logicmaster 90、Control 90、VersaPro三种。其中VersaPro为GE Fanuc PLC的主要编程软件。目前已提供了梯形图RLD、语句指令IL、C语言、SFC等编程语言。具有梯形图和语句指令相互转换的功能，已将Motion控制编程和PLC控制编程集成在一起。

2）西门子。西门子常用的下位机软件为STEP7 - Micro/WIN32编程软件，是基于Windows的应用软件，功能强大，主要用于开发程序，也可用于适时监控用户程序的执行状态。采用SIMATIC指令编写的程序执行时间短，可以使用LAD、STL、FBD三种编辑器。

3）罗克韦尔。罗克韦尔常用的下位机软件是RSLogix，它提供了纯32位的、极具灵活性和易用型的PLC编程工具软件。RSLogix运行在Windows环境中，软件都提供了相同的、极具易用性的操作界面，可以大大节省培训和开发的时间。软件除了编程以外，还提供了通信诊断功能。

4）施耐德。施耐德常用的下位机软件为CONCEPT，是一个基于Microsoft Windows环境的编程软件，为整个控制系统的开发提供了一个统一的开发环境。借助于熟悉、标准的编辑器，可对各I/O点进行设置并把数据存到一定的寄存器中，以便上位机读取。可采用面向对象的编程方式自定义设备功能块，同时CONCEPT自带的32位IEC模拟器提高了编程和调试的效率。

3. 数据库

（1）实时数据库

1）支持分布式结构。

2）实时数据库系统具有高可靠性和数据的完整性。

3）提供企业级实时信息系统客户端应用工具。

4）具有灵活的扩展结构，可满足用户的各种需求。

5）具有高速的数据存储和检索性能。

6）实时数据库是单独的进程，保证数据处理的实时性。

7）具有报警管理功能，可以方便查询报警和事件。

8）支持OPC、DDE、ODBC、ActiveX等标准。

9）从相关系统中读写过程数据。

（2）历史数据库

1）软件部分包含中、大型的数据库，数据库用于储存历史数据。数据包括所有的模拟、逻辑及脉冲等I/O信息和中间量信息。

2）数据库可容纳最少三个月的原始数据记录，数据以模拟、数字、脉冲及事件形式等为基础。所有数据均可于系统内各监视画面上显示及报告。

3）数据库具备一定的权限限制功能，可根据使用者的权限分级供其使用。

4）支持分布式数据库结构。

5）具有高速的数据存储和检索性能，操作人员可以完成数据查询、数据输入、制定报表、打印报表等工作。

6）数据可采用条件查询、模糊查询、组合查询等多种查询方式。

（3）监控系统数据库。为满足不同厂家设备间互相通信的需要，一般监控软件提供ODBC进行数据库互联，ODBC数据连接一般支持Access和SQL Server数据库，它向数据库内添加报警、事件、点值，然后通过ODBC的兼容应用检索信息并且产生报告。监控系统的用户不必了解有关的SQL或数据库内部结构即可配置输入数据库表的内容，输入表的内容一般应包括以下几点：

1）报警。报警的内容包括报警生成、清除、响应或删除。如设备有故障、系统设备停止、数据库连接丢失及控制软件意外结束等内容。

2）事件。事件是指登录系统和用户定义的事件，如使能禁止点的报警、点的报警限制、报警恢复、用户登录、注册、注销等信息。

3）点数据。点数据可以以不同的方式添加，如指定时间、时间周期、状态变化、点值更新等内容。

二、系统控制要求

根据轨道交通设计规范等国家有关规范性文件以及线路、站点的实际工艺要求，轨道交通监控系统需要实现以下主要监控要求。

1. 控制工艺

监控对象系统性工艺根据各子系统有自身的特殊要求，一般子系统包括通风空调、隧道通风、冷水机组等。

（1）通风空调。通风空调、防排烟系统分为空调季节小新风、空调季节全新风、非空调季节、夜间运行、火灾事故运行等工况。通风空调模式见表8—1。

1）空调季节小新风工况。当车站站内焓值小于车站站外焓值时，运行小新风空调运行工况。

2）空调季节全新风工况。当车站站内焓值大于等于车站站外焓值且车站站外温度大于车站设定温度时，运行全新风空调运行工况。

3）非空调季节工况。当车站站外温度小于等于车站设定温度，运行全新风非空调运行工况。即当外界空气温度低于空调送风温度时，停止冷水机组运行，外界空气不经冷却处理直接送至空调区域，回排风则全部排出车站。

4）夜间运行工况。夜间车站停止客运后停止车站空调公共区设备的运行，车站设备区设备根据设备房实际情况而定。

5）火灾事故运行工况。车站公共区发生火灾时，立即停止车站公共区空调水系统，转换到车站公共区火灾模式。当站台层发生火灾时，站台排烟系统和车站隧道通风系统进行排烟。当站厅层发生火灾时，站厅排烟系统进行排烟，同时站台内送风。

表8—1　　　　通风空调模式

序号	运行模式
1	空调季节小新风
2	空调季节全新风
3	非空调季节

续表

序号	运行模式
4	夜间运行
5	站厅层火灾
6	站台层火灾

（2）隧道通风。隧道通风空调系统的运行状态分为正常、轨行区火灾及区间阻塞等运行模式。隧道通风模式见表8—2。

1）正常运行模式。包括早通风、正常运行、晚通风、夜间运行。

2）轨行区火灾。包括车站轨行区火灾和隧道轨行区火灾。车站轨行区一般分为左线和右线，隧道轨行区火灾需要根据列车在隧道轨行区位置、火灾位置再进一步判断运行模式，一般有顺向送风和逆向送风两种模式，如是长隧道区间的情况需根据现场实际确定。

表8—2　　隧道通风模式

序号	运行模式	
1	早通风	
2	正常运行	
3	晚通风	
4	夜间运行	
5	车站左线轨行区火灾	
6	车站右线轨行区火灾	
7	隧道轨行区左线火灾	顺向送风
8		逆向送风
9	隧道轨行区右线火灾	顺向送风
10		逆向送风
11	区间左线阻塞	
12	区间右线阻塞	

（3）水系统。水系统模式（见表8—3）根据整个水系统的负荷情况，增减运行冷水机组及对应水泵的数量。具体运行模式可根据冷水机组的数量确定。

表8—3　　水系统模式

序号	运行模式
1	非空调季节
2	系统运行负荷1
3	系统运行负荷2
……	……

2. 主要设备工艺要求

（1）风机和风阀

1）开风机时，联动风阀必须已打开，并且主风路的风阀必须打开。

2）关风阀时，联动风机必须已关闭并延时一段时间，如属于主风路的风阀，风路上的风机必须已关闭并延时一段时间。

（2）空调器

1）开空调器时，联动风阀必须已打开；同时全新风阀、小新风阀、回风阀三者之一必须已打开。

2）关空调器时，小新风机和回风机均须关闭。

（3）新风机。开新风机时，新风机联动风阀和空调器均须打开。

（4）回风机。开回风机时，回风阀和空调器均须打开。

（5）隧道风机。隧道双向风机正、反向切换必须经过延时。

（6）冷水机组

1）设备开启顺序为：开启水系统管路上的冷冻水、冷却水电动蝶阀；待电动蝶阀开到位后，开冷水机组，再开冷却水泵→冷却塔→冷冻水泵→冷水机组。

2）设备关闭顺序为：冷水机组→冷却塔→冷却水泵→冷冻水泵（维持打开约 3 min 后关闭），冷冻水泵已停止后关掉水系统管路上的冷冻水、冷却水电动蝶阀。

三、系统开发

系统开发主要包括硬件组态及控制软件编辑两个主要部分，这两个部分是相辅相成的，开发包含系统开发计划、系统需求定义、系统开发设计、系统测试计划、系统技术文件提供、质保期的技术支持、系统的维护完善及系统的用户培训等过程。系统开发是一个不断循环的过程，其模型如图 8—1 所示。

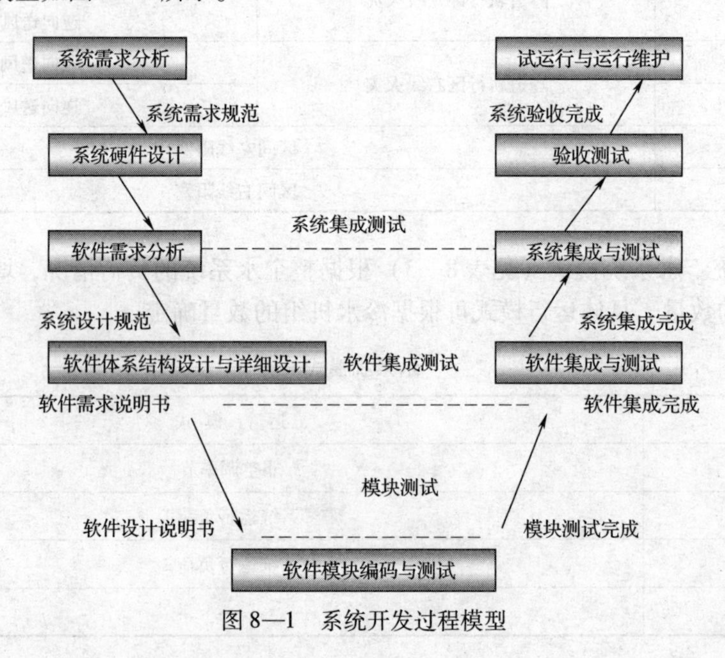

图 8—1　系统开发过程模型

各阶段开发过程详细描述如下：

1．系统开发计划

系统开发计划内容包括以下几点：

（1）系统的实施目标。

（2）系统开发的人员组织结构。

（3）系统开发的进度和进度控制以及各开发过程的确认标准。

（4）该软件开发计划要与买方不断探讨并提交审查和确认。

2．系统需求分析和定义

系统需求分析和定义是系统开发的第一步。系统需求包括系统功能、系统性能等详细描述和定义。

（1）系统功能。包括控制功能、通信功能、数据管理功能、显示功能、报警功能。

（2）系统性能。包括响应时间、存储容量、计算精度、系统安全性等。编写出监控系统规格书以作为整个监控系统的设计施工基础。监控系统规格书包括以下内容：

1）硬件结构。描述硬件结构的性能、可扩展性、操作系统，并详细列出硬件清单，包括计算机数量、操作系统软件、终端数量、打印机数量、网络设备数量、各种硬件设备的规格型号等。

2）软件结构。包括用户图形显示功能、报警功能、操作功能、打印功能、历史曲线、统计报表、数据存储和管理功能、软件系统可扩展性、第三方软件要求、系统可移植性等。

3）网络结构。包括整个监控系统的网络通信结构、每一级网络的性能、可扩展性、网络设备清单等。

4）系统接口。主要考虑本监控系统与其他系统的接口。

3．系统设计

系统的设计过程分为总体设计和详细设计两个过程。

（1）总体设计

1）控制系统的模块化包括程序流程结构图、变量定义、主模块结构、子模块功能、模块间数据传递、地址分配表。

2）人机界面的定义，主要包括以下内容：

①全线概况监控画面。

②各车站监控画面。

③故障报警画面。

④历史曲线画面。

⑤统计报表画面。

⑥系统通信监视画面。

⑦操作提示和错误操作警示画面。

⑧操作人员登录画面等。

（2）详细设计。详细设计的目的是具体确定目标系统的精确描述。针对 CIMPLICITY HMI 面向对象应用程序的详细设计主要包括以下内容：

1）设备对象的详细定义。定义与监控软件连接的输入和输出设备的确定。

2）接口对象的详细定义。定义软件间数据通信的通信规约的确定。

3）数据点对象的详细定义。

4）操作图形画面对象的详细定义。

5）报警等级对象的详细定义。

6）角色对象的详细定义。

7）资源对象的详细定义。

8）数据库对象的详细定义。

（3）编码

1）人机界面编码过程是将软件详细设计中的软件功能和各个对象利用上位机的开发工具予以实现，形成监控图形画面、用户管理、故障报警、打印、数据库登录、历史数据处理等详细的每一个功能。

2）控制器控制软件的编制过程主要是将程序流程图和逻辑图转换成控制逻辑程序，如PLC控制系统中的梯形图程序。

4. 调试

（1）实验室模拟调试。软件编码完成以后将对软件的功能进行模拟调试，建立与工程现场环境类同的监控系统模型，逐项调试每一项功能，以检查和完善软件功能。

（2）软件系统现场调试。现场调试的主要内容如下：

1）对整个监控系统进行现场集成。

2）调试工厂模拟中无法完成的功能调试和测试。

3）对每一个遥信、遥测输入点从真实的设备上置位，检查在图形监控画面上显示和报警是否正确，数据库登录是否正确。

4）用图形监控画面进行遥控操作，检查实际设备动作是否正确。

5）PLC程序的控制功能调试和测试，通信网络的调试和测试。

第二节　系统程序控制

车站设备监控系统主要的程序控制有时间表控制、模式控制和调节控制等控制方式。

一、时间表控制

时间表控制是控制系统常用的控制方式之一，设备监控系统的时间表设定有两种形式可以实现，即控制中心时间表或车站时间表。

1. 控制中心时间表

设备监控系统与线网的主时钟对时通常在控制中心进行，在控制中心实现时间表控制，整个控制系统具有良好的统一性，因此这是设备监控系统主要的时间表实现方式。

2. 车站时间表

车站工作站、控制器都能够按照一定的周期与控制中心进行时钟对时，与整个线网的主时钟保持一致，但各设备对时周期内运算存在一定差异，可能会导致各站时间表存在差异，

因此，设备监控系统一般不采用这种时间表实现方式，仅作为控制中心服务器时间表设定的后备辅助方式。

3. 时间表的应用

设备监控系统时间表控制通常用来控制正常运行模式的启停，特别是大系统通风、隧道通风及冷水系统的启停。设备监控系统时间表控制根据轨道交通系统运营时间进行时间表的设置，表8—4所列为基本设定，具体可根据实际情况进行调整。

表8—4　　时间表基本设定

序号	控制要求	时间设置点
1	隧道通风开启	轨道交通系统运行前1 h
2	隧道通风关闭，大系统全新风开启	轨道交通系统运行前0.5 h
3	大系统全新风关闭，大系统小新风开启	轨道交通系统运行
4	大系统自动调节，冷水系统开启	轨道交通系统运行1 h后
5	冷水系统关闭	轨道交通系统运行结束前1 h
6	大系统通风关闭	轨道交通系统运行结束
7	隧道通风开启	轨道交通系统运行结束后0.5 h
8	隧道通风关闭	轨道交通系统运行结束后1 h

二、模式控制

设备监控系统模式控制方式分为系统自动判断控制模式、灾害信息触发控制模式及手动触发控制模式，原则上优先权从高至低顺序为手动触发控制模式、灾害信息触发控制模式、系统自动判断控制模式。

1. 通风空调控制

（1）一般通风空调控制

1）自动模式控制。车站通风空调正常模式控制通常采用时间表进行自动控制，一般是列车开始运营前开启早通风，进行早通风后再根据车站的温度自动判断运行模式，在列车停止运行前停止公共区域的通风空调。设备区域的通风空调系统根据重要的设备房间温度要求进行自动调节控制。

2）灾害信息控制。通常采用事件信息触发进行控制，实现通风系统控制，即设备监控系统接收到火灾报警系统的报警信息后，使用事件触发运行灾害模式。

3）手动控制。设备监控系统接收操作人员对人机界面、应急操作盘进行操作，系统响应该类操作，启动通风空调的运行灾害模式。

（2）隧道区间通风控制

1）正常模式控制。隧道通风正常模式控制通常采用时间表进行控制，一般是列车开始运营前开启早通风，进行早通风后再运行日间运行模式，在列车停止运行后进行晚通风，晚通风后运行夜间模式。

2）隧道通风空调灾害模式控制。通常采用事件触发进行控制，设备监控系统在控制中心中央设备接收到信号系统列车阻塞及列车司机提供的灾害信息后，使用事件触发运行灾害模式。

3）手动控制。设备监控系统接收操作人员对人机界面、应急操作盘进行操作，系统响应该类操作，启动隧道阻塞模式。如是列车灾害模式，需从行车调度处获取列车灾害发生在列车的位置后，人工操作运行灾害模式。

2. 照明

（1）一般照明

1）正常模式控制。车站一般照明正常模式控制通常采用时间表进行控制，一般是列车开始运营前开启，在列车停止运行后停止。

2）车站一般照明灾害模式控制。通常采用事件触发进行控制，设备监控系统接收到火灾报警系统的报警信息后，使用事件触发自动运行灾害模式。

3）手动控制。设备监控系统接收操作人员对人机界面、应急操作盘进行操作，系统响应该类操作，启动灾害运行模式。

（2）应急照明及导向

1）车站一般照明灾害模式控制。通常采用事件触发进行控制，设备监控系统接收到火灾报警系统的报警信息后，使用事件触发自动运行灾害模式。

2）手动控制。设备监控系统接收操作人员对人机界面、应急操作盘进行操作，系统响应该类操作，启动灾害运行模式。

3. 给排水

给排水系统的水泵及水位一般执行只监视不控制的原则，只对区间电动蝶阀进行控制。

（1）正常模式控制。正常时开启区间给水的电动蝶阀。

（2）给排水灾害模式控制。通常采用事件触发进行控制，设备监控系统接收到区间水管压力失压的报警信息后，使用事件触发灾害模式，关闭电动蝶阀。

三、调节控制

设备监控系统调节控制主要是对车站温度、冷水机组的压差进行PID调节控制。

1. PID控制

（1）PID参数对控制性能的影响

1）控制器增益K_c或比例度δ。增益K_c的增大（或比例度δ下降）使系统的调节作用增强，但稳定性下降。

2）积分时间T_i。积分作用的增强（即T_i下降）使系统消除余差的能力加强，但控制系统的稳定性下降。

3）微分时间T_d。微分作用增强（即T_d增大）可使系统的超前作用增强，稳定性得到加强，但对高频噪声起放大作用，主要适合于特性滞后较大的广义对象，如温度对象等。

（2）工业PID控制器的选择。当工业对象具有较大的滞后时，可引入微分作用；但如果测量噪声较大，则应先对测量信号进行一阶或平均滤波。

1）温度、成分选PID。

2）流量、压力选PI。

3）液位、物料选 P。

2. 温度调节

环境温度调节是通过调节经过空调器表冷器的冷水流量来进行的，是对车站大空间的温度调节，属于大惯性滞后自动调节系统，当参数调节不合适时，将会导致系统持续振荡。其原因是存在较大惯性组件（环节）或滞后（delay）组件，具有抑制误差的作用，其变化总是落后于误差的变化。在控制器中仅引入比例项往往是不够的，比例项的作用仅是放大误差的幅值，而目前需要增加的是微分项，它能预测误差变化的趋势，能够提前使抑制误差的控制作用等于零，甚至为负值，从而避免了被控量的严重超调比例。微分控制器能改善系统在调节过程中的动态特性。

3. 压差调节

冷水机组集水器与分水器间的压差调节是保持冷水系统整体运行效果的主要环节，通过调节阀门或水泵变频器的开度来调节阀前后的压差。对压差的调节属于快速的自动调节系统，当参数调节不合适时，将会导致系统持续振荡。压力闭环控制一般只用 PI 控制。

第三节　系统通信接口

设备监控系统接收监控对象的状态信息，除了硬线方式连接外，还有双方进行通信连接的方式，双方进行通信可以是控制器之间的通信连接，也可以是计算机间的通信连接，它们的连接都要求双方使用相同的通信协议，对数据校验、数据格式、数据内容进行规约才能够实现。设备监控相同控制器间连接常用的通信协议为 Modbus，而计算机间常用 OPC 技术进行连接，下面将重点就 Modbus 与 OPC 技术展开介绍。

一、通信协议

常用的通信协议有 Modbus、Profibus - DP、Devicenet 和 Ethernet 等。下面主要以 Modbus 为例进行介绍。

1. Modbus 协议

Modbus 是 MODICON 公司于 1979 年开发的一种通信协议。它是一种在工业领域被广为应用的真正开放、标准的网络通信协议。它描述了一个控制器请求访问其他设备的过程，如何回应来自其他设备的请求，以及怎样侦测错误并记录。它制定了消息域格局和内容的公共格式。Modbus 通信采用主—从技术，即主设备查询从设备，从设备根据主设备的查询指令提供数据响应。

（1）查询。查询指令中的功能代码告知被选中的从设备要执行何种功能。数据段包含了从设备要执行功能的任何附加信息。例如，功能代码 03 是要求从设备读保持寄存器并返回它们的内容。数据段包含了告知从设备的信息：从何寄存器开始读及要读的寄存器数量。错误检测域为从设备提供了一种验证消息内容是否正确的方法。

（2）响应。如果从设备产生一个正常的响应，响应消息中的功能代码是对查询消息中的功能代码的回应。数据段包括了从设备收集的数据，如寄存器值或状态。

如果有错误发生，响应功能码将被修改，表明响应消息是错误的，同时数据段包含了描述此错误信息的代码。

2. 传输方式

Modbus 通信协议分为 RTU 协议和 ASCⅡ协议。通信数据量少而且主要是文本的通信采用 Modbus ASCⅡ规约；通信数据量大而且是二进制数值时，多采用 Modbus RTU 规约。选择的模式包括串口通信参数（如波特率、校验方式等），在配置每个控制器的时候，在一个 Modbus 网络上的所有设备都必须选择相同的传输模式和串口参数。两种方式具体见表 8—5。

表 8—5　　Modbus 通信协议设置参数

项目	RTU 方式	ASCⅡ方式
字节长度	8 bits	7 bits
奇偶校验	1bit or 0 bit	1 bit or 0 bit
字节中止	1bit or 2 bits	1bit or 2 bits
开始标记	不要	：（冒号）
结束标记	不要	CR，LF
数据间隔	<24 bit	<1 s
出错检验方式	CRC－16	LRC

3. 通信接口的实现

通信接口的实现是通信双方确定通信规约的一个过程。通信规约包括传输方式、信息帧格式、地址码、功能码、数据区、错误校验码等内容。下面就以监控系统与冷水机组使用 Modbus RTU 进行通信连接为例展开介绍。

（1）传输方式。设备监控系统和冷水机组的通信采用 Modbus RTU 模式。同一个 Modbus 网络上的所有设备都应选择相同的传输模式和串口参数。

（2）信息帧格式。Modbus RTU 信息帧结构见表 8—6。

表 8—6　　Modbus RTU 信息帧结构

起始位	地址码	功能码	数据区	错误校验码	结束符
T1－T2－T3－T4	8 位	8 位	N×8 位	16 位	T1－T2－T3－T4

使用 RTU 模式，消息发送至少要以 3.5 个字符时间的停顿间隔开始（如 T1－T2－T3－T4）。在最后一个传输字符之后，一个至少 3.5 个字符时间的停顿标定了消息的结束。一个新的消息可在此停顿后开始。

（3）地址码。传输字符采用十六进制。地址码是信息帧的第一字节（8 位），从 0 到 255。这个字节表明从设备地址。每个从设备都有唯一的地址码，并且只有符合地址码的从设备才能响应回送。当从设备回送信息时，对应的地址码表明该信息来自于何处。设备监控系统对从站设备地址码规划见表 8—7。

表 8—7　地址码规划示例

地址范围	描述
1－10	监控系统内部使用
11－13	冷水机组 1 使用
11，12	冷水机组 2 使用

（4）功能码。主设备发送的功能码告诉从设备执行什么任务。从设备回应时该字段的高位字节由从站设定，它表示向主站返回的应答报文是否正常。如果是正常报文，该位总是“0”；如果是异常报文，最高 bit 位设置为“1”。功能码列表见表 8—8。

表 8—8　功能码列表

代码	含义	操作
01	读线圈状态	读取离散量输出开闭状态（0××××）
02	读输入状态	读取离散量输入开闭状态（1××××）
03	读保持寄存器	读取一个或多个保持寄存器值（4××××）
04	读输入寄存器	读取一个或多个输入寄存器值（3××××）
05	强制单一线圈	对单一线圈进行强制开闭（0××××）
06	强制单一寄存器	把设定值写入单一寄存器（4××××）
15	强制多个线圈	对连续多个线圈进行强制开闭（0××××）
16	写多个寄存器	对多个寄存器写（4××××）

（5）数据区。数据区包含需要从设备执行什么动作或由从设备采集的返送信息。这些信息可以是数值、参考地址等。例如，功能码告诉从设备读取寄存器的值，则数据区必须包含要读取寄存器的起始地址及读取长度。对于不同的从设备，地址和数据信息都不相同。

（6）错误校验码。主设备或从设备可用校验码判别接收信息是否出错。错误校验采用 CRC（循环冗余校验）－16 校验方法。CRC 检测使用 RTU 模式，由信息码、校验码两部分组成。前部分是需要校验的信息；后部分是基于 CRC 方法的错误检测域，用于检测整个消息的内容。CRC 域为 2 字节，含一个 16 位二进制数据。由发送设备计算 CRC 值，并把计算值附在信息中，接收设备在接收信息时重新计算 CRC 值，并与接收到的 CRC 域中的实际值进行比较，若两者不相同，则证明传输错误。

CRC 开始时先把寄存器的 16 位全部置成“1”，然后把消息中连续的字节（8 bit）数据放入当前 CRC 寄存器中进行处理。每个字节中的 8 bit 数据对 CRC 有效，起始位和停止位以及奇偶校验位均无效，不进行运算。

产生 CRC 期间，每 8 位数据与 CRC 寄存器中的值进行异或运算，其结果向右移一位（向 LSB 方向），并用“0”填入 MSB，检测 LSB，若 LSB 为“1”，则与预置的固定值（A001 hex）异或；若 LSB 为“0”，则不进行异或运算。重复上述过程，直至移位 8 次。完成第 8 次移位后，下一个 8 位数据与该寄存器的当前值异或，在所有信息处理完后，寄存器中的最终值为 CRC 值。

二、OPC 技术

1. 概述

OPC（OLE for Process Control）是一个工业标准，基于微软的 OLE（现在的 Active X）、COM（部件对象模型）和 DCOM（分布式部件对象模型）技术，它包括一整套接口、属性和方法的标准集，用于过程控制和制造业自动化系统。

（1）COM。COM 是 Component Object Model 的缩写，是所有 OLE 机制的基础。COM 是一种为了实现与编程语言无关的对象而制定的标准，该标准将 Windows 下的对象定义为独立单元，可不受程序限制访问这些单元。这种标准可以使两个应用程序通过对象化接口通信，而不需要知道对方是如何创建的。

（2）DCOM。通过 DCOM 技术和 OPC 标准，完全可以创建一个开放的、可互操作的控制系统软件。OPC 采用客户/服务器模式，把开发访问接口的任务放在硬件生产厂家或第三方厂家，以 OPC 服务器的形式提供给用户，解决了软件、硬件厂商的矛盾，完成了系统的集成，提高了系统的开放性和可互操作性。

2. OPC 技术及接口

OPC 技术的实现包括两个组成部分：OPC 服务器部分及 OPC 客户应用部分。

（1）OPC 服务器是一个典型的现场数据源程序，它收集现场设备数据信息，通过标准的 OPC 接口传送给 OPC 客户端应用。

（2）OPC 客户应用是一个典型的数据接收程序，如人机界面软件（HMI）、数据采集与处理软件（SCADA）等。OPC 客户应用通过 OPC 标准接口与 OPC 服务器通信，获取 OPC 服务器的各种信息。符合 OPC 标准的客户应用可以访问来自任何生产厂商的 OPC 服务器程序。

3. OPC 服务器冗余技术

在工控软件开发中，一项最为重要的技术就是冗余技术，优秀的软件、硬件冗余技术是系统长期稳定工作的保障。目前流行的工控软件也都具有冗余功能。OPC 标准的制定为软件冗余提出了新的思路，人们可以通过 OPC 技术更加方便地实现软件冗余。OPC 客户应用程序可以给任何符合 OPC 标准的客户端应用，如用户自己编写的采集监控程序或其他软件厂商开发的符合 OPC 标准的 HMI、SCADA。OPC 冗余服务器通过主/备份 OPC 服务器采集数据，同时通过标准的 OPC 接口为客户端应用提供数据信息。因此，OPC 冗余服务器既是 OPC 服务器的客户端应用，同时又是符合 OPC 标准的服务器程序。由于 OPC 冗余服务器采用 OPC 标准，具有开放性和可互操作性，可以与任何符合 OPC 标准的软件无缝集成，真正做到了即插即用。OPC 冗余服务器可以根据用户配置的检测时间定时检测 OPC 服务器的连接关系，在主、从服务器之间自动切换，也可以按照用户指定的切换目标进行切换，方便了设备的维护，使系统的运行更加平稳。

4. OPC 的实现

各监控系统软件中 OPC 的实现形式多样，下面以设备监控系统与集中冷站通信为例，介绍使用 OPC 2.0 协议实现服务器计算机与集中冷站计算机之间的数据传输。

（1）Server 端

1）Server 端是集中冷站的 OPC 服务器。

2）安全性 DCOM 设置

①确认 Windows 2000 用户管理中有 guest 用户，并且无密码。

②在 DCOMCNFG 中，默认属性页的默认身份验证级别为无。默认模拟级别为标识。

③在监控软件中选择 OPCServer 并编辑它的属性。

④在它的位置属性页中选择“在这台机器上运行应用程序”。

⑤在它的安全性属性页中选择“使用自定义的访问，启动，配置权限”。在访问和启动权限中添加 guest 和尽可能多的用户，使之允许访问和允许调用。

⑥在它的身份标识属性页中选择交互式用户。

⑦重启计算机并重启监控软件。

（2）Client 端

1）Client 端是设备监控系统服务器上的 OPC Client。

2）使用向导来生成 OPC Client 的端口和设备。在向导中选择 OPC Client 协议。填写 OPC 服务器所在的计算机名。系统自动查找到的 OPC 服务器，选择 OPC DEVICE。对所要自动查找的点加条件限制。所有步骤都完成后，端口、设备和点都已自动配置好。

三、接口信息的转换

接口信息一般包括模拟量信息和开关量信息。

1．模拟量信息

大部分模拟量信息直接通过协议从源控制器传输，不需要特别处理。但个别系统传输的数据可能存在字与字节的区别，需要特别注意。

2．开关量信息

开关量信息是打包成整字进行传输的。需要把接收来的整字拆成开关量。需要编程实现转换。

第九章

设备监控系统检修

轨道交通设备监控系统要求高级检修工具备对系统软件配置、程序功能、互联接口功能的检查维护能力和相应的故障维修能力。

第一节 系统维护

通过对设备监控系统的各项维护工作，确保系统处于良好的运行状态。

一、控制软件

1. 操作系统

（1）碎片整理和磁盘文件扫描。使用 Windows 系统自身提供的“磁盘碎片整理”和“磁盘扫描程序”对磁盘文件进行优化。它们都可以非常安全地删除系统各路径下存放的临时文件、无用文件、备份文件等，完全释放磁盘空间。

（2）维护系统注册表

1）使用 Windows doctor 自动检测功能。

2）提供了自动修复功能。

3）备份系统注册表。

（3）清理 system 路径下无用的 dll 文件

1）在程序界面中选择可供扫描的驱动器。

2）单击界面中的“start scanning”按钮，程序会自动分析相应磁盘中的文件与 system 路径下 dll 文件的关联，然后给出与所有文件都没有关联的 dll 文件列表。

3）单击“OK”按钮进行删除和自动备份。

（4）病毒检测

1）在软件门户网站获取最新的病毒库及升级包。

2）升级杀毒软件及更新病毒库。

3）查杀病毒。

（5）安装 Windows

1）重启计算机，进入 BIOS 的 SETUP 画面，设光驱为第一启动设备。

2）把 Windows 安装光盘放入光驱，重启时根据提示按 Enter 键选择光盘启动。

3）按提示操作，建立系统分区，一般大于系统最低要求。

4）计算机名为站点名称。

5）安装显卡、网卡驱动，安装系统补丁。

2. 监控系统软件安装及配置

在本书第 3 部分第八章提及的各 PLC 设备厂家都有自身的监控软件，下面着重对 GE 公司的软件 CIMPLICITY 进行介绍，以供参考。

（1）监控软件安装

1）将 CIMPLICITY 软件安装光盘放入光驱内，出现安装界面，如图 9—1 所示。

图 9—1　CIMPLICITY 安装界面

2）出现如图 9—2 所示画面，单击 HMI Server。

3）在 Application Options 中的设置如图 9—3 所示。

4）在 Communications 中只选如图 9—4 所示的三个通信方式。

5）选项完成后继续完成安装。

（2）应用程序安装。在驱动盘建立项目存放目录，复制目录 CSV、USER 到其下，复制相应工程目录到其下。

（3）ODBC 安装

1）车站工作站。选择控制面板→管理工具→数据源（ODBC）。在 ODBC 数据源管理器的系统 DSN 选项卡中单击“添加”按钮。创建新数据源，选择 Microsoft Access Driver，如图 9—5 所示。

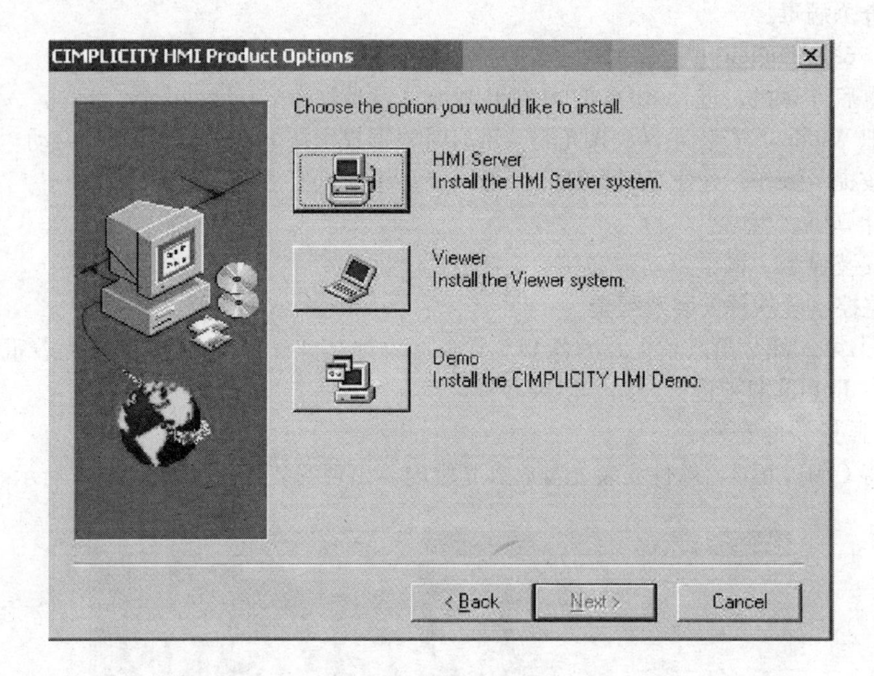

图9—2　HMI选择界面

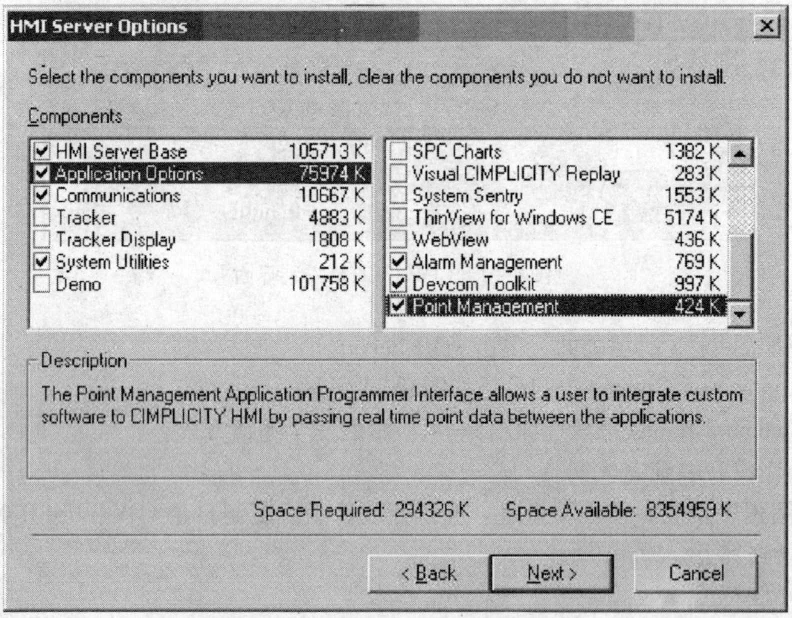

HMI Server Options

Select the components you want to install, clear the components you do not want to install.

Components

☑ HMI Server Base	105713 K	☐ SPC Charts	1382 K
☑ Application Options	75974 K	☐ Visual CIMPLICITY Replay	283 K
☑ Communications	10667 K	☐ System Sentry	1553 K
☐ Tracker	4883 K	☐ ThinView for Windows CE	5174 K
☐ Tracker Display	1808 K	☐ WebView	436 K
☑ System Utilities	212 K	☑ Alarm Management	769 K
☐ Demo	101758 K	☑ Devcom Toolkit	997 K
		☑ Point Management	424 K

Description

The Point Management Application Programmer Interface allows a user to integrate custom software to CIMPLICITY HMI by passing real time point data between the applications.

Space Required: 294326 K　　Space Available: 8354959 K

< Back　Next >　Cancel

图9—3　Application Options 设置

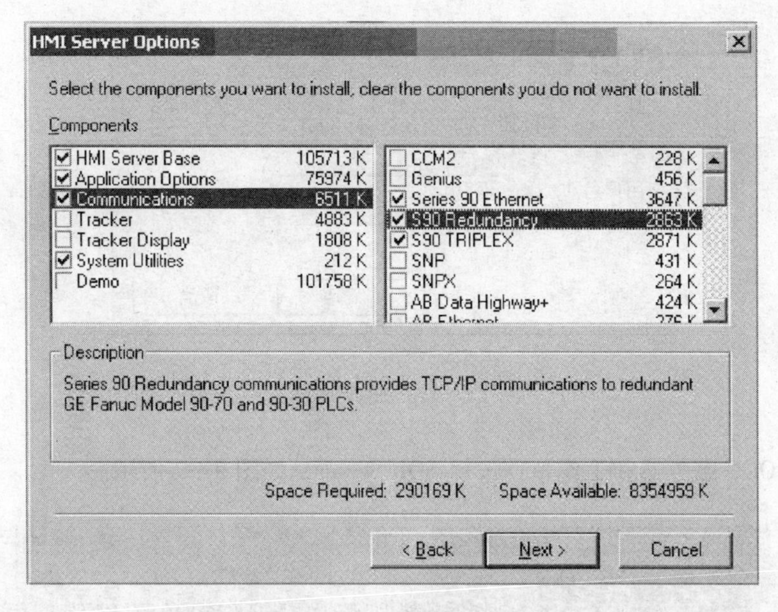

图 9—4　Communications 选项

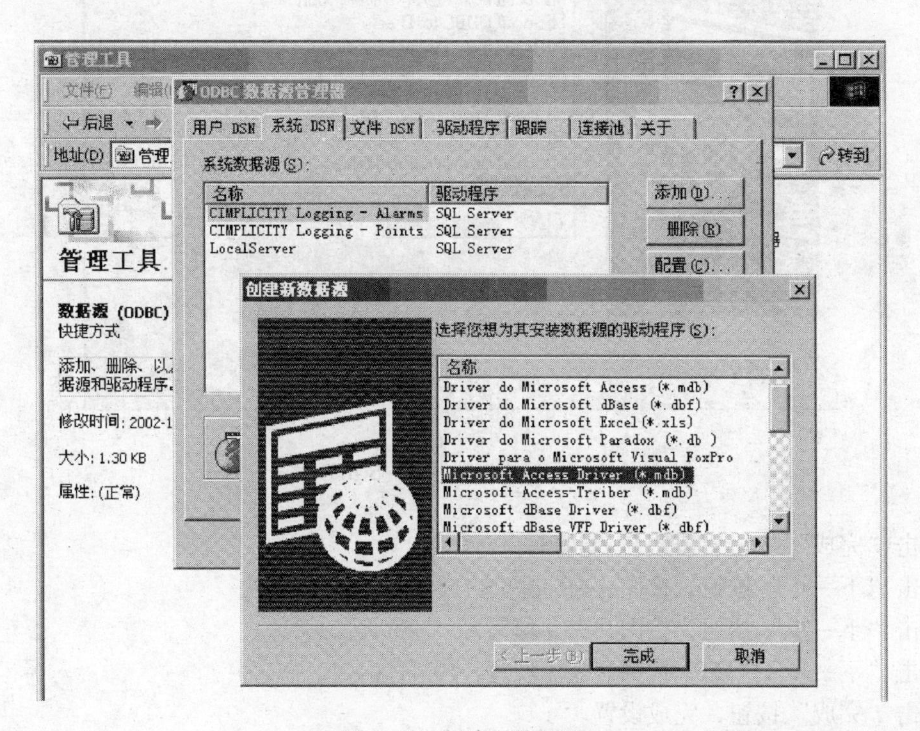

图 9—5　创建新数据源

2）在弹出的对话框中用户名栏填写 GUEST，密码为空，如图 9—6 所示。然后再添加新的 ODBC 数据源。

连接身份...
默认情况下，您将以 KILLER\killer1 身份连接到网络文件夹。要以其他用户身份连接，请在下面输入用户名和密码。
用户名(U): GUEST
浏览(B)...
密码(P):
确定
取消

图9—6　用户设置

3）创建OCC服务器和工作站，选择SQL Server，如图9—7所示。

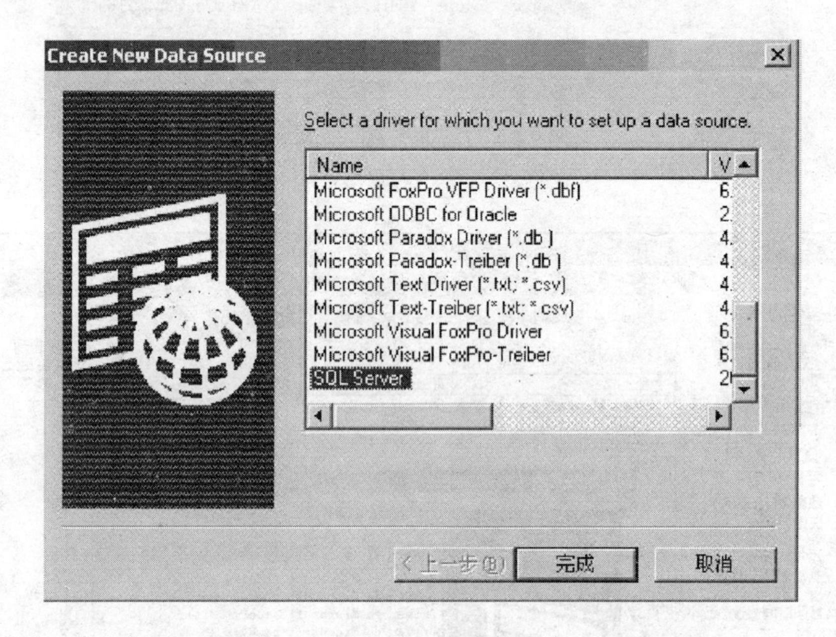

图9—7　创建新数据源—SQL Server

单击“完成”按钮后按图9—8填写。

单击“下一步”按钮，按图9—9填写。

单击“下一步”按钮，按图9—10填写。

单击“下一步”按钮，按图9—11填写。

单击“完成”按钮，完成设置。

3. 数据库

(1) 维护管理

1）监控数据库的警告日志。Alert < sid >. log，定期做备份删除。

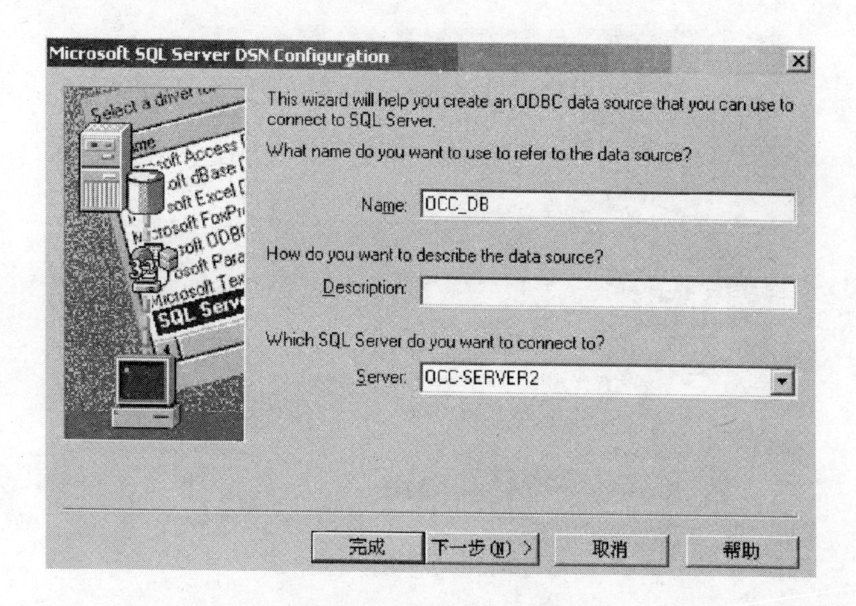

图 9—8 填写用户名等信息

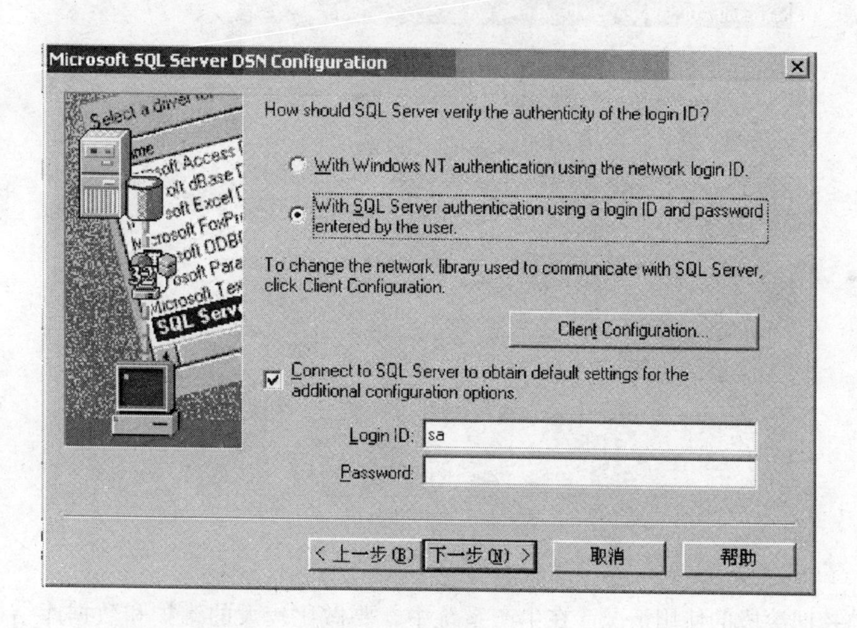

图 9—9 设置参数（一）

2）Linstener. log 的监控，/network/admin/linstener. ora。

3）重做日志状态监视，留意视图 v $ log 和 v $ logfile，这两个视图存储重做日志的信息。

4）监控数据库的日常会话情况。

5）碎片、剩余表空间监控，及时了解表空间的扩展情况以及剩余空间分布情况，如果有连续的自由空间，手工合并。

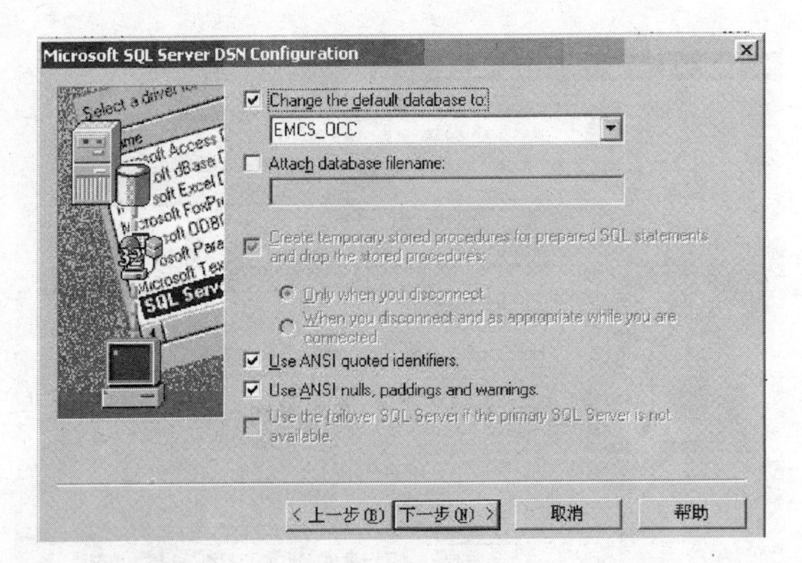

图 9—10 设置参数（二）

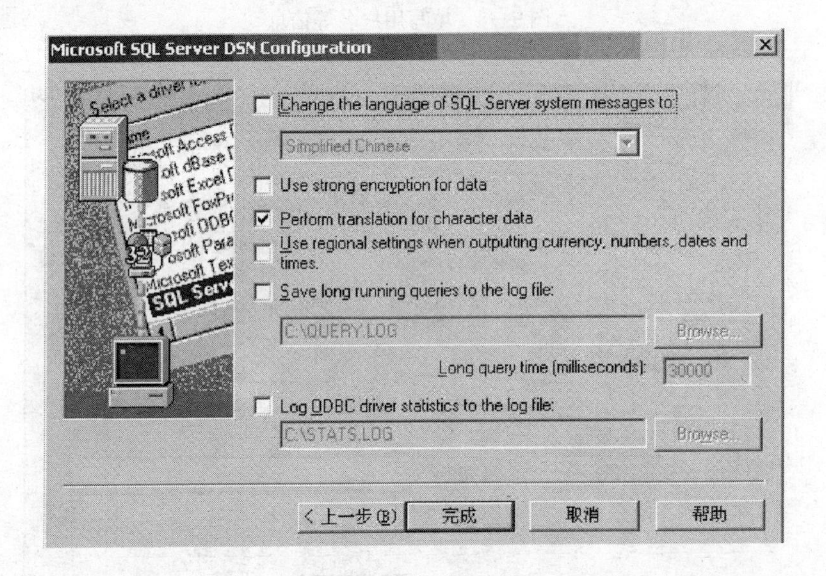

图 9—11 设置参数（三）

6）监控回滚段的使用情况。在生产系统中，要做比较大的维护和数据库结构更改时，用 rbs_ big01 来做。

7）监控扩展段是否存在不满足扩展的表。

8）监控临时表空间。

9）监视对象的修改。定期列出所有变化的对象。

10）跟踪文件，包括初始化参数文件、用户后台文件、系统后台文件。

（2）对数据库的备份监控和管理。数据库的备份至关重要，对数据库的备份策略要根据实际要求进行更改，对数据的日常备份情况进行监控。由于使用了磁带库，所以要对 legato

备份软件进行监控，同时也要对 rman 备份数据库进行监控。

（3）规范数据库用户的管理。定期对管理员等重要用户密码进行修改。对于每一个项目应该建立一个用户。DBA 应该与相应的项目管理人员或者是程序员沟通，确定怎样建立相应的数据库底层模型，最后由 DBA 统一管理、建立和维护。任何数据库对象的更改应该由 DBA 根据需求来操作。

二、程序控制

1. 时间表控制

时间表控制一般在中央级实现控制，下面以广州地铁二号线时间表控制进行介绍。在控制中心服务器工作站操作画面里选择时间表，弹出对话框，如图 9—12 所示。

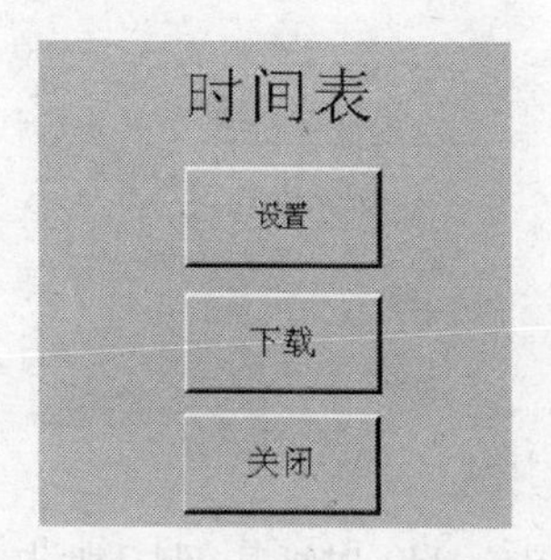

图 9—12　时间表控制选项

单击“设置”按钮，弹出如图 9—13 所示的“时间表设置”对话框。

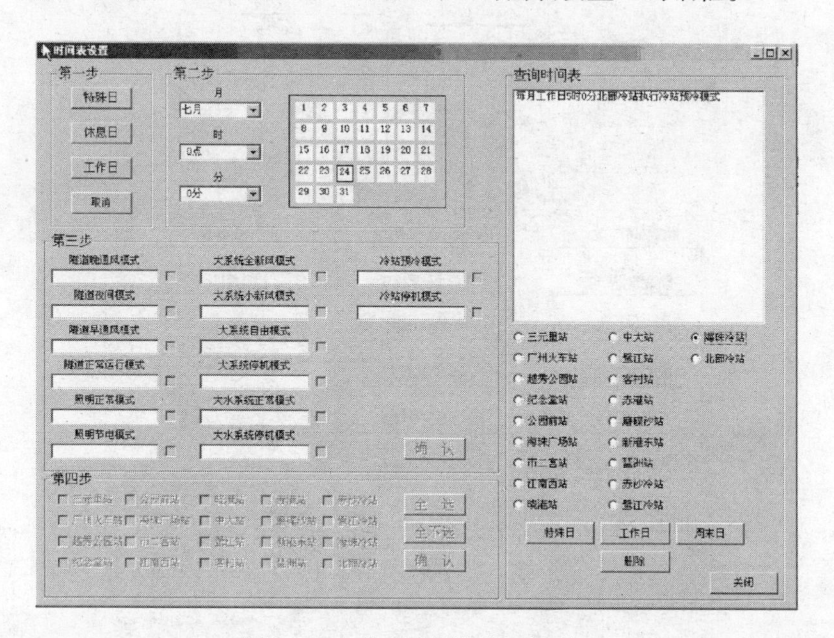

图 9—13　“时间表设置”对话框

首先对日期的类型（特殊日、休息日或工作日）进行设置，如图 9—14 所示。

然后选择时间和模式，如图 9—15 所示。

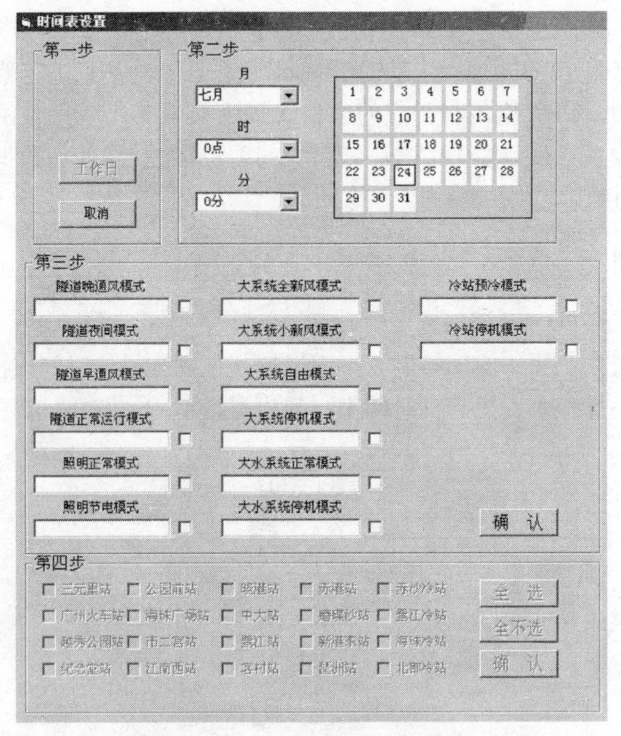

图9—14 时间表控制日期设置

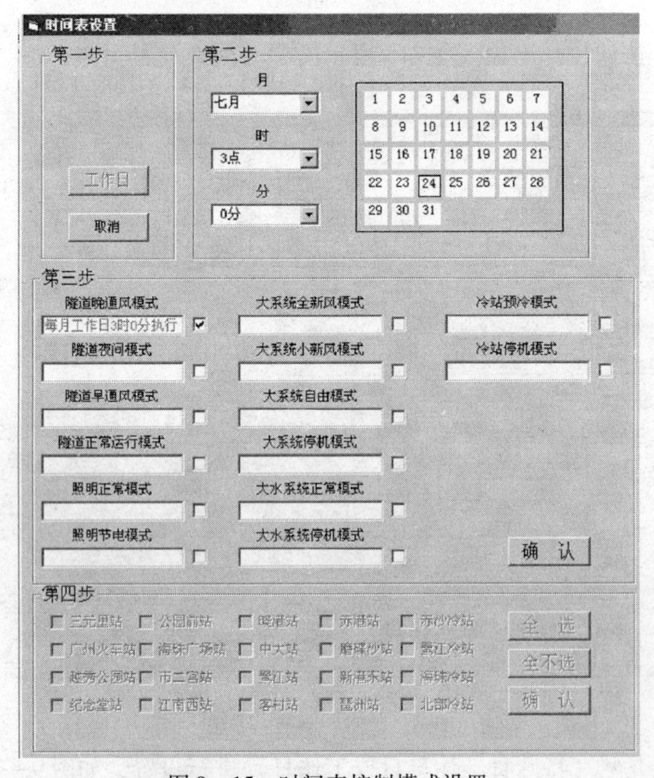

图9—15 时间表控制模式设置

重复操作直到所要选的模式全部选好，然后单击“确认”按钮。

选择所有车站，单击“确认”按钮完成设置，如图9—16所示。

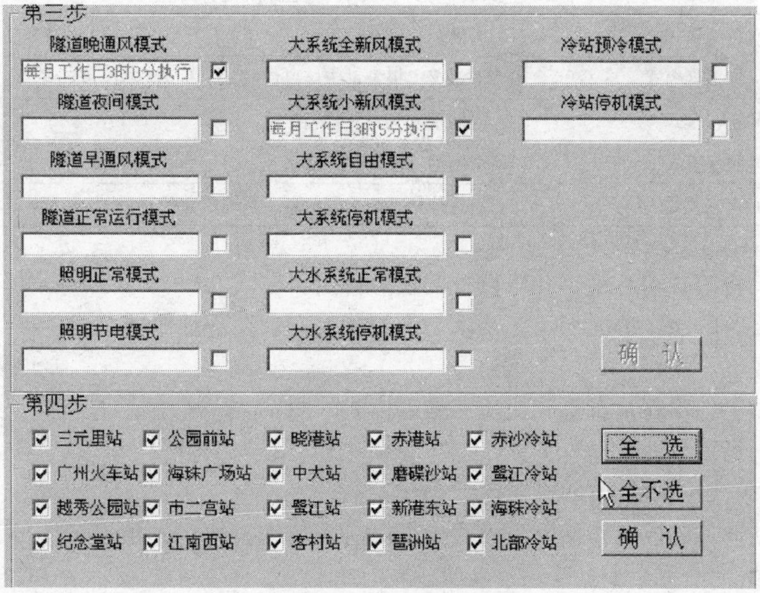

图9—16　时间表控制站点设置

注意：时间表没有下载到PLC，如果要下载到PLC应单击“下载”按钮，或者等到系统自动下载以后。一天内同一个模式只能选择一次。

2．模式检修

模式检修通常以功能测试为主，通过模拟各种控制工艺条件触发启动模式，检查模式运行情况，功能测试的目的是检查环控设备对设备监控系统模式控制命令的响应情况及设备监控软件编程是否正确。

（1）准备工作

1）所有单体环控设备均能正常运行。

2）所有环控设备处于停止状态。

3）系统控制的所有设备是否都已置于远控工作站控制位。

（2）自动功能测试

1）从工作站根据环控工艺要求人工改变环境参数的值，检查设备监控系统能否按照环控工艺要求正确执行模式命令，各种模式对应的环境参数见表9—1。

表9—1　　模式对应的环境参数

项目	改变参数
公共区空调/非空调模式	车站外部温度、时间表
公共区小新风/全新风模式	车站内焓值与车站外部焓值、时间表
设备区空调/非空调模式	重要设备房温度

续表

项目	改变参数
照明模式	时间表、车站火灾报警系统接口信息
冷水机组模式	时间表、冷水机组冷负荷
车站火灾排烟模式	车站火灾报警系统接口信息
区间正常模式	时间表
区间阻塞模式	轨道信号系统接口信息
区间火灾模式	轨道信号系统接口信息、列车火灾位置

2）检查设备的联动互锁、并联设备的故障切换。

3）核对设备的动作情况与工艺要求是否相符，记录设备动作情况。

4）系统复位。

5）重复以上各步骤，直至完成所有站内模式的测试。

6）恢复现场正常运行。

（3）人工模式控制的测试

1）从车站设备监控工作站发出模式指令（若为灾害模式，先由设备监控人员将所有相关设备从工作站中设置命令点变为手动状态）。

2）检查设备的联动互锁、故障切换。

3）核对设备的动作情况与工艺要求是否相符，记录设备动作情况。

4）系统复位。

5）重复以上各步骤，直至完成所有站内模式的测试。

3. IBP 检修

通过 IBP 发送紧急操作模式指令给设备监控，检查设备监控能否正确执行相应的火灾模式。

（1）准备工作

1）各系统设备处于正常模式。

2）消防联动柜处于自动状态。

3）设备监控系统当前没有接收到报警信号。

（2）调试步骤

1）确认消防联动柜当前处于自动状态。

2）在消防联动柜按下一个模式指令按钮。

3）检查设备监控系统是否接收到火灾信号（应为正常，无火灾信号）。

4）将消防联动柜设置为手动状态。

5）检查设备监控系统是否正确收到报警信号，报警及信息记录是否正确。

6）检查设备监控系统是否正确启动环控火灾模式，照明、导向、给排水等系统联动动作是否正确。

7）系统复位。

8）重复上述步骤，完成所有消防联动柜按钮的测试。

9）恢复现场正常运行。

4．实际烟幕测试

以实际烟幕模拟真实火灾场景，测试系统控制功能是否达到设计要求。

（1）准备工作

1）车站所有气瓶瓶头电磁阀回路已断开。

2）设备监控系统控制的所有设备均为车控、自动状态，所有模式均以自动方式运行在正常工况下。

3）气体灭火系统、FAS系统、消防联动柜及设备监控系统均为自动状态。

4）向消防、公安等单位通报试验的信息，并通知邻近居民。

（2）功能测试步骤

1）将可能影响到的气体保护房间做好防护措施，避免因烟雾而导致气体误喷等损失。

2）在预定地点施放足够的烟雾。

3）检查FAS系统响应时间、报警情况、设备监控系统接收时间、模式执行及联动等情况。

4）检查设备监控系统相关报警、信息记录是否正确并且无遗漏。

5）观察实际排烟效果。

6）烟雾排尽后复位各系统。

5．调节控制

（1）温度PID控制

1）准备工作。所有环控设备均已按时间表自动运行在正常模式，大系统公共区温度趋势图、小系统各分区关键房间温度趋势图已完成，冷站冷水机组及变频泵均处于车控可正常开机状态，冷站设备均处于模式控制并自动运行在夏季模式下。

2）调试步骤。设定车站大、小系统温度设定值→按照正常模式启动冷水机组→记录时间并打印各趋势图→将实际趋势图与设计方提供的趋势图进行比较→分析PID调节的效果是否符合设计要求。

（2）变频泵PID调节功能测试

1）调试目的。检查冷站变频泵PID控制功能是否满足设计及实际要求。

2）准备工作。所有环控设备均处于环控状态。

①变频泵控制相关参数趋势图记录功能已完成。

②车站及冷站所有环控设备状态正常，处于车控状态。

3）调试步骤

①开启冷站趋势图记录功能，并添加压差、频率等变频泵控制的相关参数信息。

②以时间表控制启动车站及冷站正常模式。

③待调节参数稳定后，打印并保存趋势图记录。

④手动改变调节设定值，观察变频泵运行曲线。

⑤待调节参数稳定后，打印并保存趋势图记录。

⑥将实际趋势图与设计方提供的趋势图进行比较，分析PID调节的效果是否符合设计要求。

三、系统通信

1. 交换机设置

交换机设置根据厂家、型号的不同而不同，下面就赫斯曼交换机 RS2 - FX/FX 进行介绍。

(1) 将交换机专用配置电缆插到左下角的 v. 24 插口，另一头连到 PC 的串口。

(2) 打开超级终端，配置端口为 VT100 模式，速率为 9 600，无校验，无流控。

(3) 连上后按任意键，直到 Logging Screen 出现，输入密码 private。

(4) 在弹出的主菜单中选择 System Parameter。

(5) 输入自己的 IP 地址和子网掩码。用上下键选择 Apply，选择 main menu 退出。

(6) 交换机重新上电。

(7) 待 30 s 交换机启动完毕后，使用 ping 命令测试上述设定的地址连接。

2. Modbus

Modbus 通信接口检修的内容包括报警信息、信息内容及报文格式等。

(1) 报警信息

1) 通信设备复位计数。

2) 通信连接失效。

3) 通信设备报警类型。

4) 通信心跳字。

(2) 信息内容

1) 抄写现场设备静态数值与系统显示值并做比较。

2) 使用对讲设备比较现场设备静态数值与系统显示值。

(3) 报文格式。报文格式检查通常使用 Modbus 调试软件截取报文进行分析。

1) 运行 Modbus 通信调试软件。

2) 设置串口，如 com1 等。

3) 设置波特率，如 4 800、9 600、19 200 等。

4) 设置校验位、数据位及停止位。

5) 设置 Modbus 传输模式，如 RTU、ASC 模式。

6) 接收信息，对照通信接口技术规格书进行分析。

3. OPC

OPC 通信接口检修的内容包括诊断信息、信息内容及报文内容等。

(1) 诊断信息。检查相应 OPC 端口的以下诊断信息。

1) 通信设备复位计数。

2) 通信连接失效。

3) 通信设备报警类型。

4) 通信心跳字。

(2) 信息内容。使用对讲设备将现场设备状态与系统显示值做比较。

(3) 报文内容。查看接收的信息，对主要的设备信息进行抽查，人工对内容进行翻译、校对。

第二节 设备监控系统故障处理

高级检修工应熟练掌握有关系统软件、控制程序及接口功能的故障维修方法，以下就设备监控系统的主要故障及处理方法进行介绍。

一、系统软件及配置

系统软件或配置的故障将导致整个系统的功能受到影响，必要时需要以重装系统、下载控制程序或配置信息的方式进行修复。

1. 操作系统

（1）打印机不能打印

1）在 Windows 系统下，进入控制面板的系统属性，查看打印端口 LPT1 是否存在，若没有，可进入控制面板—添加新硬件，让其搜索新硬件，再将找到的打印口添加进去即可。

2）检查驱动程序是否已经正确安装，如无则重新安装打印机驱动程序。

（2）提示内存不足。一般出现内存不足的提示可能有以下几种原因：

1）磁盘剩余空间不足，导致虚拟内存容量减少，应删除不必要的文件。

2）同时运行了多个应用程序，应关闭多余的程序。

3）计算机感染了病毒，应更新最新病毒库，使用杀毒软件查杀病毒。

（3）局域网无法打开

1）检查网卡驱动安装情况。

2）使用 ipconfig 检查网络配置。包括计算机 IP、子网掩码、网关及服务器设置等。

3）在用户管理检查“guest”用户是否被禁用。

（4）EXE 文件无法打开

1）将 cmd. exe 改名为 cmd. com 或 cmd. scr。

2）运行 cmd. com。

3）运行下面两个命令：ftype exefile = %1 % * assoc. exe = exefile。

4）将 cmd. com 改回 cmd. exe。

2. 监控系统软件

（1）授权的转移

1）由于 GE HMI 的注册方式为软件授权，所以在重新安装计算机（源机）软件前必须将注册信息导出。导出注册需要一台带有以太网卡并装有 HMI 的计算机（目标机）。

2）把目标机和源机联在一个网内，共享目标机的硬盘。

3）停止源机的工程。

4）在源机中选择 \ 程序 \ cimplicity \ hmi \ registration 并运行。

5）出现如图 9—17 所示的对话框，选择“Transfer”选项，然后单击“下一步”按钮。

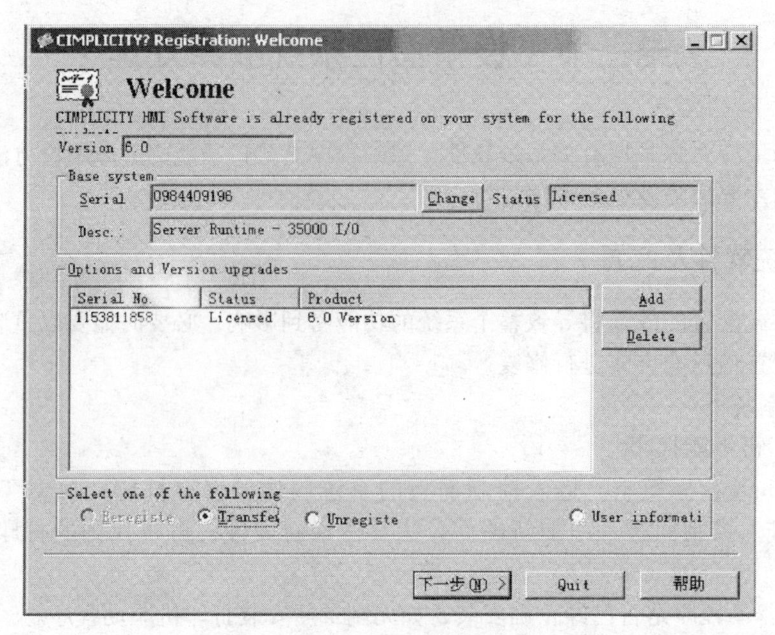

图9—17　授权的转移（一）

出现如图9—18所示的对话框，选择“Transfer Using Network”选项，然后单击“Next”按钮。

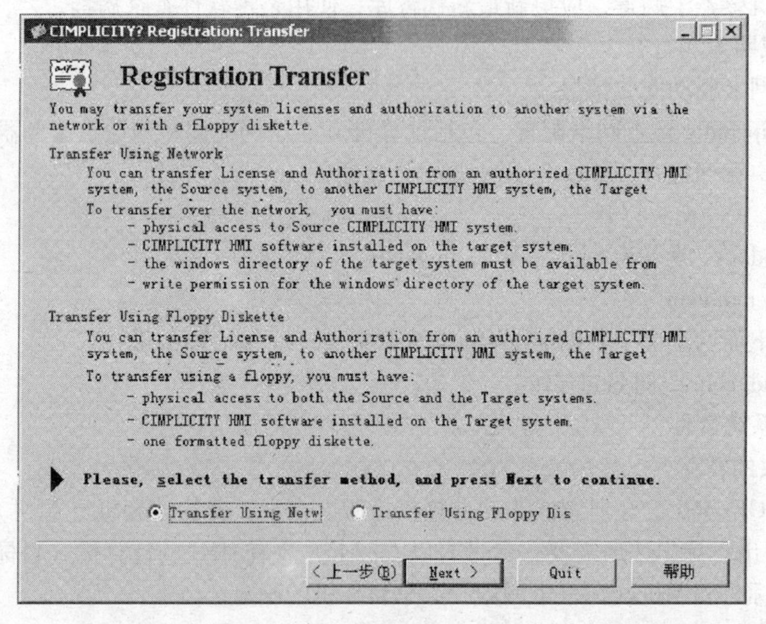

图9—18　授权的转移（二）

当出现如图9—19所示的对话框时，单击“Browse”按钮，弹出“打开”对话框，通过网络寻找目标机。

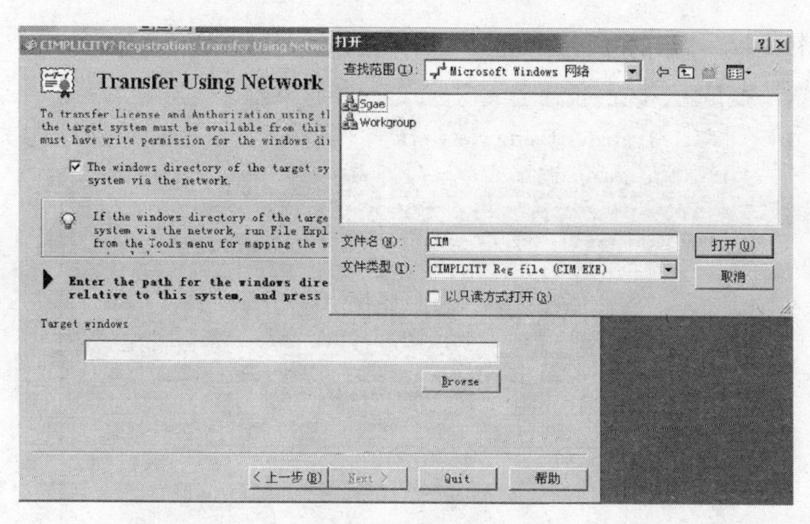

图 9—19　授权的转移（三）

找到目标机，如图 9—20 所示。

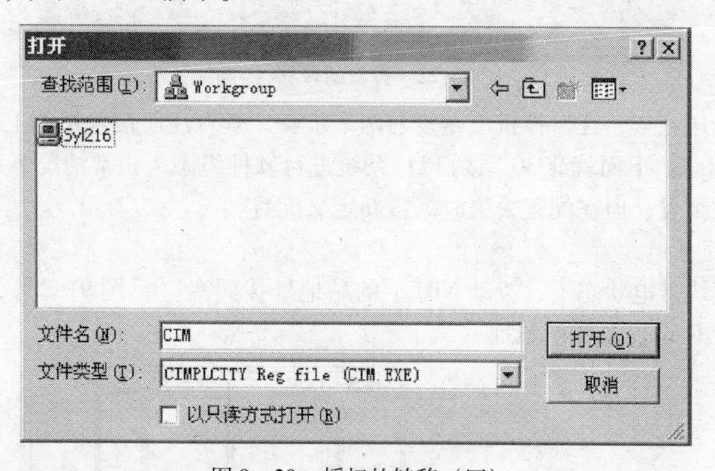

图 9—20　授权的转移（四）

找到 WINNT 目录后选择打开，如图 9—21 所示。

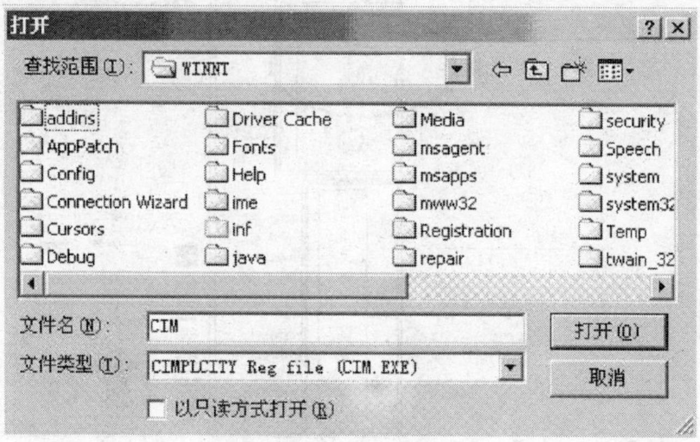

图 9—21　授权的转移（五）

出现如图9—22所示的页面，单击“Next”按钮。此时开始传送注册信息。

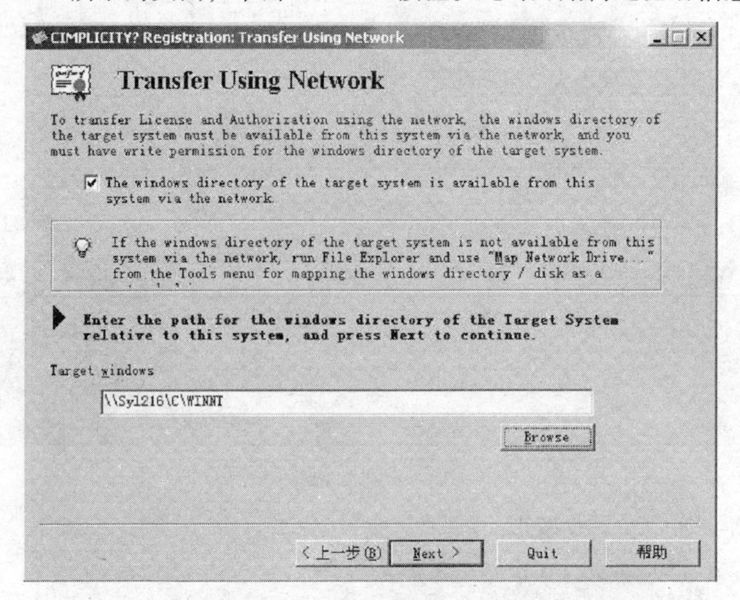

图9—22 授权的转移（六）

注册信息传送完毕，在目标机上重复前两个步骤，查看注册信息是否正确。

（2）系统组态。下面就9030系列PLC系统进行软件组态。正常情况下系统经过第一次配置后无须再做配置，但在配置丢失时需重新定义配置。

1）机架的配置

①在系统模块带电状态下，拨动NIU上的站地址拨码盘（见图9—23），根据网络配置图中的地址设置Genius总线站地址。

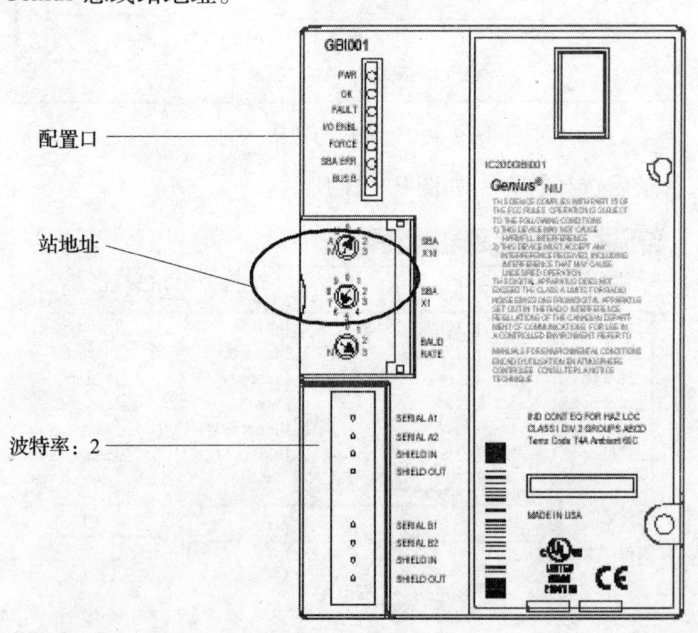

图9—23 NIU端口及拨码开关

②拨动 NIU 上的波特率盘，配置 BAUD RATE 为 2（153.6 K 标准）。

③将配置电缆插头接入 versmax 模块机架 NIU 侧面的配置口中，另一头接计算机。

④用 Remote I/O Manager 软件配置 versmax I/O 模块，如图 9—24 所示。

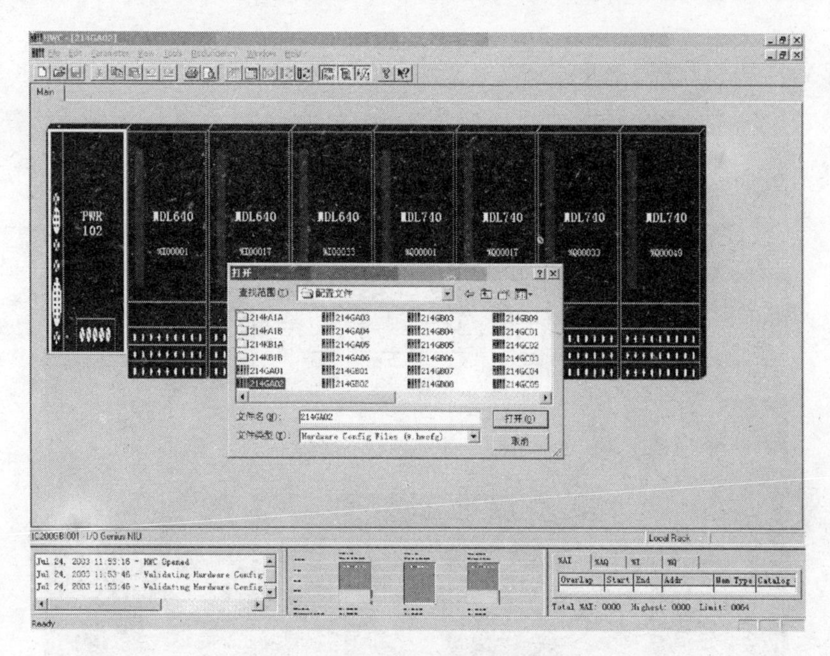

图 9—24　NIU 的配置

⑤在工具栏中选择 Store 并下载配置文件，如图 9—25 所示。

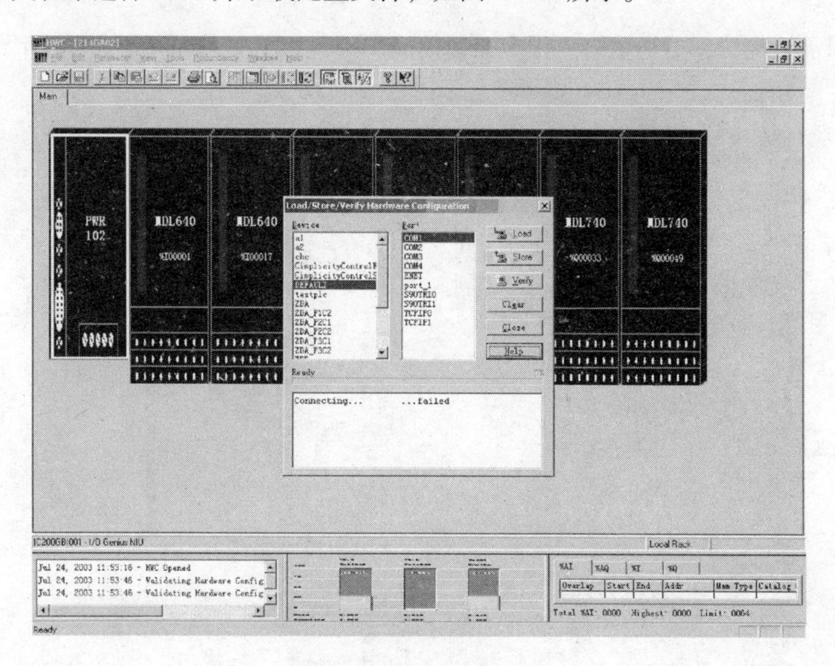

图 9—25　NIU 配置下载

2）CPU 配置。程序和配置文件的下载、调试监控可以在工作站进行，下载前应根据调试目标的 IP 地址更改自己计算机的 IP 地址，使得计算机和目标设备处于同一个网段，通过 ping 命令监测对方网络正常通信后，可以运行 VersPro 程序完成调试工作，冗余机架的配置如下：

①运行 VersaPro 软件，打开冗余配置文件，如图 9—26 所示。

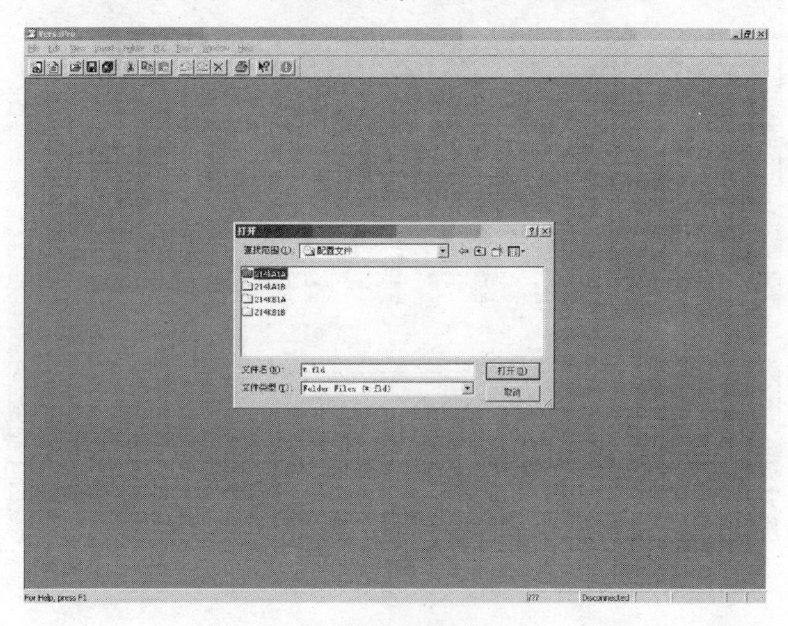

图 9—26　打开配置文件

②如果需要配置新的通信口，则定义通信 Device，如图 9—27、图 9—28 所示。

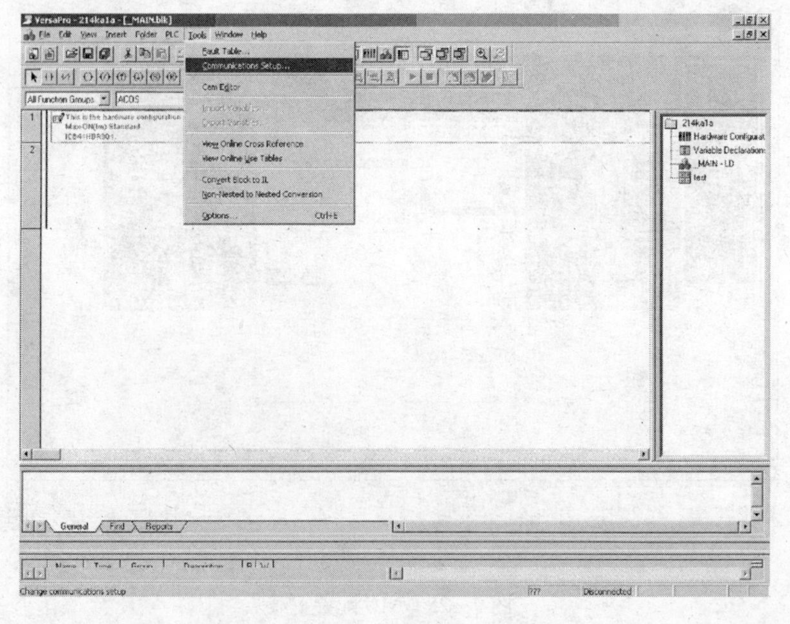

图 9—27　定义通信端口（一）

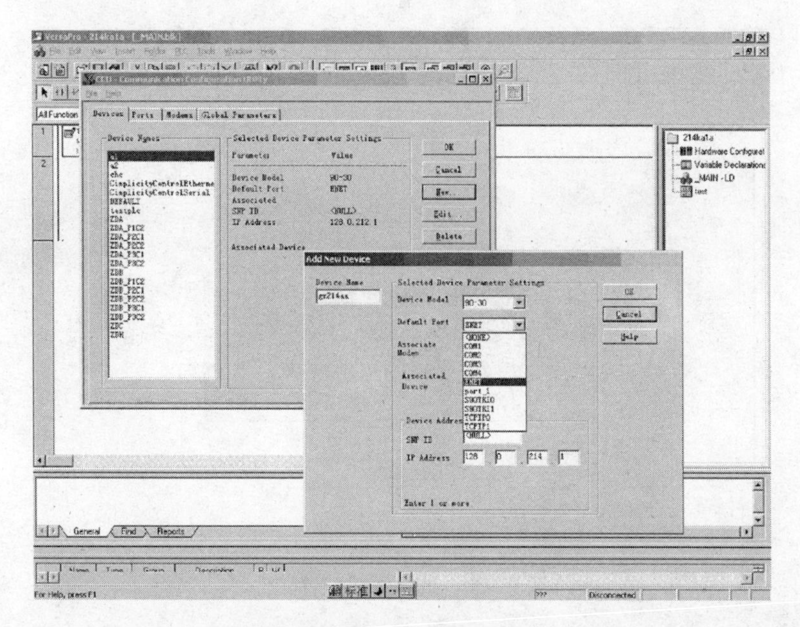

图 9—28　定义通信端口（二）

③通信连接如图 9—29 所示。

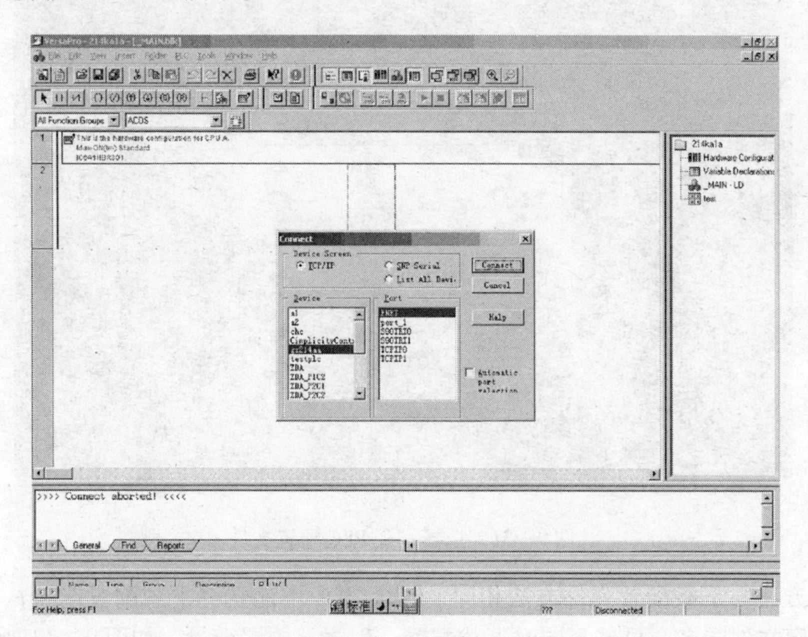

图 9—29　通信连接

④选择下载配置文件，如图 9—30 所示。

⑤对于冗余 PLC，两个配置文件的名称与程序名称是不一样的，所以必须分别下载配置文件和程序，需要分别下载各个冗余 PLC 的配置及程序文件，如图 9—31 所示。

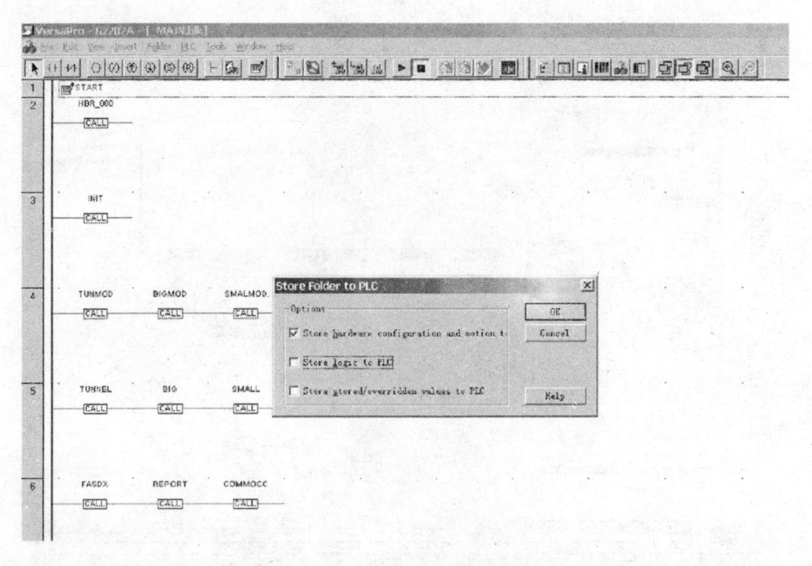

图 9—30　选择下载配置文件

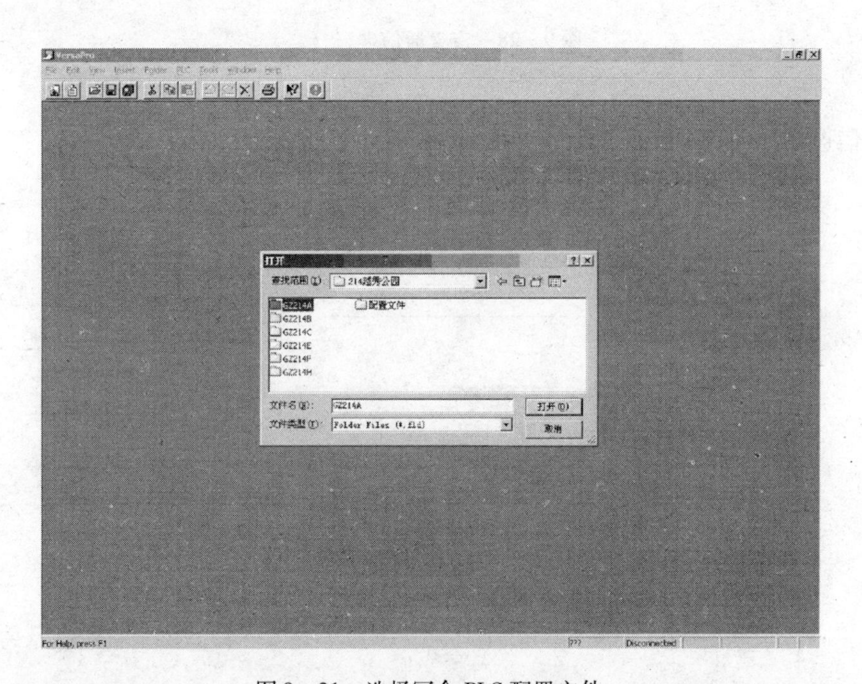

图 9—31　选择冗余 PLC 配置文件

⑥下载方法与下载配置文件方法相同，冗余 PLC 不能选择下载配置选项，其他 PLC 由于配置和程序文件同名，可选择同时下载配置、程序、预置变量，如图 9—32 所示。

3. 系统数据库

（1）服务器意外关闭。数据库中的数据发生更改后，往往是先把数据写入数据高速缓存中，同时把更改的情况写入事务日志中。等到一定的时候数据库系统才会把数据写入硬盘文件中。如果数据库服务器系统突然发生故障，数据库系统就有可能还没有把缓存中修改后

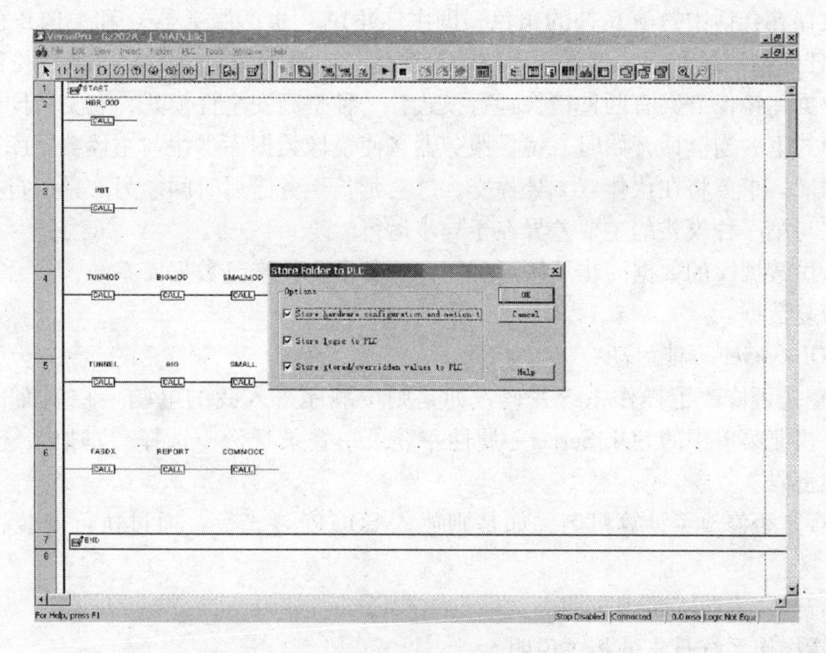

图 9—32 下载配置文件

的数据写入硬盘中，即数据文件内有未完成事务所做的修改。事务日志可用的话，则当实例启动时，系统会为每个数据库执行恢复操作。在事务日志中找到每个未完成的事务并将其回滚，以确保数据库数据的完整性。所以，当数据库服务器出现意外故障时按照以下步骤处理：

1）数据库管理员最好能够确认一下事务日志是否可用。

2）如果事务日志完整，启动数据库实例。

3）如果事务日志已经损坏，需要先恢复事务日志，然后再重新启动数据库实例。

（2）备份数据库的数据同步故障。SQL Server 数据库提供了两种解决方案，分别为数据镜像与日志传送。这两个方案都是在事务日志复制的基础上实现的。

在日志传送方案中，生产服务器将生产数据库的活动事务日志发送到一个或多个目标服务器。每个辅助服务器将该日志还原为其本地的辅助数据库，从而实现备用服务器与生产服务器之间数据的一致性。使用日志传送，可以自动将“主服务器”实例上“主数据库”内的事务日志备份发送到单独“辅助服务器”实例上的一个或多个“辅助数据库”。事务日志备份分别应用于每个辅助数据库。

数据库镜像方案用于解决生产服务器与备用服务器之间的数据同步问题。生产数据库的每次更新都在独立、完整的备份数据库中立即重新生成。主体服务器实例立即将每个日志记录发送到镜像服务器实例，镜像服务器实例将传入的日志记录应用于镜像数据库，从而将其继续前滚。数据库镜像是用于提高数据库可用性的首选软件解决方案。镜像基于每个数据库实现，并且只适用于使用完整恢复模式的数据库。简单恢复模式和大容量日志恢复模式不支持数据库镜像。因此，所有大容量操作始终被完整地记入日志。数据库镜像可使用任意支持的数据库兼容级别。在数据库镜像模式中，主体服务器和镜像服务器作为伙伴进行通信和协作。两个伙伴在会话中扮演互补的角色，即主体角色（生产服务器）和镜像角色（备份服务器）。在任何给定的时间，都是一个伙伴扮演生产服务器角色，另一个伙伴扮演备用服务器角色。数据库镜像方案有两种镜像运行模式：一种是高安全性模式，它支持同步操作。在高安全性模式下，当会话开始时，镜像服务器将使镜像数据库尽快与主体数据库同步，一旦同步了数据库，事务将在伙伴双方处提交，这会延长事务滞后时间。另一种运行模式是高性能模式，它与第一种模式的主要差异在于异步运行。

处理备份数据库的数据同步故障可利用完全备份文件恢复数据库系统，然后再利用日志恢复功能恢复数据。

（3）SQL Server 不能启动

1）检查是否修改了操作系统密码，如是则按顺序进入我的电脑→控制面板→管理工具→服务→快捷菜单中的 SQL Server→属性→登录→登录身份→选择“本地系统账户”，修改操作系统密码。

2）检查是否修改了计算机名，如是则放入 SQL 安装光盘，通过执行安装程序进行修复。

3）检查数据库版本是否过期。

4）查看操作系统日志的相关说明。

（4）不允许进行远程连接

1）检查数据库引擎启动情况，确保“启动类型”为自动，不要为手动，否则下次开机时又要手动启动。

2）检查是否已经允许远程连接

①在 SQL Server 实例上启用远程连接。

②启用 SQL Server 浏览器服务。

③在 Windows 防火墙中为“SQL Server”创建例外。

④在 Windows 防火墙中为“SQL Browser”创建例外。

二、程序控制

控制程序的功能故障主要体现在时间表控制错误、模式动作错误及自动调节失效等方面。

1. 时间表

时间表控制故障通常有时间表模块故障、时间表下传故障等。

（1）时间表模块。时间表模块故障一般表现为时间表无信号输出。故障处理步骤如下：

1）检查关键时间点是否有模式输出，输出值是否正确，如正确则检查时间表下传情况。

2）如模式输出错误，则检查时间表编程。

3）如程序无错误，则检查控制器时间是否与系统时间同步。

（2）时间表下传

1）检查服务器与站点工作站的时间表传输是否正确。

2）检查站点工作站与控制器间的时间表传输是否正确。

2. 模式控制

模式控制故障通常发生在程序运算中的各个环节，需要从输入条件起检查程序中的每个关键节点的执行结果是否正确，通常模式控制程序有以下主要节点：

（1）检查模式触发源是否触发。

（2）检查设备对模式信号是否响应。

（3）检查设备联动设备是否启停到位，是否满足设备启停条件。

（4）如被控设备存在并联互备设备，检查设备切换信号的启停情况。

（5）检查设备是否存在故障信息。

（6）检查设备计时器的计时是否满足开启条件。

3. 调节控制

调节控制经过第一次调节设定后，在该闭环控制系统由于输入条件变化等因素而发生振荡或输出偏移的情况后，需重新设置调节参数。

三、接口通信

接口通信设备的故障原因通常是由于特殊事件而导致用户通信程序失效或丢失，以及硬件损坏等。

1. 用户通信程序失效

（1）先确认硬件设备能正常开启但无法正常通信，使用诊断工具检测硬件设备，确保其正常。

（2）准备好下载工具、连接电缆及备份的用户通信程序。

（3）连接设备并做好下载的参数设置。

（4）下载用户通信程序到接口通信设备。

（5）重启通信设备（根据具体设备需要）。

（6）检查接口通信状态，若正常则进一步比较现场设备状态与系统显示状态是否一致。

（7）恢复现场。

2. 硬件损坏

（1）对被控设备做好设备防护。

（2）关断控制器电源。

（3）拆下通信模块。

（4）安装新模块。

（5）下载通信程序。

（6）检查接口通信状态，若正常则进一步比较现场设备状态与系统显示状态是否一致。

（7）恢复现场。

四、软件修改的原则

由于系统存在的问题或功能扩展的需要，在对设备维护的工作中将有可能需要对系统软件进行必要的修改，为了避免由于软件修改工作对系统功能造成影响，应遵循以下原则：

（1）软件、程序修改前需根据修改内容制定详细的修改方案及测试方案，并向上级提出修改申请。

（2）修改前应按规定对当前在线程序进行可靠备份，并在该备份程序的基础上进行修改。

（3）软件修改过程应至少由两人执行，根据修改方案，一人负责修改，另一人负责监督检查，并详细填写程序修改记录。

（4）修改完毕应根据规则编制新的版本号并进行备份。

（5）备份程序时应同时备份两份，分别存放于两处，并定期检查，若有损坏则应立即更新备份文件。

（6）新版本程序正式投运前应进行在线测试，测试时应携带原版本程序的备份，以便及时进行系统恢复。

高级工理论知识考核模拟试题

一、填空题（请将正确的答案填在横线空白处，每题 2 分，共 20 分）

1．SQL Server 2000 的主要版本有________、________、________、________。

2．车站轨行区一般分为左线和右线，隧道轨行区火灾需要根据列车在隧道轨行区位置、火灾位置进一步判断运行模式，一般有________和________两种模式。

3．在 SQL Server 2000 中，每个数据库中最多可以创建______个表，用户创建数据库表时，最多可以定义______个字段。

4．当车站站内焓值______车站站外焓值时，运行小新风空调运行工况。

5．隧道通风空调系统的运行状态分为正常、________及________等运行模式。

6．字符数据类型可以用来存储各种字母、________和________。

7．OPC 技术的实现包括______及________两个组成部分。

8．通常监控系统对历史数据的查询功能支持采用条件查询、________和________等多种查询方式。

9．出现内存不足的提示可能有磁盘剩余空间不足、________________________和计算机感染了病毒等原因。

10．公共区空调/非空调模式控制相关的参数为__________和__________。

二、判断题（下列判断正确的请打“√”，错误的打“×”，每题 2 分，共 20 分）

1．备份就是对 SQL Server 数据库或事务日志进行备份。（　）

2．进行数据库备份前需要先选择备份路径。（　）

3．监控系统的用户必须了解有关的 SQL 或数据库内部结构，才能通过 ODBC 配置输入数据库表的内容。（　）

4．隧道双向风机正反向切换必须经过延时。（　）

5．符合 OPC 标准的客户应用可以访问来自任何生产厂商的 OPC 服务器程序。（　）

6．原则上监控系统控制优先权从高至低顺序为系统自动判断控制模式、灾害信息触发控制模式、应急操作盘控制模式。（　）

7．积分作用可使系统的超前作用增强，稳定性得到加强，但对高频噪声起放大作用，主要适合于特性滞后较大的广义对象。（　）

8．在接口信息的传输中，模拟量信息直接通过协议从源控制器传输，不需要特别处理。（　）

9．在现场工作中，对于发现的软件问题可在现场直接在线修改。（　）

10．货币数据类型中的 Smallmoney 类型存储范围比 Money 类型大。（　）

三、单项选择题（下列每题的选项中，只有 1 个是正确的，请将其代号填在横线空白处，每题 2 分，共 20 分）

1．在 Modbus 通信协议中，读取离散量输出开闭状态的功能代码是________。

A. 01　　B. 02　　C. 03　　D. 04

2．使用服务管理器可进行________。

A．配置网络　　B．启动备份　　C．暂停数据服务　　D．创建数据表格

3．Float 数据类型可精确到小数点后第________位。

A. 10　　B. 11　　C. 15　　D. 16

4．Modbus 通信采用________技术。

A．对等　　B．主从　　C．侦听　　D．以上选项均正确

5．设备监控系统对______采用 PID 调节控制。

A．冷水机组　　B．排烟风机　　C．冷却水泵　　D．空调二通阀

6．若监控系统无法正确控制某风机时，可以排除________故障。

A．DI 模块　　B．DO 模块　　C．软件　　D．中间继电器

7．PLC 中的用户程序属于__________。

A．上位机软件　　B．下位机软件　　C．系统软件　　D．数据库

8．目前 PLC 设备通常支持________。

A．梯形图 RLD　　B．语句指令 IL　　C．C 语言　　D．以上选项均正确

9．SQL Server 对于数据表的操作不包括________。

A．创建　　B．修改　　C．合并　　D．删除

10．正常情况下，轨道交通监控系统通常采用________的方式启动灾害运行模式。

A．手动　　B．事件触发　　C．遥控　　D．应急控制盘

四、简答题（每题 10 分，共 40 分）

1．什么是差异备份？

2．SQL Server 2000 支持哪些数据类型？

3．请叙述对于系统软件修改工作应遵循的原则。

4．在对 OPC 通信端口的检修中需检查哪些诊断信息？

高级工技能操作考核模拟试题

一、上下位机组态编程及硬件连接应用（共50分）。

考核要求：

1. 组态控制器及相关现场总线和远程输入输出模块。
2. 连接温度传感器、模拟风机和风阀输入输出信号。
3. 对PLC进行编程，当输入温度值大于25℃时，先开启风阀后开启风机。

二、组态控制器并连接二通阀实现自动控制（共50分）。

考核要求：

1. 组态控制器及相关现场总线和远程输入输出模块。
2. 连接温度传感器、二通阀。
3. 对PLC进行编程，实现二通阀开度数值为温度数值的两倍。

高级工理论知识考核模拟试题答案

一、填空题

1．企业版　标准版　个人版　开发者版

2．顺向送风　逆向送风

3．200 万　1 024

4．小于

5．轨行区火灾　区间阻塞

6．数字符号　特殊符号

7．服务器　客户应用

8．模糊查询　组合查询

9．同时运行了多个应用程序

10．车站外部温度　时间表

二、判断题

1．√　2．×　3．×　4．√　5．√　6．×　7．×　8．×　9．×　10．×

三、单项选择题

1．A　2．C　3．C　4．B　5．D　6．A　7．B　8．D　9．C　10．B

四、简答题

1．答：

差异备份是指将最近一次数据库备份以来发生的数据变化备份起来，因此差异备份实际上是一种增量数据库备份。与完整数据库备份相比，差异备份由于备份的数据量较小，所以备份和恢复所用的时间较短。通过增加差异备份的备份次数，可以降低丢失数据的风险，将数据库恢复至进行最后一次差异备份的时刻。

2．答：

支持的数据类型包括整型数据类型、浮点数据类型、字符数据类型、日期和时间数据类型、文本和图形数据类型、货币数据类型、位数据类型、二进制数据类型、特殊数据类型、新增数据类型等。

3．答：

（1）软件、程序修改前需根据修改内容制定详细的修改方案及测试方案，并向上级提出修改申请。

（2）修改前应按规定对当前在线程序进行可靠备份，并在该备份程序的基础上进行修改。

（3）软件修改过程应至少由两人执行，根据修改方案，一人负责修改，另一人负责监督检查，并详细填写程序修改记录。

（4）修改完毕应根据规则编制新的版本号并进行备份。

（5）备份程序时应同时备份两份，分别存放于两处，并定期检查，若有损坏则应立即

更新备份文件。

（6）新版本程序正式投运前应进行在线测试，测试时应携带原版本程序的备份，以便及时进行系统恢复。

4. 答：

（1）通信设备复位计数。

（2）通信连接失效。

（3）通信设备报警类型。

（4）通信心跳字。

高级工技能操作考核模拟试题答案

一、答：

1. 组态控制器及相关现场总线和远程输入输出模块

（1）正确搭建控制器，包括背板、CPU、电源模块等（5分）。

（2）正确连接电源线、网络线（5分）。

（3）正确连接远程I/O模块、总线模块（5分）。

（4）正确设置地址码（5分）。

2. 连接温度传感器、模拟风机和风阀输入输出信号

（1）正确组态控制器（5分）。

（2）正确组态I/O模块（5分）。

3. 对PLC进行编程，当输入温度值大于25℃时，先开启风阀后开启风机

（1）正确编写程序（10分）。

（2）正确导入程序（5分）。

（3）功能测试（5分）。

二、答：

1. 组态控制器及相关现场总线和远程输入输出模块

（1）正确搭建控制器，包括背板、CPU、电源模块等（5分）。

（2）正确连接电源线、网络线（5分）。

（3）正确连接远程I/O模块、总线模块（5分）。

（4）地址码正确设置（5分）。

2. 连接温度传感器、二通阀

（1）正确组态控制器（5分）。

（2）正确组态I/O模块（5分）。

3. 对PLC进行编程，实现二通阀开度数值为温度数值的两倍

（1）正确编写程序（10分）。

（2）正确导入程序（5分）。

（3）功能测试（5分）。

第4部分　技　师

设备监控系统技师级检修工技能要求为掌握系统设备组成原则及原理，能够完成所有系统设备的改造及处理复杂故障，实现系统优化。需掌握数据库技术（报表）、网络编程设置、系统控制器选型、系统整体设计、电子板维修等技能。

第十章

数据库技术

数据库技术是指对于一个给定的应用环境，构造最优的数据库模式，建立数据库及其应用系统，使之能够有效地存储数据，满足各种用户的应用需求，信息系统是数据库技术的发展。设备监控系统数据库包含所有受监控设备的运行信息，如何对这些信息进行管理优化是系统的重要课题，数据库设计是信息系统开发和建设的重要组成部分。

第一节　数据库系统

数据库与信息系统有着最密切的自然联系，数据库理论与技术的深入研究和开发是信息系统发展最重要的推动因素。数据库系统应用已遍及人类社会生产与生活的所有方面，以数据库系统方法与技术作为主要支撑的轨道交通设备监控信息系统也正以空前未有的速度发展。

一、数据库是信息系统的核心和基础

数据库是长期存储在计算机服务器内的、有组织的、可共享的数据集合，它已成为现代信息系统等计算机应用系统的核心和基础。数据库应用系统是把一个企业或部门中大量的数据按 DBMS 所支持的数据模型组织起来，为用户提供数据存储、维护检索的功能，并能使用户方便、及时、准确地从数据库中获得所需的数据和信息，而数据库设计的质量则直接影响着整个数据库系统的效率和质量。数据库是信息系统的各个部分能否紧密地结合在一起以及如何结合的关键所在，数据库设计是信息系统开发和建设的重要组成部分。把信息系统中大量的数据按一定的模型组织起来，提供存储、维护、检索数据的功能，使信息系统可以方便、及时、准确地从数据库中获得所需的信息。

二、数据库设计

数据库设计就是根据所选择的数据库管理系统和用户需求对一个单位或部门的数据进行重新组织和构造的过程。数据库设计的实施则是将数据按照数据库设计中规定的数据组织形式装入数据库的过程，它涉及多学科的综合性技术，其中技术与管理的界面十分重要。数据库的建设是硬件、软件和干件的结合，是与应用系统设计相结合的，整个设计过程中要把结构（数据）设计和行为（处理）设计密切结合起来。

1. 设计内容

对于数据库应用开发人员来说，数据库设计就是对一个给定的实际应用环境，如何利用数据库管理系统、系统软件和相关的硬件系统，将用户的需求转化成有效的数据库模式，并使该数据库模式易于适应用户新的数据需求的过程。从数据库理论抽象的角度看，数据库设计就是根据用户需求和特定数据库管理系统的具体特点，将现实世界的数据特征抽象为概念数据模型表示出来，最后构造出最优的数据库模式，使之既能正确地反映现实世界的信息及其联系，又能满足用户各种应用需求（信息要求和处理要求）的过程。由于数据库系统的复杂性以及它与环境联系的密切性，使得数据库设计成为一个困难、复杂和费时的过程。大型数据库的设计和实施涉及多学科的综合与交叉，是一项开发周期长、耗资巨大、风险较高的工程。

2. 数据库设计人员的素质

设计数据库的专业人员应该具备以下几个方面的技术和知识：

（1）数据库的基本知识和数据库设计技术。

（2）计算机科学的基础知识及程序设计的方法和技巧。

（3）软件工程的原理和方法。

（4）应用领域的知识。

其中，应用领域的知识随着应用系统所属的领域不同而变化。所以，数据库设计人员必须深入实际与用户密切结合，对应用环境、具体专业业务有具体深入的了解，这样才能设计出符合实际领域要求的数据库应用系统。

3. 数据库设计

按规范设计的方法可将数据库设计分为需求收集和分析、概念结构设计、逻辑结构设

计、数据库物理设计、数据库应用系统的实施和维护5个阶段。

(1) 需求收集和分析。需求收集和分析是数据库应用系统设计的第一阶段。这一阶段主要是收集基础数据和数据流图（Data Flow Diagram，DFD）。通常使用结构化分析（Structured Analysis，SA方法）自顶向下、逐层分解的方式分析系统，用数据流图、数据字典描述系统。然后把一个处理功能的具体内容分解为若干子功能，每个子功能继续分解，直到把系统的工作过程表达清楚为止。在处理功能逐步分解的同时，它们所用的数据也逐级分解，形成若干层次的数据流图。系统中的数据则借助数据字典对用户需求进行分析与表达后提交给用户，征得用户的认可。

1）数据流图。它表达了数据和处理过程的关系，处理过程的处理逻辑常用判定表或判定树来描述。

2）数据字典（Data Dictionary，DD）。它是对系统中数据的详尽描述，是各类数据属性的清单。对数据库应用系统设计来讲，数据字典是进行详细的数据收集和数据分析所获得的主要结果。数据字典是各类数据描述的集合，它通常包括以下5个部分：

①数据项。数据项是不可再分的数据单位。

数据项描述 = {数据项名，数据项含义说明，别名，数据类型，长度，取值范围，取值含义，与其他数据项的逻辑关系，数据项之间的联系}

其中“取值范围”“与其他数据项的逻辑关系”（例如，该数据项等于另几个数据项的和，该数据项值等于另一数据项的值等）定义了数据的完整性约束条件，是设计数据检验功能的依据。

②数据结构。数据结构是若干数据项有意义的集合。数据结构反映了数据之间的组合关系。一个数据结构可以由若干个数据项组成，也可以由若干个数据结构组成，或由若干个数据项和数据结构混合组成。

数据结构描述 = {数据结构名，含义说明，组成：{数据项或数据结构}}

③数据流。可以是数据项，也可以是数据结构。表示某一处理过程的输入输出，是数据结构在系统内传输的路径。

数据流描述 = {数据流名，说明，数据流来源，数据流去向，组成：{数据结构}，平均流量，高峰期流量}

其中“数据流来源”说明该数据流来自哪个过程。“数据流去向”说明该数据流将到哪个过程去。“平均流量”是指在单位时间（每天、每周、每月等）里的传输次数。“高峰期流量”是指在高峰时期的数据流量。

④数据存储。数据存储是数据结构停留或保存的地方，也是数据流的来源和去向之一，常用的是手工凭证、手工文档或计算机文件。

数据存储描述 = {数据存储名，说明，编号，输入的数据流，输出的数据流，组成：{数据结构}，数据量，存取频度，存取方式}

其中“存取频度”是指每小时或每天或每周存取几次、每次存取多少数据等信息。“存取方式”包括是批处理还是联机处理，是检索还是更新，是顺序检索还是随机检索等。另外，“输入的数据流”要指出其来源，“输出的数据流”要指出其去向。

⑤处理过程。处理过程的具体处理逻辑一般用判定表或判定树来描述。数据字典中只需

描述处理过程的说明性信息。

处理过程描述 = {处理过程名，说明，输入：{数据流}，输出：{数据流}，处理：{简要说明}}

其中“简要说明”主要说明该处理过程的功能及处理要求。功能是指该处理过程用来做什么（而不是怎么做），处理要求包括处理频度要求，如单位时间里处理多少事务、多少数据量、响应时间要求等。这些处理要求是后面物理设计的输入及性能评价的标准。

3）需求分析方法。进行需求分析首先是调查清楚用户的实际要求，与用户达成共识，然后分析与表达这些需求。调查用户需求的具体步骤如下：

①调查组织机构情况。包括了解该组织的部门组成情况、各部门的职责等，为分析信息流程做准备。

②调查各部门的业务活动情况。包括了解各个部门输入和使用什么数据，如何加工处理这些数据，输出什么信息，输出到什么部门，输出结果的格式是什么。

③在熟悉了业务活动的基础上，协助用户明确对新系统的各种要求，包括信息要求、处理要求、完全性与完整性要求。

④确定新系统的边界。对前面调查的结果进行初步分析，确定哪些功能由计算机完成或将来准备让计算机完成，哪些活动由人工完成。由计算机完成的功能就是新系统应该实现的功能。

常用的调查方法有跟班作业、开调查会、请专人介绍、询问、调查表及查阅记录等。做需求调查时，往往需要同时采用上述多种方法。但无论使用何种调查方法，都必须有用户的积极参与和配合。

（2）概念结构设计。概念结构设计是整个数据库设计的关键之一。概念结构独立于数据库逻辑结构，独立于支持数据库的 DBMS，也独立于具体计算机软件和硬件系统。将需求分析得到的用户需求抽象为信息结构即概念模型的过程就是概念结构设计。它是整个数据库设计的关键，需确实做到下面几个要求：

1）能充分地反映现实世界，包括实体和实体之间的联系，能满足用户对数据处理的要求，是现实世界一个真实的模型，或接近真实的模型。

2）易于理解，从而可以和不熟悉计算机的用户交换意见。用户的积极参与是数据库应用系统设计成功与否的关键。

3）易于变动。当现实世界改变时容易修改和扩充，特别是软件、硬件环境变化时更应如此。

4）易于向关系、网状或层次等各种数据模型转换。概念结构是各种数据模型的共同基础，它比任意一种数据模型更独立于机器，更抽象，从而更加稳定。描述概念结构的有力工具是 E－R 模型。P. P. S. Chen 把用 E－R 模型定义的概念结构称为组织模式。设计概念结构的策略有以下 4 种。

①自顶向下。先定义全局概念结构的框架，然后逐步细化，如图 10—1 所示。

②自底向上。先定义各局部应用的概念结构，然后将它们集成，得到全局概念结构，如图 10—2 所示。

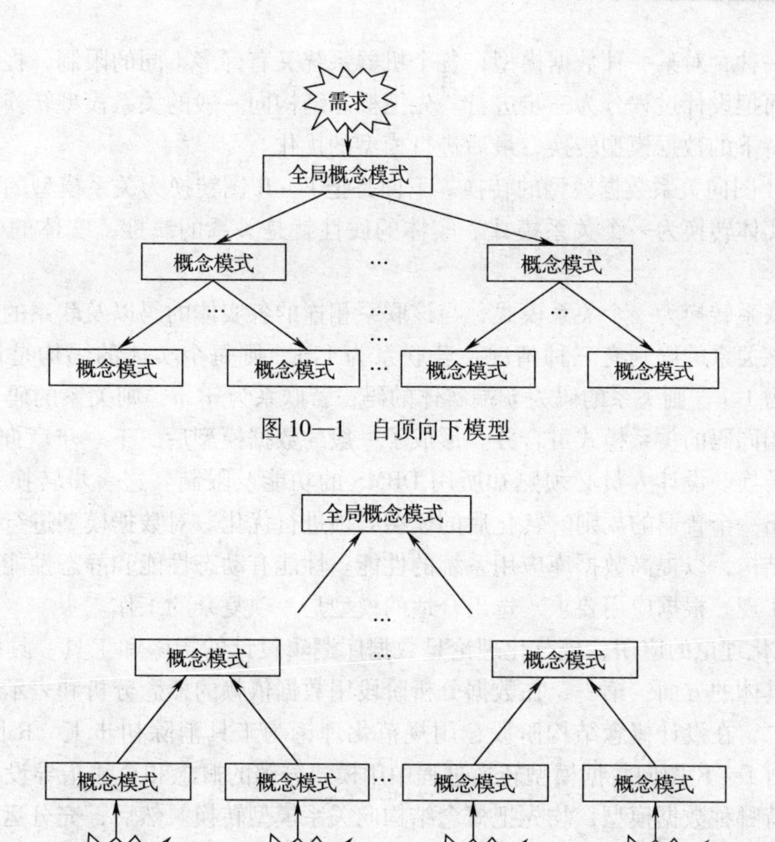

图 10—1 自顶向下模型

图 10—2 自底向上模型

③逐步扩张。先定义最重要的核心概念结构，然后向外扩充，以滚雪球的方式逐步生成其他概念结构，直至全局概念结构，如图 10—3 所示。

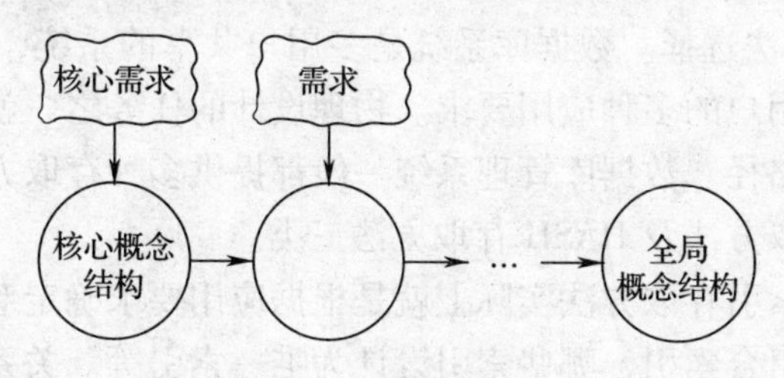

图 10—3 逐步扩张模型

④混合策略。混合策略是将自顶向下和自底向上相结合的方法。用自顶向下策略设计一个全局概念结构的框架，以它为骨架集成由自底向上策略中设计的各局部概念结构。

（3）逻辑结构设计。逻辑结构设计的任务就是把概念结构转换为选用的 DBMS 所支持的数据模型的过程。设计逻辑结构按理应选择对某个概念结构最好的数据模型，然后对支持这种数据模型的各种 DBMS 进行比较，选出最合适的 DBMS。但实际情况常常是已给定了某台机器，设计人员没有选择 DBMS 的余地。现行的 DBMS 一般只支持关系、网状或层次三种模型中的某一种，对某一种数据模型，各个机器系统又有许多不同的限制，提供不同的环境与工具。因而把设计过程分为三步进行。先把概念结构向一般的关系模型转换，然后向特定的 DBMS 支持下的数据模型转换，最后进行模型的优化。

1）E－R 图向关系数据模型的转换。下面是把 E－R 图转换为关系模型的转换规则。

①一个实体转换为一个关系模式。实体的属性就是关系的属性，实体的码就是关系的码。

②一个联系转换为一个关系模式，与该联系相连的各实体的码以及联系的属性转换为关系的属性。该关系的码则有三种情况：若联系为 1∶1，则每个实体的码均是该关系的候选码；若联系为 1∶n，则关系的码为 n 端实体的码；若联系为 n∶m，则关系的码为诸实体码的组合。具有相同码的关系模式可合并。形成了一般的数据模型后，下一步就向特定的 DBMS 规定的模型转换。设计人员必须熟知所用 DBMS 的功能及限制。这一步转换是依赖于机器的，不能给出一个普遍的规则。转化后的模型必须进行优化。对数据模型进行优化是指调整数据模型的结构，以提高数据库应用系统的性能。性能有动态性能和静态性能两种。静态性能分析容易实现。根据应用要求，选出合适的模型是一项复杂的工作。

2）规范化理论的应用。规范化理论是数据库逻辑设计的指南和工具，具体地讲可应用在下面几个具体的方面：第一，在数据分析阶段用数据依赖的概念分析和表示各数据项之间的关系。第二，在设计概念结构阶段，用规范化理论为工具消除初步 E－R 图中冗余的联系。第三，由 E－R 图向数据模型转换过程中用模式分解的概念和算法指导设计。不管选用的 DBMS 支持哪种数据模型，均先把概念结构向关系模型转换。然后，充分运用规范化理论的成果优化关系数据库模式的设计。

（4）数据库物理设计。数据库在物理设备上的存储结构与存取方法称为数据库的物理结构。它依赖于给定的计算机系统，是为一个给定的逻辑数据模型选取一个最适合应用要求的物理结构的过程，包括确定数据库的物理结构，在关系数据库中主要指存取方法和存储及对物理结构进行评价，评价的重点是时间和空间效率，就是数据库的物理设计。物理设计的内容主要包括以下内容：

1）关系模式存取方法选择。数据库系统是多用户共享的系统，对同一个关系要建立多条存取路径才能满足多用户的多种应用要求。物理设计的任务之一就是要确定选择哪些存取方法，即建立哪些存取路径。数据库管理系统一般都提供多种存取方法，常用的存取方法有索引存取方法、聚簇存取方法及 HASH 存取方法三类。

①索引存取方法。索引存取方法实际上就是根据应用要求确定对关系的哪些属性列建立索引，哪些属性列建立组合索引，哪些索引设计为唯一索引等。关系上定义的索引数并不是越多越好，系统为维护索引要付出代价，查找索引也要付出代价。例如，若一个关系的更新频率很高，这个关系上定义的索引数不能太多，因为更新一个关系时必须对这个关系上有关的索引做相应的修改。

②聚簇存取方法。为了提高某个属性（或属性组）的查询速度，把这个或这些属性（称为聚簇码）上具有相同值的元组集中存放在连续的物理块上，称为聚簇。聚簇功能可以大大提高按聚簇码进行查询的效率，聚簇功能不但适用于单个关系，也适用于经常进行连接操作的多个关系。一个数据库可以建立多个聚簇，一个关系只能加入一个聚簇。

③HASH 存取方法。HASH 存取方法的规则是：如果一个关系的属性主要出现在等连接条件中或相等比较选择条件中，而且满足下列两个条件之一，则此关系可以选择 HASH 存取方法：

a. 如果一个关系的大小可预知，而且不变。

b. 如果关系的大小动态改变，而且数据库管理系统提供了动态 HASH 存取方法。

2）确定数据库的存储结构。确定数据库物理结构主要指确定数据的存放位置和存储结构，包括确定关系、索引、聚簇、日志、备份等的存储安排和存储结构，确定系统配置等。

确定数据的存放位置和存储结构要综合考虑存取时间、存储空间利用率和维护代价三方面的因素。这三个方面常常是相互矛盾的，因此需要进行权衡，选择一个折中方案。

①确定数据的存放位置。为了提高系统性能，应该根据应用情况将数据的易变部分与稳定部分、经常存取部分和存取频率较低部分分开存放。

②确定系统配置。DBMS 产品一般都提供了一些系统配置变量、存储分配参数，供设计人员和 DBA 对数据库进行物理优化。初始情况下，系统都为这些变量赋予了合理的默认值。但是这些值不一定适合每一种应用环境，在进行物理设计时，需要重新对这些变量赋值，以改善系统的性能。

③评价物理结构。数据库物理设计过程中需要对时间效率、空间效率、维护代价和各种用户要求进行权衡，其结果可以产生多种方案，数据库设计人员必须对这些方案进行细致的评价，从中选择一个较优的方案作为数据库的物理结构。评价物理数据库的方法完全依赖于所选用的 DBMS，主要是从定量估算各种方案的存储空间、存取时间和维护代价入手，对估算结果进行权衡、比较，选择出一个较优且合理的物理结构。如果该结构不符合用户需求，则需要修改设计。

（5）数据库应用系统的实施和维护。完成数据库的物理设计之后，设计人员就要用 RDBMS 提供的数据定义语言和其他实用程序将数据库逻辑设计和物理设计结果严格描述出来，成为 DBMS 可以接受的源代码，再经过调试产生目标模式。然后就可以组织数据入库了，这就是数据库实施阶段。

1）数据的载入和应用程序的调试。数据库实施阶段包括两项重要的工作，一项是数据的载入，另一项是应用程序的编码和调试。数据库系统的数据量很大，而且数据来源于各个不同的单位，数据的组织方式、结构和格式都与新设计的数据库系统有一定的差距，组织数据录入就要将各类源数据从各个局部应用中抽取出来，输入计算机，再分类转换，最后综合成符合新设计的数据库结构的形式，输入数据库。为提高数据输入工作的效率和质量，应该针对具体的应用环境设计一个数据录入子系统，由计算机来完成数据入库的任务。

2）数据库的试运行。在原有系统的数据有一小部分已输入数据库后，就可以开始对数据库系统进行联合调试，这又称为数据库的试运行。这一阶段要实际运行数据库应用程序，执行对数据库的各种操作，测试应用程序的功能是否满足设计要求。如果不满足，对应用程序部分则要修改、调整，直到达到设计要求为止。

3）数据库的运行和维护。数据库试运行合格后，数据库开发工作就基本完成，即可投入正式运行了。数据库运行过程中物理存储会不断变化，对数据库设计进行评价、调整、修改等维护工作是一个长期的任务，也是设计工作的继续和提高。对数据库经常性的维护工作主要包括以下内容：

①数据库的转储和恢复。

②数据库的安全性、完整性控制。

③数据库性能的监督、分析和改造。

④数据库的重组织与重构造。

4. 设计技巧

(1) 避免使用触发器。触发器的功能通常可以用其他方式实现。在调试程序时触发器可能成为干扰。假如确实需要采用触发器，最好集中对其进行文档化。

(2) 使用常用英语（或者其他任何语言）而不要使用编码。在创建下拉菜单、列表、报表时最好按照英语字母顺序排序。假如需要编码，可以在编码旁附上用户知道的常用英语。

(3) 保存常用信息。用一个表专门存放一般数据库信息非常有用。在这个表里存放数据库当前版本、最近检查/修复（对Access)、关联设计文档的名称、客户等信息。这样可以实现一种简单机制跟踪数据库，当客户抱怨数据库没有达到希望的要求而与设计者联系时，这样做对非客户机/服务器环境特别有用。

(4) 包含版本机制。在数据库中引入版本控制机制来确定使用中的数据库的版本。时间一长，用户的需求总是会改变的。最终可能会要求修改数据库结构。把版本信息直接存放到数据库中更为方便。

(5) 编制文档。对所有的快捷方式、命名规范、限制和函数都要编制文档。采用给表、列、触发器等加注释的数据库工具。这对开发、支持和跟踪修改非常有用。可对数据库文档化，或者在数据库自身的内部或者单独建立文档。这样，较长时间后再做第二个版本时，犯错的机会将大大减少。

(6) 反复测试。建立或者修订数据库之后，必须用用户新输入的数据测试数据字段。最重要的是，让用户进行测试并且同用户一起保证所选择的数据类型满足商业要求。测试需要在把新数据库投入实际服务之前完成。

(7) 检查设计。在开发期间检查数据库设计的常用技术是通过其所支持的应用程序原型检查数据库。换句话说，针对每一种最终表达数据的原型应用，应保证检查过数据模型并且查看如何取出数据。

第二节　设备监控数据库

设备监控系统数据库主要是为了保存设备监控系统本身及所监控的设备的运行状态数据，实现设备累计运行时间统计报表功能，为实现主备件之间设备运行时间的均衡，实现维修及检修的预警，并能够实现设备运行数据查询。

一、系统数据

设备监控系统数据包括所监控的设备信息、系统操作信息及控制系统自身运行信息等，

具体信息内容与实际系统设计、配置关系密切，下面仅介绍基本的系统信息作为参考。

1．所监控的设备信息

设备监控系统所监控的设备信息包括空调通风、低压配电、给排水、照明、电扶梯及通信接口接收的信息。

（1）空调通风。空调通风设备信息见表 10—1。

表 10—1　　　　　　　　　　　　空调通风设备信息

<table>
<tr><th>设备类型</th><th colspan="2">状态信息</th></tr>
<tr><td rowspan="18">变频风机</td><td>自动</td><td>环控</td></tr>
<tr><td>自动</td><td>就地</td></tr>
<tr><td>停</td><td>正转</td></tr>
<tr><td>停</td><td>正转高速</td></tr>
<tr><td>停</td><td>反转</td></tr>
<tr><td>停</td><td>反转高速</td></tr>
<tr><td>正常</td><td>故障</td></tr>
<tr><td colspan="2">停机</td></tr>
<tr><td colspan="2">正转</td></tr>
<tr><td colspan="2">正转高速</td></tr>
<tr><td colspan="2">反转</td></tr>
<tr><td colspan="2">反转高速</td></tr>
<tr><td colspan="2">频率</td></tr>
<tr><td colspan="2">电流</td></tr>
<tr><td colspan="2">电压</td></tr>
<tr><td colspan="2">频率设置（最高）</td></tr>
<tr><td colspan="2">频率设置（最低）</td></tr>
<tr><td colspan="2">超时</td></tr>
<tr><td rowspan="11">非变频隧道风机</td><td>自动</td><td>环控</td></tr>
<tr><td>自动</td><td>就地</td></tr>
<tr><td>停</td><td>正转</td></tr>
<tr><td>停</td><td>反转</td></tr>
<tr><td>正常</td><td>故障</td></tr>
<tr><td colspan="2">停机</td></tr>
<tr><td colspan="2">正转</td></tr>
<tr><td colspan="2">反转</td></tr>
<tr><td colspan="2">电流</td></tr>
<tr><td colspan="2">电压</td></tr>
<tr><td colspan="2">超时</td></tr>
</table>

续表

<table>
<tr><th>设备类型</th><th colspan="2">状态信息</th></tr>
<tr><td rowspan="9">普通风机</td><td>自动</td><td>环控</td></tr>
<tr><td>自动</td><td>就地</td></tr>
<tr><td>停止</td><td>启动</td></tr>
<tr><td>正常</td><td>故障</td></tr>
<tr><td colspan="2">停机</td></tr>
<tr><td colspan="2">启动</td></tr>
<tr><td colspan="2">电流</td></tr>
<tr><td colspan="2">电压</td></tr>
<tr><td colspan="2">超时</td></tr>
<tr><td rowspan="11">双速风机</td><td>自动</td><td>环控</td></tr>
<tr><td>自动</td><td>就地</td></tr>
<tr><td>停止</td><td>低速</td></tr>
<tr><td>停止</td><td>高速</td></tr>
<tr><td>正常</td><td>故障</td></tr>
<tr><td colspan="2">停机</td></tr>
<tr><td colspan="2">低速</td></tr>
<tr><td colspan="2">高速</td></tr>
<tr><td colspan="2">电流</td></tr>
<tr><td colspan="2">电压</td></tr>
<tr><td colspan="2">超时</td></tr>
<tr><td rowspan="10">空调器</td><td>自动</td><td>环控</td></tr>
<tr><td>自动</td><td>就地</td></tr>
<tr><td>停止</td><td>启动</td></tr>
<tr><td>正常</td><td>故障</td></tr>
<tr><td>正常</td><td>过滤网堵塞报警</td></tr>
<tr><td colspan="2">停机</td></tr>
<tr><td colspan="2">启动</td></tr>
<tr><td colspan="2">电流</td></tr>
<tr><td colspan="2">电压</td></tr>
<tr><td colspan="2">超时</td></tr>
</table>

续表

设备类型	状态信息	
风阀、 组合风阀	自动	环控
	自动	就地
	开到位	
	关到位	
	正常	故障
	开控制	
	关控制	
	超时	

（2）低压配电。低压配电设备信息见表 10—2。

表 10—2　　低压配电设备信息

设备类型	状态信息	
配电	回路 1 断开	回路 1 投入
	回路 2 断开	回路 2 投入
	母线正常	母线失压

（3）给排水。给排水设备信息见表 10—3。

表 10—3　　给排水设备信息

设备类型	状态信息	
集水井	自动	手动
	正常	掉电
	正常	低水位报警
	正常	高水位报警
	正常	超高水位报警
	泵 1 停止	泵 1 运行
	泵 1 正常	泵 1 故障
	泵 2 停止	泵 2 运行
	泵 2 正常	泵 2 故障
电动蝶阀	自动	环控
	自动	就地
	开到位	
	关到位	
	正常	故障
	开控制	
	关控制	
	超时	

(4) 照明。照明设备信息见表10—4。

表10—4 照明设备信息

设备类型	状态信息	
正常照明	回路1关	回路1开
	回路1关控制	回路1开控制
	……	……
	回路 N 关	回路 N 开
	回路 N 关控制	回路 N 开控制
应急照明	充电电压正常	充电电压高
	充电电压正常	充电电压低
	电池备用	电池投入
	充电机正常	充电机故障
广告照明	回路1关	回路1开
	回路1关控制	回路1开控制
	……	……
	回路 N 关	回路 N 开
	回路 N 关控制	回路 N 开控制

(5) 电扶梯。电扶梯设备信息见表10—5。

表10—5 电扶梯设备信息

设备类型	状态信息	
电扶梯	停止	上行
	停止	下行
	正常	报警
	正常	左扶手带速差报警
	正常	右扶手带速差报警

(6) 通信接口。通信设备信息见表10—6。

表10—6 通信设备信息

设备类型	状态信息	
火灾报警系统接口	接口通信正常	接口通信故障
	A端大系统正常	A端大系统火灾
	B端大系统正常	B端大系统火灾
	A端小系统正常	A端小系统火灾
	B端小系统正常	B端小系统火灾

续表

设备类型	状态信息	
火灾报警系统接口	设备房 1 正常	设备房 1 火灾
	……	……
	设备房 N 正常	设备房 N 火灾
轨道信号系统接口	接口通信正常	接口通信故障
	正常	阻塞
	轨道 1 正常	轨道 1 阻塞
	……	……
	轨道 N 正常	轨道 N 阻塞

2. 系统操作信息

设备监控系统的系统操作信息如下：

(1) 操作人员登录信息。操作人员登入系统及退出系统的信息对系统安全性极其重要，对事件的核查起关键作用。

(2) 设备操作信息。设备监控系统在站点或调度终端可以对受控设备、模式进行操作，并对受控设备状态信息予以确认。

1) 受控设备操作信息。设备监控系统在系统站点终端具备根据站点实际情况对受控设备进行单体控制的功能，使得站点的运行工艺模式具体控制实施可能偏离工艺模式的要求，系统必须对该功能的操作进行记录，为事后分析提供可靠的依据。

2) 模式操作信息。设备监控系统在系统站点或调度终端具备根据站点实际情况对受控设备进行模式控制功能，使得站点的运行工艺模式具体控制实施可能偏离自动控制的工艺模式的要求，系统必须对该功能的操作进行记录，为事后分析提供可靠的依据。

3) 受控设备状态信息。受控设备状态是设备监控关注的重点，受控设备是否处于正常的受控状态对系统控制有影响，如设备控制权的转换、故障状态都必须人工确认，确保系统模式运行，系统必须对受控设备状态及人工确认情况进行记录，为事后分析提供可靠的依据。

3. 控制系统自身运行信息

设备监控系统自身运行信息主要包括系统组态信息、系统设备的故障信息。系统组态信息主要包括系统组态中所有的控制器设备的通信状态、主要控制器运行是否正常、系统外围传感设备参数是否超出正常工作范围等信息。

二、系统数据库

设备监控系统在每个站点、中央调度及服务器都设置有数据库，这三个数据库对数据的设置有不同的要求。表 10—7 所列为系统信息及各子系统信息在上述三个数据库的设置。

表 10—7　　数据库的设置

信息	站点	调度	服务器
1．监控系统			
（1）系统信息	日常全部及调试信息	日常全部	日常全部
（2）应急操作盘	日常全部及调试信息	日常全部	
2．通风空调系统			
（1）隧道通风系统	日常全部及调试信息	设备故障、温度报警、模式手/自动、设备环控/车控、故障复位	日常全部
（2）大系统	日常全部及调试信息	设备故障点、温度报警、模式手/自动、设备环控/车控、故障复位	日常全部
（3）冷水系统	日常全部及调试信息	设备软硬件故障点、温度报警、模式手/自动、环控/车控、故障复位按钮	日常全部
（4）小系统	日常全部及调试信息	设备软件故障、温度报警、模式手/自动、环控/车控、故障复位按钮	日常全部
3．低压配电	日常全部及调试信息	日常全部	日常全部
4．给排水系统	日常全部及调试信息	区间泵运行、所有水泵故障点、所有水位报警	日常全部
5．照明	日常全部及调试信息	日常全部	日常全部
6．电扶梯系统	日常全部及调试信息	日常全部	日常全部
7．通信接口	日常全部及调试信息	日常全部	日常全部

三、系统报表

设备监控系统服务器后台需要提供站点数据报表，以便为调度提供站点运行决策提供数据依据，数据报表主要包括站点温湿度报表、主要环控设备运行报表及给排水系统报表。

1．温湿度报表

设备监控系统主要是为线路站点提供合适的环境温度，系统控制的效果如何需要根据站点及站点主要设备房的温湿度实际数据进行判断及改进，报表包括日报表、月报表及年报表。其主要的数据要求见表 10—8。

表 10—8　　温湿度报表数据

位置	参数
站台	A 端温湿度
	B 端温湿度
站厅	A 端温湿度
	B 端温湿度
A 端新风亭	A 端新风温湿度
A 端排风亭	A 端排风温湿度

续表

位置	参数
B 端新风亭	B 端新风温湿度
B 端排风亭	B 端排风温湿度
通信设备室	通信设备室温湿度传感器
通信电源室	通信电源室温湿度传感器
信号设备室	信号设备室温湿度传感器
信号电源室	信号电源室温湿度传感器

2. 主要环控设备运行报表

设备监控系统主要为线路站点提供合适的环境通风，需要对受控环控设备实际运行情况进行判断及改进。报表包括日报表、月报表及年报表。其主要的数据要求见表 10—9。

表 10—9　主要环控设备报表数据

设备名称	参数
A 端站厅新风机	运行时间
A 端空调器	运行时间
A 端站台排风机	运行时间
A 端站厅排风机	运行时间
B 端站厅新风机	运行时间
B 端空调器	运行时间
B 端站台排风机	运行时间
B 端站厅排风机	运行时间
冷水机组 1	运行时间
冷水机组 2	运行时间
冷水机组 3	运行时间
冷冻水泵 1	运行时间
冷冻水泵 2	运行时间
冷冻水泵 3	运行时间
冷却水泵 1	运行时间
冷却水泵 2	运行时间
冷却水泵 3	运行时间
冷却塔 1	运行时间
冷却塔 2	运行时间
冷却塔 3	运行时间

3. 给排水系统报表

给排水系统报表主要包括集水泵运行报表和市政给水报表。集水泵运作实际情况对轨道交通系统影响很大，特别是区间排水直接影响列车运行。根据市政给水报表则可以把握站点用水量及供水管网的完好性。报表包括日报表、月报表及年报表。其主要的数据要求如下。

（1）集水泵运行报表（见表 10—10）

表10—10 集水泵运行报表数据

设备名称	参数
站点出入口1	运行时间、运行次数、运行间隔、故障数
……	……
站点出入口 N	运行时间、运行次数、运行间隔、故障数
站点废水泵	运行时间、运行次数、运行间隔、故障数
站点污水泵	运行时间、运行次数、运行间隔、故障数
区间水泵1	运行时间、运行次数、运行间隔、故障数
……	……
区间水泵 N	运行时间、运行次数、运行间隔、故障数

(2) 市政给水报表(见表10—11)

表10—11 市政给水报表数据

设备名称	参数
市政水表1	用水量、用水趋势
市政水表2	用水量、用水趋势

四、日常查询

1. 系统查询

设备监控系统上位机软件通常具有较简单的数据查询功能，具体操作方法与各监控软件的设置有关，这里以I/NET7软件的查询为例进行介绍。

(1) 系统默认的查询。进入系统监控软件AMT软件窗口，如图10—4所示，在编辑菜单Edit中选中Filters。

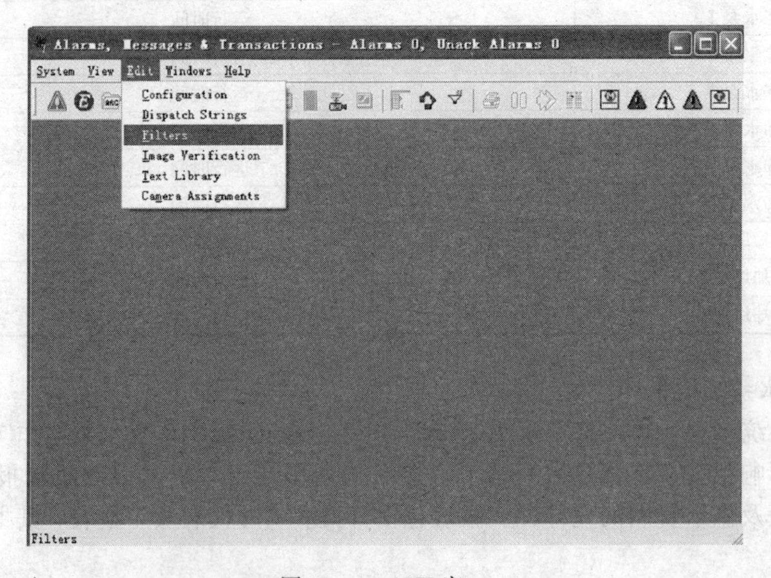

图10—4 AMT窗口

进入查询窗口（见图 10—5），图中显示系统默认的查询窗，可根据系统信息的等级 Routine Alarms、Priority Alarms、Critical Alarms 等条件进行信息查询。

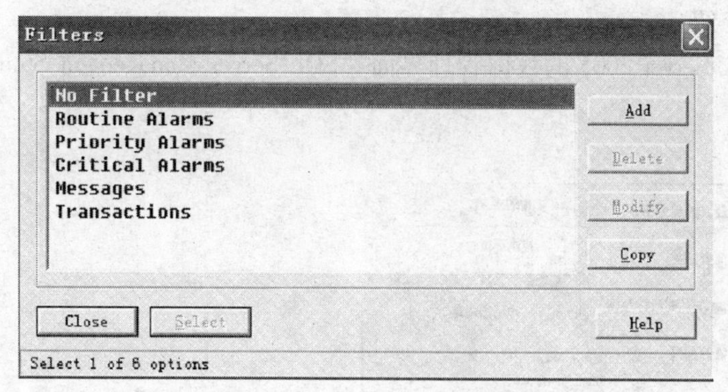

图 10—5 系统默认查询窗口

（2）自定义查询。在图 10—5 所示窗口中单击“Add”按钮，可以对查询的条件进行自定义查询，单击“Add”按钮后弹出如图 10—6 所示窗口，为自定义查询定义名称，这里定义“S01”为该查询的名称。

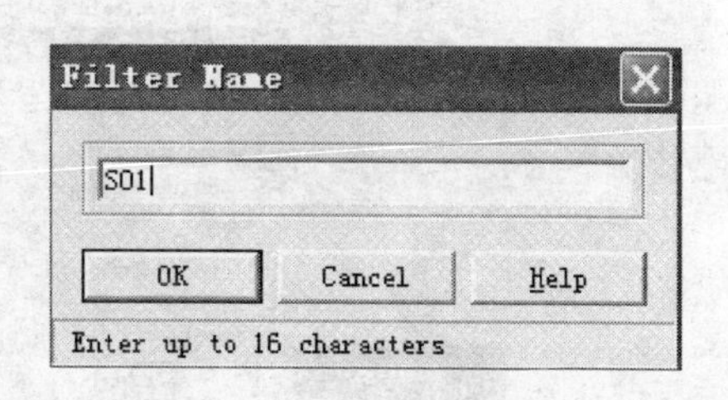

图 10—6 定义查询名称

定义查询名称确认后，弹出如图 10—7 所示的参数定义窗口，对查询进行参数定义，其中可根据设备的系统地址、设备名称、信息的等级、控制器地址等查询条件进行定义，确认后即可得到查询结果。

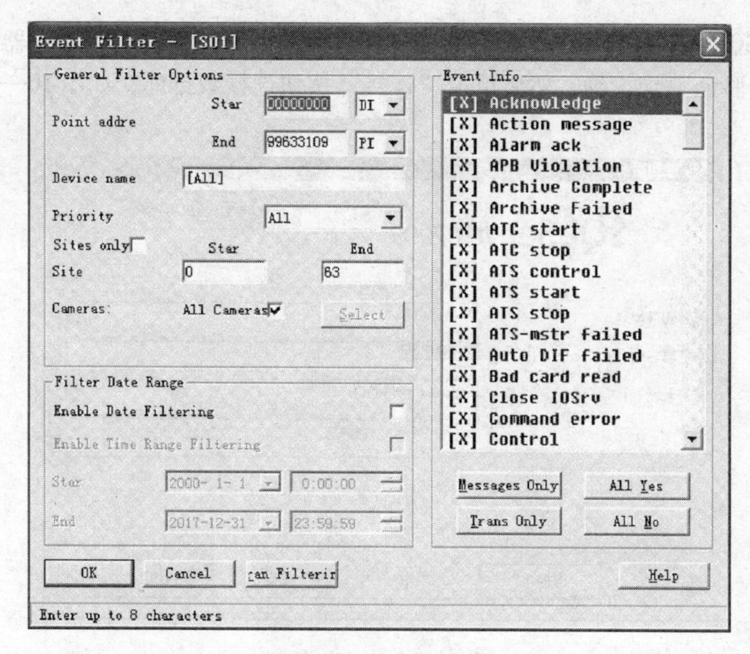

图 10—7 查询参数定义窗口

2. 手动查询

手动查询各监控系统使用的工具与查询操作者的习惯有关，这里以 SQL Server 2005 手动查询为例进行介绍。

(1) 打开 SQL Server 2005 的数据管理界面“SQL Server Management Studio”，如图 10—8 所示。

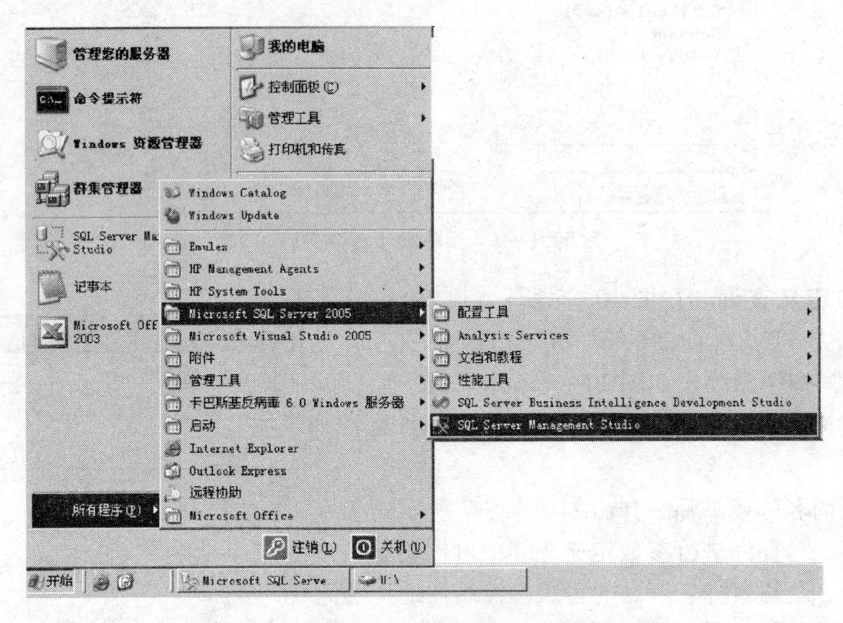

图 10—8　打开 SQL Server 2005 的数据管理界面

在弹出的 SQL Server 数据库的连接界面确认目标数据库类型选项“服务器类型”“服务器名称”“身份验证”均正确，然后单击“连接”按钮连接数据库，如图 10—9 所示。

图 10—9　连接数据库

（2）找到相应的数据表格，如“dbo. DATA_ LOG_ MESSAGE”，在其上单击右键，在弹出的快捷菜单中单击“打开表”打开该表格，如图10—10所示。

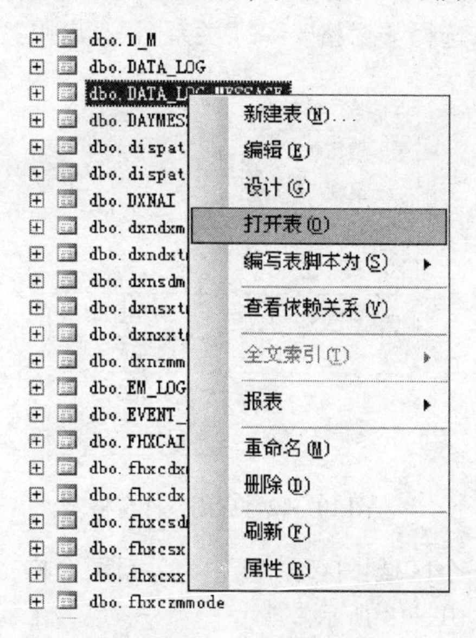

图10—10　打开数据表

此时界面右侧将显示该表所有信息，如图10—11所示。如果信息量大，将耗时很长，可单击下方的“停止”按钮中止信息列出。

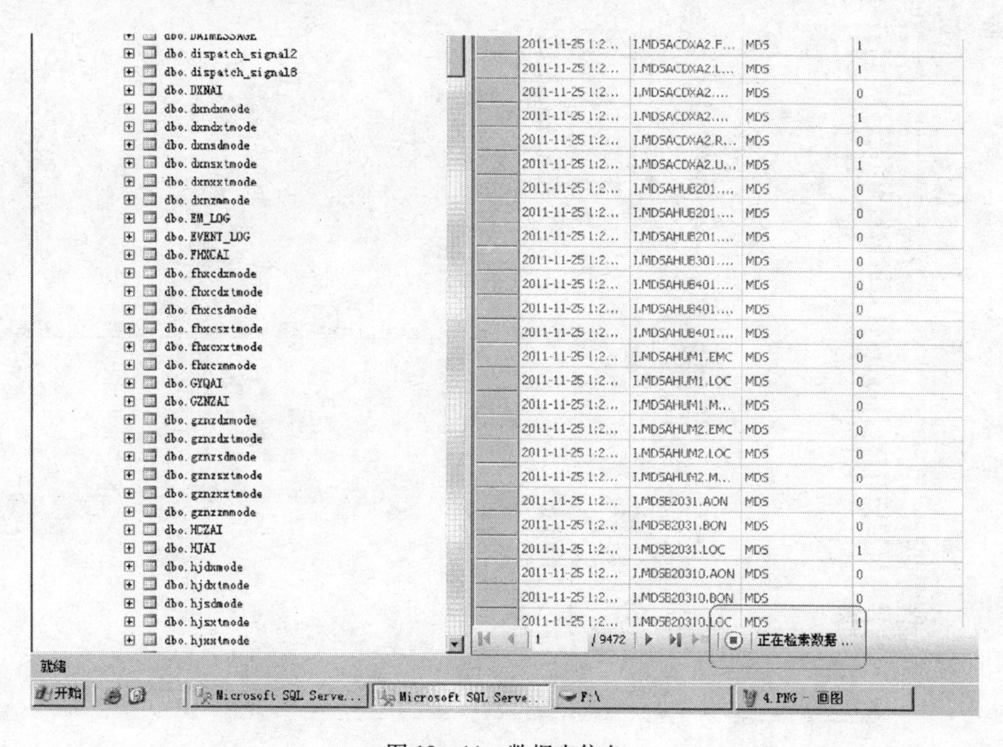

图10—11　数据表信息

（3）打开表格以后，在表格界面的空白处单击右键，在弹出的快捷菜单中选择“窗格”→“条件”，启用条件窗格，如图 10—12 所示。然后再次在表格界面的空白处单击右键，在弹出的快捷菜单中，选择“窗格”→“关系图”，启用关系图窗格。

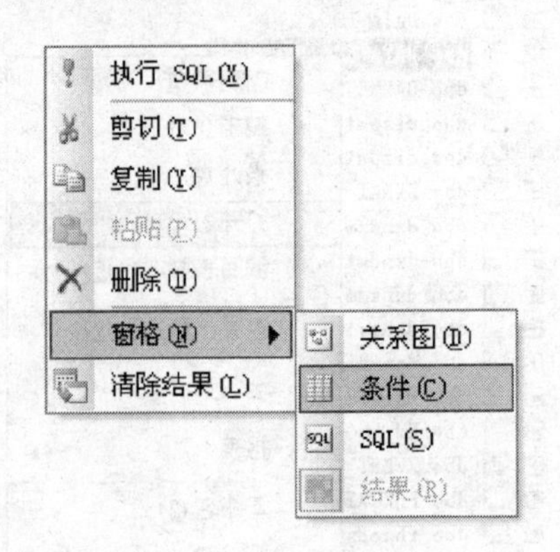

图 10—12　启用条件窗格

现在界面右侧将显示 3 个区域：区域“1”为关系图窗格；区域“2”为条件窗格，区域“3”为结果窗格，如图 10—13 所示。

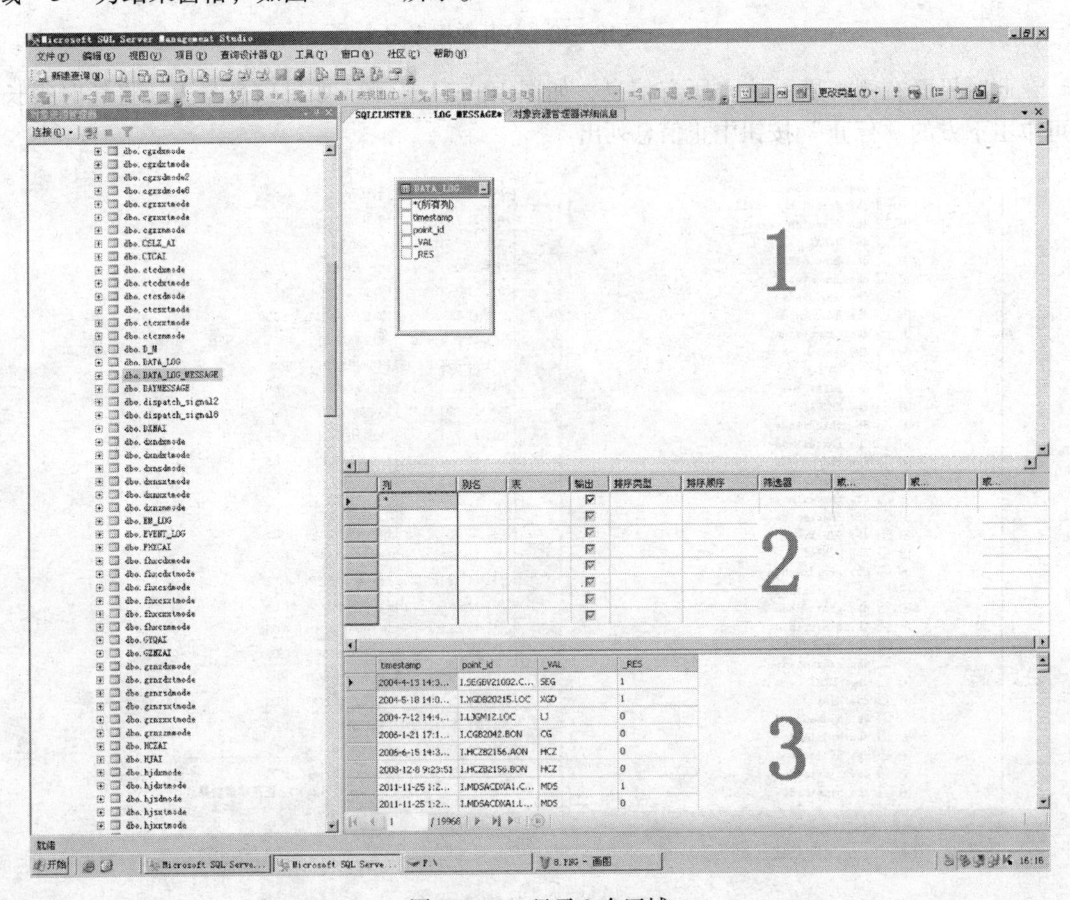

图 10—13　显示 3 个区域

（4）此时可以对该表进行查询操作。但由于该表没有包含描述索引，一般应用时还需要关联另一张数据表“D_M”，以在查询结果中获得查询数据点的相关描述，便于数据的解读。

在关系图窗格内空白处单击右键，在弹出的快捷菜单中选择“添加表”，如图 10—14 所示。

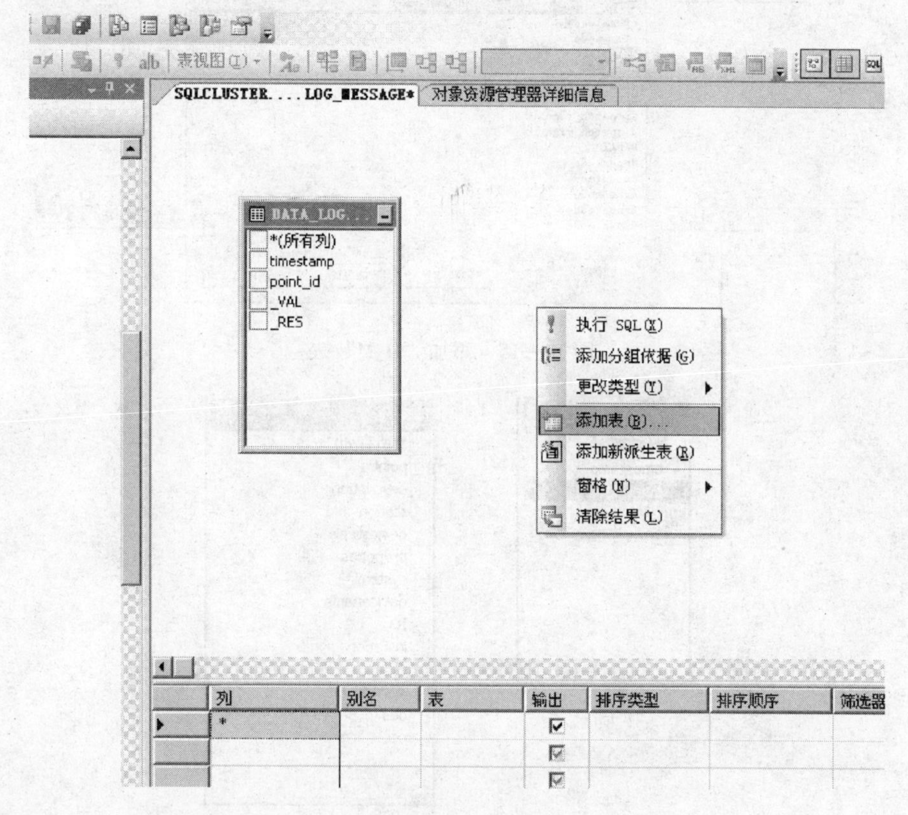

图 10—14 添加表

（5）在“添加表”窗口中选中“D_M”表，单击“添加”按钮，如图 10—15 所示。

此时，“关系图窗格”内将出现新增的“D_M”表，如图 10—16 所示。

（6）用左键点住“DATA_LOG”表格里面的“point_id”，然后拖曳到另一表格“D_M”对应的“pointid”项，形成关联，如图 10—17 所示。

（7）关联完毕，开始进入查询阶段。把需要显示在查询结果中的项目（数据列）在条件窗格对应的“输出”方框内打钩，如图 10—18 所示。不勾选的项目（数据列）将不在查询结果中显示出来。另外，还需要在“排序类型”（可选升序、降序、不排序）和“排序顺序”（排序优先级）里面确定将来的数据查询结果中，数据列的排序方式和优先级。注意列名为“ * ”的序列，其输出选项的钩必须取消，否则将忽略其他列的输出设置，输出全部的列。

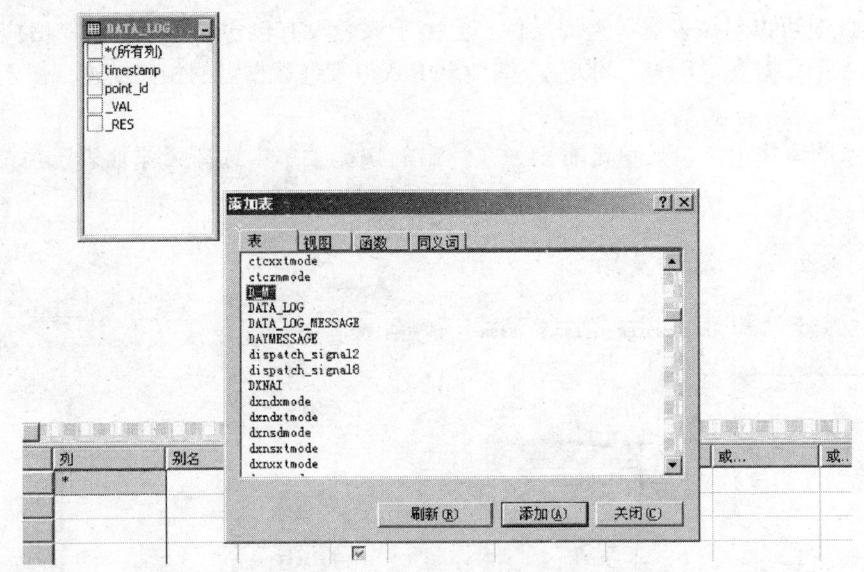

图 10—15 添加“D_M”表

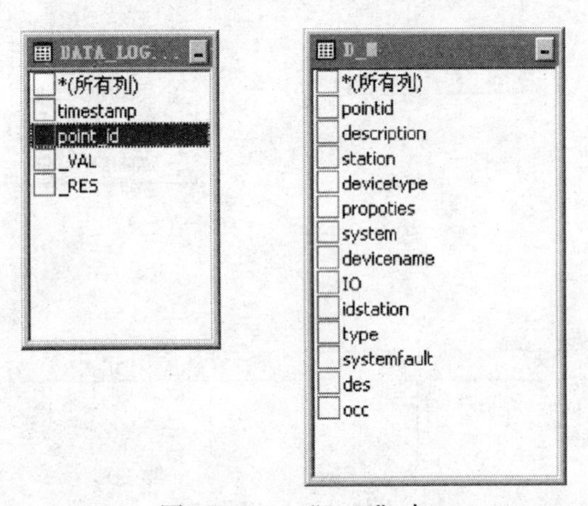

图 10—16 “D_M”表

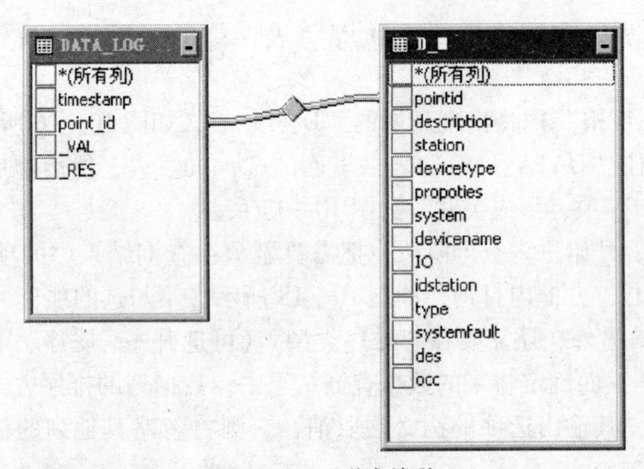

图 10—17 形成关联

列	别名	表	输出	排序类型	排序顺序	筛选器
*						
timestamp	Expr1	DATA_LOG…	☑			
point_id	Expr2	DATA_LOG…	☑			
_VAL	Expr3	DATA_LOG…	☑			
description	Expr4	D_M	☑			
			☑			
			☑			
			☑			

图 10—18　选择数据列

（8）如果只需要按时间条件查询，把查询时间索引“timestamp”的查询条件填写完整，然后单击“查询”（操作快捷图标为红色感叹号），等待查询结果，如图 10—19 所示。如果没有显示查询结果，需检查查询条件填写是否正确，修改条件后再次查询。

列	别名	表	输出	排序类型	排序顺序	筛选器
*			☐			
timestamp	Expr1	DATA_LOG_MESSAGE	☑	升序	1	> '2012-1-1' AND < '2012-1-2'
point_id	Expr2	DATA_LOG_MESSAGE	☑			
_VAL	Expr3	DATA_LOG_MESSAGE	☑			

图 10—19　时间索引

（9）如果需要进一步精确查询，则在相应的项目中填入查询条件，如图 10—20 所示。一般应用比较多的条件语句有“ = ”（等于）、“like”（包含）、“and”（和）、“or”（或），还有辅助符号，如“ > ”（大于）、“ < ”（小于）、“%”（通配符）。

列	别名	表	输出	排序类型	排序顺序	筛选器
*			☐			
timestamp	Expr1	DATA_LOG_MESSAGE	☑	升序	1	> '2012-1-1' AND < '2012-1-2'
point_id	Expr2	DATA_LOG_MESSAGE	☑			
_VAL	Expr3	DATA_LOG_MESSAGE	☑			
description	Expr4	D_M	☑			LIKE N'%水泵%'
			☑			

图 10—20　精确查询

（10）查询条件运用示例

1）在“timestamp”的筛选器处填入条件“ >'2012 - 1 - 1 ' AND　<'2012 - 1 - 2 ' ”，双引号内的内容表示：查询时间段范围为大于 2012 年 1 月 1 日 0 时 00 分 00 秒，并且小于 2012 年 1 月 2 日 0 时 00 分 00 秒。即以 2012 年 1 月 1 日 0 时 00 分 00 秒为起点，24 h 内的数据。

2）在“description”（来自“D_M”表里面的“描述”列）的筛选器处填入条件“LIKE N'% 水泵 %'”，则查询结果将仅列出关联“描述”项包含“水泵”字符的数据记录，不显示其他记录。

第十一章

网络基础

设备监控系统技师级检修工需要掌握的网络知识包括虚拟局域网、链路聚合等知识。

第一节　虚拟局域网 VLAN

虚拟局域网 VLAN 是指网络中的站点不拘泥于所处的物理位置，根据需要灵活地加入不同的逻辑子网中的一种网络技术。基于交换式以太网的虚拟局域网在交换式以太网中，利用 VLAN 技术，可以将由交换机连接成的物理网络划分成多个逻辑子网。在一个虚拟局域网中的站点所发送的广播数据包将仅转发至属于同一虚拟局域网的站点。

一、概述

虚拟局域网的实现原理非常简单，通过交换机的控制，某 VLAN 成员发出的数据包交换机只发给处于同一 VLAN 的其他成员，而不会发给该 VLAN 成员以外的计算机。在交换式以太网中，构成虚拟局域网的站点不拘泥于所处的物理位置，使得网络的拓扑结构变得非常灵活，不同的用户可以根据需要加入不同的虚拟局域网。

1. 虚拟局域网应用范围

（1）控制广播风暴。一个 VLAN 就是一个逻辑广播域，通过对 VLAN 的创建，隔离了广播，缩小了广播范围，可以控制广播风暴的产生。

（2）提高网络整体安全性。通过路由访问列表和 MAC 地址分配等 VLAN 划分原则，可以控制用户访问权限和逻辑网段大小，将不同用户群划分在不同 VLAN，从而提高交换式网络的整体性能和安全性。

（3）网络管理简单、直观。在不改动网络物理连接的情况下可以任意地将工作站在工作组或子网之间移动。利用虚拟网络技术使管理控制集中化，大大减轻了网络管理和维护工作的负担，降低了网络维护费用。在一个交换网络中，VLAN 提供了网段和机构的弹性组合

机制。

图 11—1 所示为一个 VLAN 交叉分组的例子。

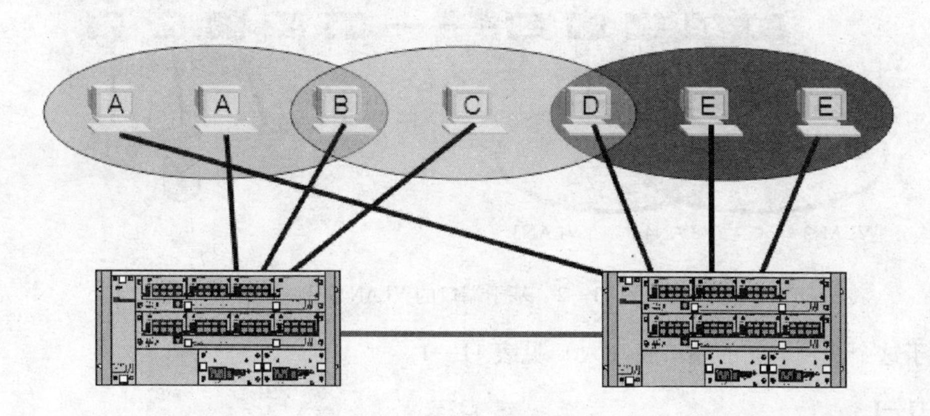

图 11—1　VLAN 交叉分组

2. 虚拟局域网的应用方式

基于交换式的以太网要实现虚拟局域网主要有三种方式，即基于端口的虚拟局域网、基于 MAC 地址的虚拟局域网和基于 IP 地址的虚拟局域网。

（1）基于端口的虚拟局域网。基于端口的虚拟局域网是最实用的虚拟局域网，它保持了最普通常用的虚拟局域网成员定义方法，配置也相当直观、简单，同一局域网中的站点具有相同的网络地址，不同的虚拟局域网之间进行通信需要通过路由器。不足之处是灵活性不好。在基于端口的虚拟局域网中，每个交换端口可以属于一个或多个虚拟局域网组，比较适用于连接服务器。

（2）基于 MAC 地址的虚拟局域网。在基于 MAC 地址的虚拟局域网中，交换机对站点的 MAC 地址和交换机端口进行跟踪，在新站点入网时根据需要将其划归至某一个虚拟局域网，而无论该站点在网络中怎样移动，由于其 MAC 地址保持不变，因此用户不需要进行网络地址的重新配置。不足之处是在站点入网时需要对交换机进行比较复杂的人工配置，以确定该站点属于哪一个虚拟局域网。

（3）基于 IP 地址的虚拟局域网。在基于 IP 地址的虚拟局域网中，新站点在入网时无须进行太多配置，交换机则根据各站点网络地址自动将其划分成不同的虚拟局域网。在三种虚拟局域网的实现技术中，基于 IP 地址的虚拟局域网智能化程度最高，实现起来也最复杂。

二、基于端口的虚拟局域网

下面以 MACH 3000 为例简要介绍一下基于端口的虚拟局域网设置。首先说明几点：交换机的内部通信只在已标记的帧之间进行，如果一个未标记的帧进入 MACH 3000，这个帧将会被标记。端口表定义了进入端口的数据帧将会被加上哪个标记（TAG）。静态表定义了数据帧在端口之间传递时保留或者去掉帧的标记。

假设组建的 VLAN 如图 11—2 所示。交换机默认其内部为 VLAN1。

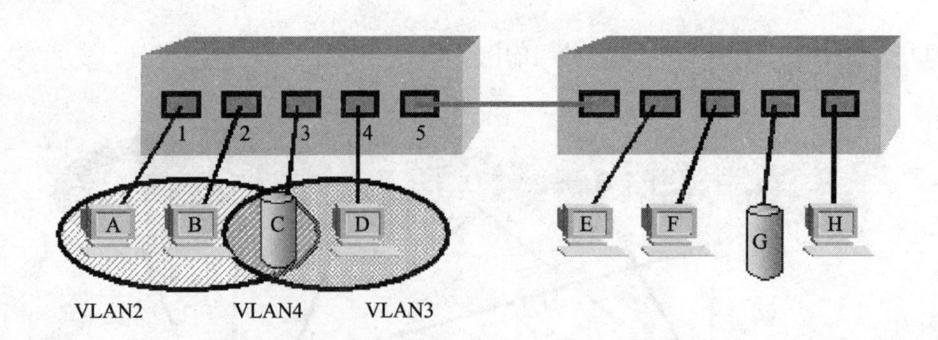

图11—2 基于端口的VLAN实例

对于这个实例，它的端口表（入）见表11—1。

表11—1 端口表

工作站	交换机端口	VLAN编号
A	1	2
B	2	2
C	3	4
D	4	3
链路	5	/

静态表（出）则为（U=去掉标记，M=保留标记）表11—2。

表11—2 静态表

端口 VLAN编号	1	2	3	4	5
1					M
2	U	U			M
3			U	U	M
4	U	U	U	U	M

下面通过交换机管理软件Hivision简要说明一下基于端口的VLAN设置。

1. 关闭生成树协议（STP）

关闭生成树协议如图11—3所示，在MultiAgent窗口下进行此操作。

2. 添加管理代理

使用“portbased button”在管理代理列表下添加管理代理，如图11—4所示。

3. 选择VLAN类型和配置方式

选择VLAN类型如图11—5所示，选择配置方式如图11—6所示。

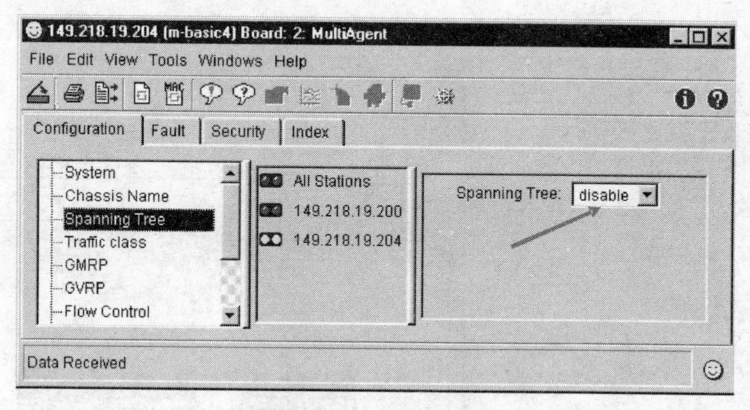

图 11—3　关闭生成树协议

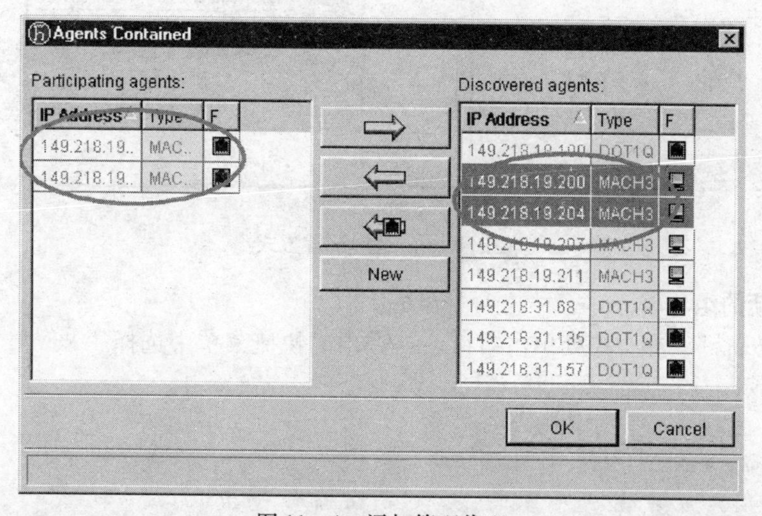

图 11—4　添加管理代理

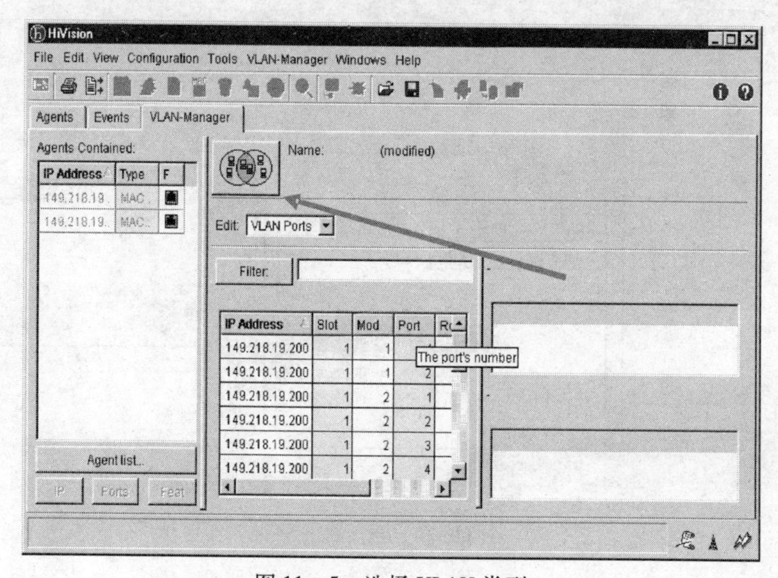

图 11—5　选择 VLAN 类型

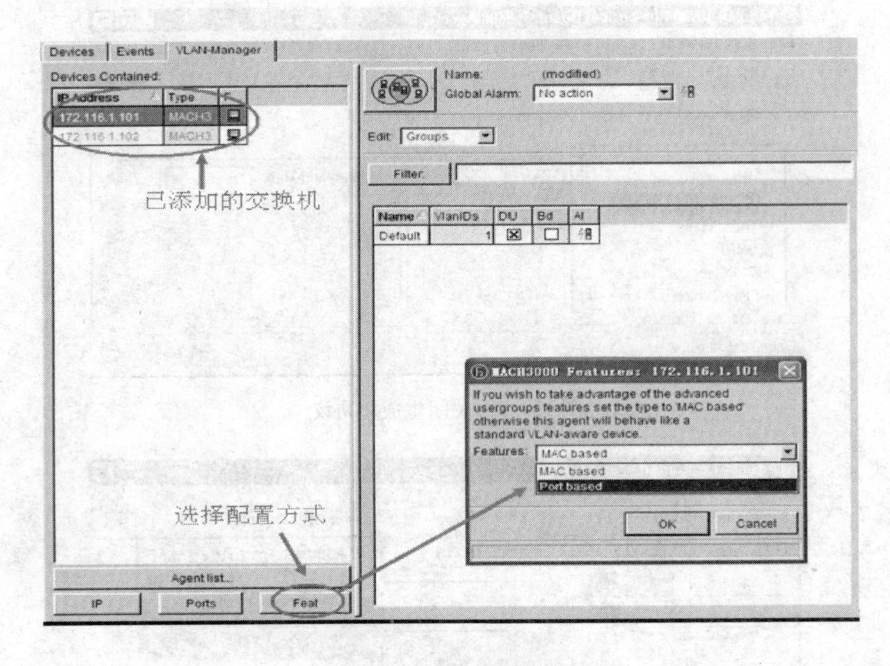

图 11—6　选择配置方式

4. 插入新的组

选择“Groups”，在空白处单击右键，在弹出的快捷菜单中选择“New”，插入新的组，如图 11—7 所示。

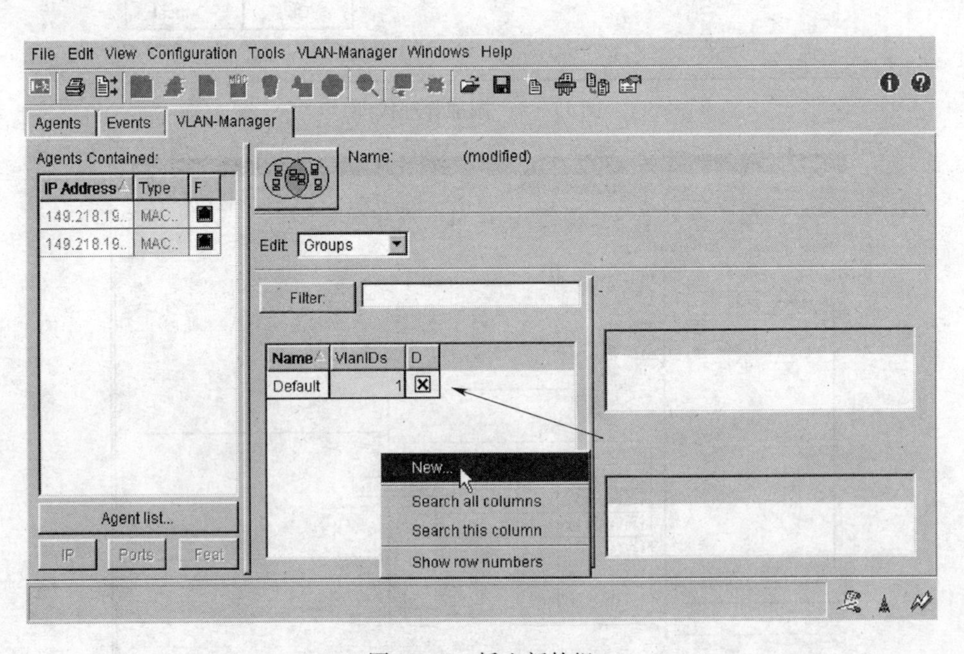

图 11—7　插入新的组

5. 添加端口

输入组名，如图 11—8 所示。在组成员下添加所需的端口，如图 11—9 所示。

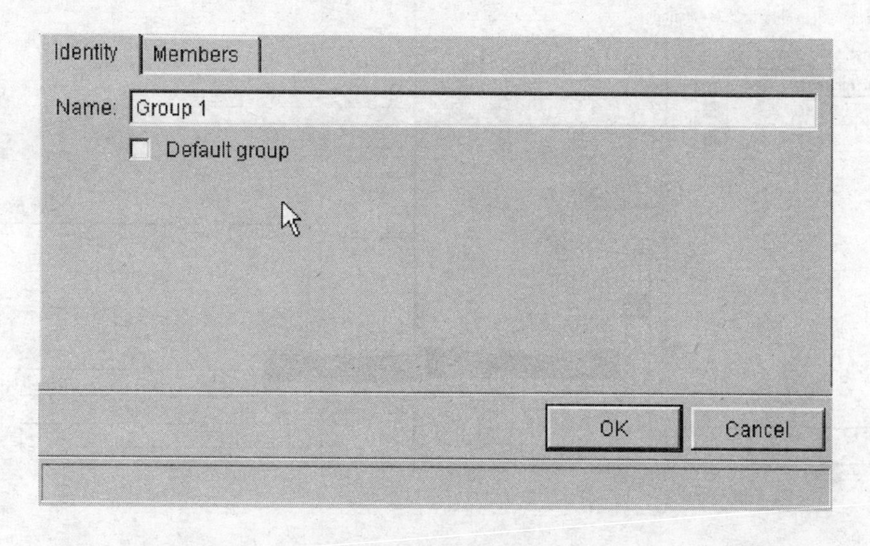

图 11—8　输入组名

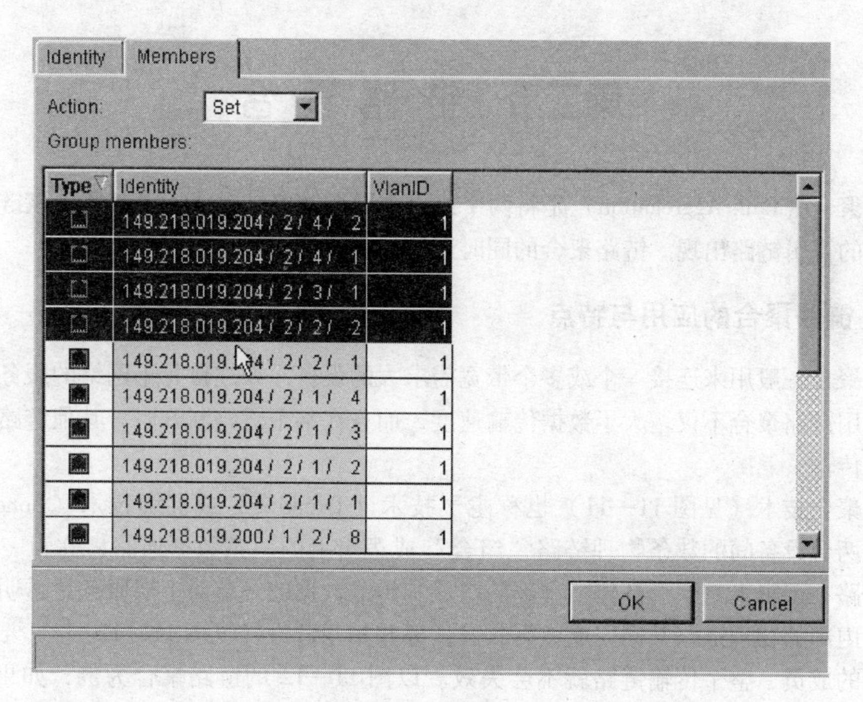

图 11—9　添加端口

6. 保存配置

保存配置到文件和管理代理，完成设置，如图 11—10 所示。

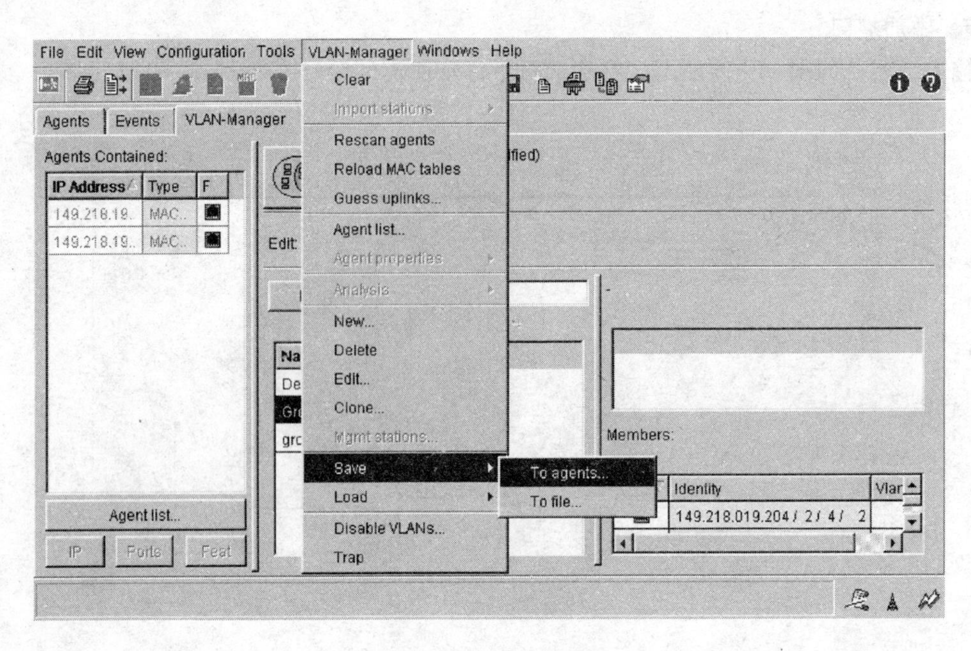

图 11—10　保存配置

第二节　链 路 聚 合

链路聚合（Link Aggregation）是将两个或更多数据链路结合成一个链路，该链路以一个更高带宽的逻辑链路出现。链路聚合的同时还具有一定的冗余作用。

一、链路聚合的应用与特点

链路聚合一般用来连接一个或多个带宽需求大的设备，如连接骨干网络的服务器或服务器群。使用链路聚合不仅增大了数据传输速度，而且在某个链路断开时，其他链路可以继续进行数据传输。

链路聚合技术（见图 11—11）也称主干技术（Trunking）或捆绑技术（Bonding），其实质是将两台设备间的数条物理链路“组合”成逻辑上的一条数据通路，称为一条聚合链路，该链路在逻辑上是一个整体，内部的组成和传输数据的细节对上层服务是透明的。

聚合内部的物理链路共同完成数据收发任务并相互备份（见图 11—12）。只要还存在能正常工作的成员，整个传输链路就不会失效。以图 11—12 的链路聚合为例，如果 Link1 和 Link2 先后出现故障，它们的数据任务会迅速转移到 Link3 上，因而两台交换机间的连接不会中断。

可以看出，链路聚合具有增加链路容量、提高链路可用性等显著的优点。

目前链路聚合技术的正式标准为 IEEE Standard 802. 3ad，由 IEEE802 委员会制定。标准中定义了链路聚合技术的目标、聚合子层内各模块的功能和操作的原则，以及链路聚

合控制的内容等。其中，聚合技术应实现的目标定义为必须能提高链路可用性、线性增加带宽、分担负载、实现自动配置、快速收敛、保证传输质量、对上层用户透明、向下兼容等。

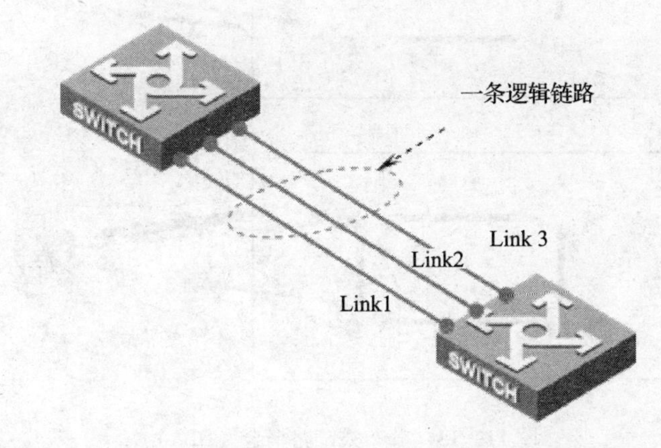

图 11—11　链路聚合示意图

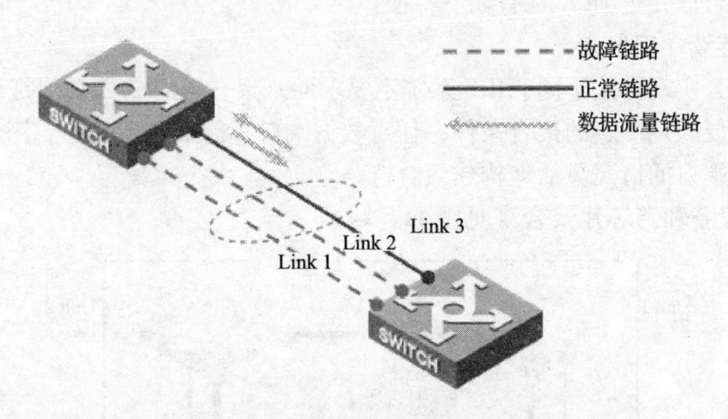

图 11—12　链路聚合成员相互备份

二、分布式链路聚合技术（DLA）

链路聚合控制协议（Link Aggregation Control Protocol）是 IEEE Standard 802. 3ad 标准的主要内容之一，定义了一种标准的聚合控制方式。聚合的双方设备通过协议交互聚合信息，根据双方的参数和状态，自动将匹配的链路聚合在一起收发数据。聚合形成后，交换设备维护聚合链路状态，当双方配置变化时，自动调整或解散聚合链路。

分布式链路聚合（DLA，见图 11—13）是智能弹性架构（IRF）技术的三个重要特性之一。在 IRF 中，用户可以将不同设备的多个端口进行聚合。也就是说，在架构的范围内有统一的聚合管理，可以跨越设备进行聚合和解除聚合。这不仅可以使得聚合的设定更加方便，同时，跨越设备的链路聚合也有效地避免了单点故障的发生。只要聚合链路所连接的多个设备、多个端口还有一个在工作，聚合链路就不会失效。同时，IRF 还支持 802. 3ad 所规定的标准链路聚合控制协议（LACP），通过 LACP 协议可以使链路聚合的设定和管理更加简单。LACP 协议在需要聚合的链路上运行，可以自动发现和解除聚合。

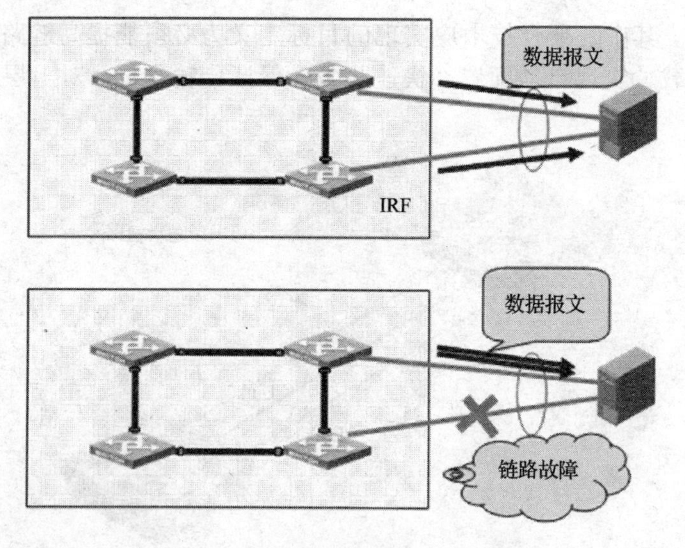

图 11—13　分布式链路聚合（DLA）

由上所述，可以知道 DLA 具有如下特征：

1．支持非连续端口聚合

与之前的聚合实现方式不同，IRF 系统不要求同一聚合组的成员必须是设备上一组连续编号的端口。只要满足一定的聚合条件，任意数据端口都能聚合到一起。用户可以根据当前交换系统上可用端口的情况灵活地构建聚合链路。

2．支持跨设备和跨芯片聚合（见图 11—14）

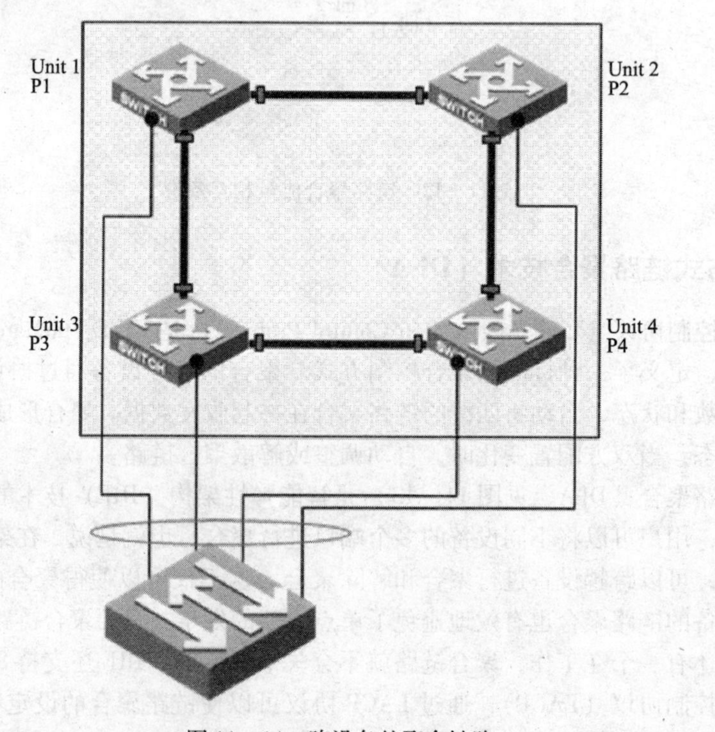

图 11—14　跨设备的聚合链路

目前一些堆叠技术并不支持跨设备的聚合方式，即堆叠中只有位于相同物理设备的端口才能加入同一聚合组中，用户不能随意指定聚合成员。这种限制在一定程度上抵消了端口数量扩展的好处。除了能提供更大的带宽之外，DLA 还实现了 IEEE Standard 802.3ad 标准中聚合的其他目标。

（1）带宽的增加是可控的、线性的，可以由用户的配置决定，不以 10 为倍数增长。

（2）传输流量时，DLA 根据数据内容将其自动分布到各聚合成员上，实现负载分担功能。

（3）聚合组成员互相动态备份，单条链路故障或替换不会引起链路失效。

（4）聚合内工作链路的选择和替换等细节对使用该服务的上层用户透明。

（5）交换设备的链路连接或配置参数变化时，DLA 迅速计算和重新设置聚合链路，将数据流中断的时间降到最短。

（6）如果用户没有人工设定聚合链路，系统可自动设置聚合链路，将条件匹配的物理链路捆绑在一起。

（7）链路聚合结果是可预见的、确定的，只与链路的参数和物理连接情况相关，与参数配置或改变的顺序无关。

（8）聚合链路无论是稳定工作还是重新收敛，收发的数据都不会重复和乱序。

（9）可与不支持聚合技术的交换机正常通信，也能与其他厂商支持聚合技术的设备互通。

（10）用户可通过 CONSOLE、SNMP、TELNET、WEB 等方式配置聚合参数或查看聚合状态。

图 11—15 所示为 IRF－DLA 在一个高性能机群计算系统 HPC（High Performance Computer）中的应用。HPC 系统主要用于完成大计算量任务。机群的主节点将任务分成多个可独立进行的片段，交由各个计算节点完成。出于对高速计算的要求，HPC 对数据吞吐速度和数据交换系统的可靠性有很高的要求。

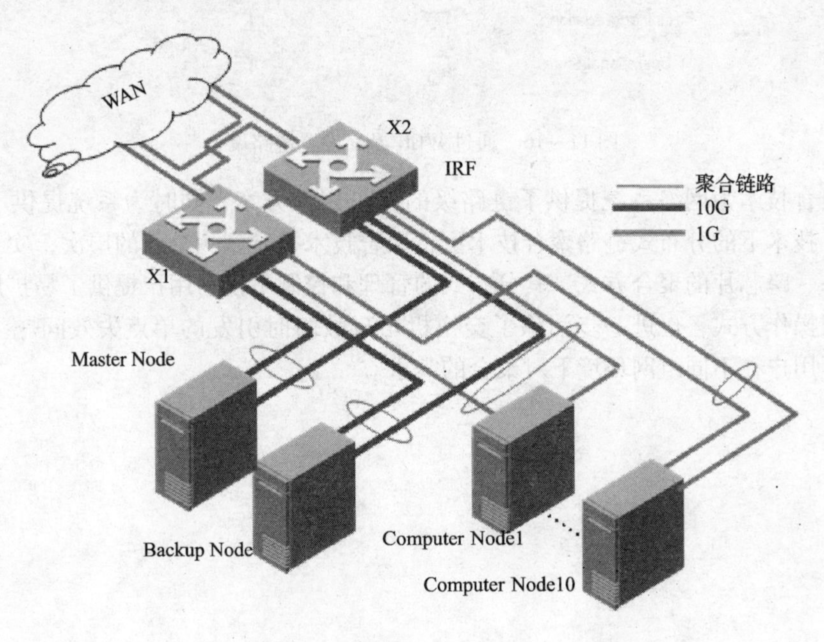

图 11—15　IRF－DLA 应用于 HPC 系统

图11—15所示的HPC服务器均通过两块网卡与IRF系统相连。其中主节点和备份节点上各使用两条10G链路分别与X1和X2相连，各计算节点分别使用两条1G的链路与之相连。X1和X2均正常工作时，主节点通过总容量20G的聚合链路将计算任务源源不断地发送给各计算节点，同时各计算节点将结果通过2G的链路提交给主节点。当与主节点相连接的某条10G链路出现故障或者X1失灵时，虽然系统的整体计算性能有一定程度的下降，但10G链路基本能满足HPC的要求，不会成为整个计算系统的性能瓶颈。

不同的交换机由于其自身结构不同，支持的链路聚合形式也不同。如赫斯曼（Hirschmann）的MACH3000系列交换机支持两个链路聚合，每个链路聚合最多有4条链路。在链路聚合中，具有最小模块号中的最小端口号的端口被认为是该主干的逻辑端口。这个端口被用于设置HIPER - Ring、VLAN或生成树。可以利用MACH3000的WEB管理接口对MACH3000系列交换机进行链路聚合的设置，如图11—16所示。

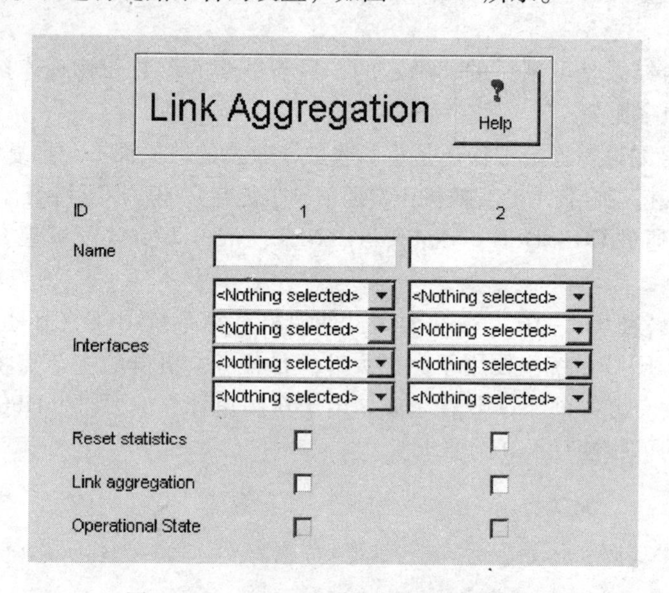

图11—16 通过WEB界面设置链路聚合

链路聚合技术为网络系统提供了链路级的高可用性方案，同时为系统提供了更大的带宽。而IRF技术下的分布式链路聚合技术更将聚合技术提升到一个新的层次，实现了堆叠系统下跨设备、跨芯片的聚合方式。其分布式的管理和控制不仅为用户提供了易扩展的聚合手段和方便的操作方式，也进一步消除了交换机出现故障时引发的单点失效问题。DLA最大程度满足了用户在不同组网环境下对聚合的需求。

第十二章

系统设计

系统设计包含系统整体设计、主控制器的选型、软件编辑及系统调试等方面的内容，各部分内容息息相关，不可分割。

第一节　系统整体设计

系统整体设计包括系统、操作及控制等方面内容。

一、系统

系统包括系统设计及维护设计等方面的内容。

1. 系统设计

系统设计是指在设计部门和供应商进行系统初始配置时的环境及硬件设计。这是整个设备监控系统设计的关键所在，将直接影响到未来设备监控系统的正常运行。

（1）环境设计。环境设计是指操作室和机柜室的布局、地面样式或地板选择、墙壁类型、照明方式、地磁电磁干扰、隔断选择、隔声效果、空气洁净度保证、恒温、恒湿及通风设计等。

（2）供电及电源设计

1）不间断电源 UPS 的设计选择。UPS 应根据设备监控系统的要求选择合适的功率，UPS 备用电池的备用时间可以根据系统满负荷工作 30 min 来考虑。由于 UPS 的故障不可避免，因此，UPS 的类型应考虑能够在线更换，以避免更换或维修 UPS 时影响设备监控系统的运行。因此 UPS 的选择应慎重。

2）电源设计选择。包括 220 V 交流分电盘和 220 V→24 V（或 12 V、5 V）电源。

（3）系统配线设计。系统配线应包括系统专用通信、电源、信号电线电缆及接地线和供电（包括 220 V 交流供电线缆和 24 V 直流配电线）、信号和接地系统线缆。

1）220 V 交流供电线缆。主要是向各个子系统、显示器、打印机等外设供电。根据实际消耗功率确定供电线芯的截面积，一般应选择不小于2.5 mm^2的三芯硬铜线。在供电距离较近（如在机柜内部或相邻机柜）时，可使用两条或三条单芯硬线。在供电距离较远时，应考虑使用铠甲屏蔽电缆。为避免干扰其他信号，所有交流供电线缆应走槽盒或穿管（屏蔽绝缘电缆根据实际情况可灵活铺设），防护金属盒或管应可靠接地。

2）24 V直流配电线。设备监控系统的监控设备外供电一般为系统内部提供的24 V直流。需要在集成时安装的24 V供电一般为驱动继电器输入输出、现场变送器等I/O设备或设备监控系统的某些终端板的外供电。一般可选用不小于1 mm^2的普通电线或铜网屏蔽电缆，当设备负荷电流较大时，截面积可适当扩大至2.5 mm^2。

3）I/O输入输出信号。系统的普通信号线应以选择屏蔽电缆为佳，尽量避免使用普通电线。

4）系统接地。应根据系统要求配置，一般在每个站点统一单点接地，接地电阻小于4 Ω。

5）端头选择。系统交流配电、接地、多路设备24 V供电宜选用O形连接，以提高连接质量。

（4）组态设计。装置回路的I/O组态定义数量应不超过系统提供的同类型卡件最大I/O容量的80%，以此来确定系统I/O卡件配置数量，这将给未来的组态调整带来方便。另外，为减少系统运行过程中I/O组态增加的不便，可以考虑将部分备用通道分别组态为临时回路，需要时可以随时使用。

（5）子系统或节点配置。系统配置应尽量不大于系统允许最大配置的60%，控制系统冗余设计应尽量使用卡件箱箱间冗余配置或机柜内冗余配置，机柜间的线缆应尽量减少。备用的卡件或设备数量应不少于20%（包括不易采购的电源、风扇等专用设备）。

（6）机柜的选择与布置。机柜布置应便于施工、维护，状态指示或报警指示等应便于监视，机柜应避免阳光直射。

（7）操作台布置。操作台布置应以美观大方为基础，尽量考虑是否便于操作人员操作。特别是辅助操作台的位置，应与相应操作岗位相邻。操作台布置应与机房设计相结合。

2. 维护设计

维护设计主要包括为设备监控系统维护工作提供有效的工作空间条件、人员配置以及为系统备品备件延续性提供设计依据。

（1）工作空间条件。系统正常运行除了需要符合要求的运行环境外，维护设备同样需要工作空间。

1）工作空间。系统主控制及通信设备通常放置在专门的设备房间，具有良好的通风，维修人员进出通道及设备附近空间大都可以有保障，但系统传感设备分散在各种管道或风道上，需要为这些设备的检修及维护设置检修平台空间，特别是安装在高空或分布在轨行区的设备，设计时应考虑检修的出入通道及检修平台，将大大减少设备故障检修的时间、强度及难度。

2）工作设施。设备监控系统属于电子产品。电子产品对静电比较敏感，检修时常需用防静电接地端子进行接地，以避免因静电损坏设备。

（2）人员配置。根据系统设备的功能、维护要求及运行要求标准，合理配置运行维护

的人员，以下三个方面为影响人员配置的主要因素：

1）系统功能是否需要人为因素参与完成。

2）设备性能是否需要人员补救。

3）系统相关的各种行业规定是否要求人员值守。

（3）备品备件延续性。轨道交通系统属于规模较大的系统工程，系统设备从规划设计、安装调试至验收投运，一般都要经历3~5年的时间，设备监控系统设备属于电子软件系统，几年之后可能已经更新换代，只有主流产品才具有较好的升级兼容性，使用主流的产品为系统设备的延续提供较大可能性；为确保系统良好运行，也可以提前考虑购置故障率较高的备件。

二、操作

1. 操作等级

系统的操作等级一般分为操作员级、维修员级和管理员级。按等级操作是确保系统操作安全的重要因素之一。

2. 设备点动操作

操作人员对设备的点动操作需要对被控设备运行工艺有一定的了解，被控设备的运行存在一定的逻辑连锁关系，操作先后顺序对设备安全运行有影响，甚至会损坏设备，设备的点动操作一般要注意以下几点：

（1）风机与风阀的联动关系。开启风机时要先开联动风阀再开对应的风机，关闭风阀时要先关联动风机再关对应的风阀；水系统的水泵与水阀也存在类似的联动关系。

（2）风机与风路的关系。风机开启时要考虑风路的通畅，如运行的风路较长，在没有运行时要留意风路积尘的影响；水系统的水泵与水阀也要考虑水路的通畅。

（3）点动操作设备后，需检查设备运行是否符合点动操作设备的操作意图。

三、控制

系统控制包括控制权的分配，一般按照就地级高于车站级，车站级高于中央级的原则分配，由于综合应急操作盘为响应火灾模式的执行，紧急程度高，控制权高于车站级和中央级。

1. 控制权的传递

根据设备的实际运行情况，在实际运营中设备控制权会在各个控制级别中传递。正常运营的时候，控制权一般处于中央级，一切设备自动按照时间表自动运营；车站操作人员需要操作设备时，操作权由车站操作员收回，中央级无法操作设备，只有车站操作终端才可以进行设备的操作；在接收到火灾报警信息时，控制系统将所有设备的控制权交由综合应急操作盘，系统将自动解除所有中央级及车站级的操作，按照火灾运行模式执行，火灾信息消除后，系统自动恢复火灾信息前的操作权限；设备设置在就地级时，控制系统将无法控制设备。

2. 系统人员控制权限

控制系统可使用操作员的标志、密码控制进入系统的权限。主要有两种操作权限，即运营操作级和系统管理级。在运营操作级，操作员可使用标志（通常使用姓名）和密码进行登录，分配操作员一定的权限，这些权限是按操作员控制权力的级别和控制范围等划分的。在系统管理级提供以下三种模式：

（1）系统管理模式。具有对系统操作和控制的权限，属于最高级权力。

（2）软件工程师模式。允许对软件、数据库和图形软件进行维护、开发和测试等工作。

（3）系统维修操作人员模式。可完成系统的启动、再启动和故障处理查询等工作。系统能自动对每个用户产生一个登录/关闭时间、系统运行记录报告。5 ~ 60 min 为系统自定义的自动关闭时间，以保证操作员突然离开时的系统安全。维修操作权限设置以下五级：

1）第一级。设备监控系统设备状态显示。

2）第二级。第一级 + 操作员操作受监控设备及信息确认的权限。

3）第三级。第二级 + 系统查询、设备参数修改权限。

4）第四级。第三级 + 系统组态设定权限。

5）第五级。第四级 + 管理系统密码权限。

第二节 主控制器的选型

主控制器是设备监控系统的核心，下面以设备监控系统常用的主流 PLC 控制器来详细介绍。通常 PLC 及相关设备应是集成的、标准的，按照易于与工业控制系统形成一个整体，易于扩充其功能的原则选型，所选用的 PLC 应是在相关工业领域有投运业绩、成熟可靠的系统，它的系统硬件、软件配置及功能应与装置规模和控制要求相适应。在 PLC 系统选型设计时，首先应确定控制方案，下一步工作就是 PLC 工程设计选型。工艺流程的特点和应用要求是设计选型的主要依据。根据控制要求，估算输入/输出点数、所需存储器容量，确定 PLC 的功能、外部设备特性等，最后选择有较高性价比的 PLC 和设计相应的控制系统。

一、PLC 的主要性能

1. 存储容量

存储容量是指用户程序存储器的容量。用户程序存储器的容量大，可以编制出复杂的程序。一般来说，小型 PLC 的用户存储器容量为几千字，而大型 PLC 的用户存储器容量为几万字。

2. I/O 点数

输入/输出（I/O）点数是 PLC 可以接收的输入信号和输出信号的总和，是衡量 PLC 性能的重要指标。I/O 点数越多，外部可接的输入设备和输出设备就越多，控制规模就越大。

3. 扫描速度

扫描速度是指 PLC 执行用户程序的速度，是衡量 PLC 性能的重要指标。一般以扫描 1 K 字用户程序所需的时间来衡量扫描速度，通常以 ms/K 字为单位。PLC 用户手册一般给出执行各条指令所用的时间，可以通过比较各种 PLC 执行相同操作所用的时间来衡量扫描速度。

4. 指令的功能与数量

指令功能的强弱、数量的多少也是衡量 PLC 性能的重要指标。编程指令的功能越强、数量越多，PLC 的处理能力和控制能力越强，用户编程也越简单和方便，越容易完成复杂的控制任务。

5. 内部元件的种类与数量

在编制 PLC 程序时，需要用到大量的内部元件来存放变量、中间结果、保持数据、定时计数、模块设置和各种标志位等信息。这些元件的种类与数量越多，表示 PLC 的存储和处理各种信息的能力越强。

6. 特殊功能单元

特殊功能单元种类的多少与功能的强弱是衡量 PLC 产品的一个重要指标。近年来各 PLC 厂商非常重视特殊功能单元的开发，特殊功能单元种类日益增多，功能越来越强，使 PLC 的控制功能日益扩大。

7. 可扩展能力

PLC 的可扩展能力包括 I/O 点数的扩展、存储容量的扩展、联网功能的扩展、各种功能模块的扩展等。在选择 PLC 时，经常需要考虑 PLC 的可扩展能力。

二、PLC 系统设计原则

1. 输入输出（I/O）点数的估算

估算 I/O 点数时应考虑适当的余量，通常根据统计的输入输出点数，再增加 10% ~ 20% 的可扩展余量后，作为输入输出点数估算数据。实际订货时，还需根据制造厂商 PLC 的产品特点，对输入输出点数进行圆整。

2. 存储器容量的估算

存储器容量是可编程序控制器本身能提供的硬件存储单元大小，程序容量是存储器中用户应用项目使用的存储单元的大小，因此程序容量小于存储器容量。在设计阶段，由于用户应用程序还未编制，因此，程序容量在设计阶段是未知的，需在程序调试之后才知道。为了设计选型时能对程序容量有一定估算，通常采用存储器容量的估算来替代。

存储器内存容量的估算没有固定的公式，许多文献资料中给出了不同的公式，大体上都是按数字量 I/O 点数的 10 ~ 15 倍，加上模拟 I/O 点数的 100 倍，以此数为内存的总字数（16 位为一个字），另外再按此数的 25% 考虑余量。

3. 控制功能的选择

控制功能的选择包括运算功能、调节功能、通信功能、编程功能、诊断功能和处理速度等特性的选择。

（1）运算功能。简单 PLC 的运算功能包括逻辑运算、计时和计数功能；普通 PLC 的运算功能还包括数据移位、比较等运算功能；较复杂运算功能有代数运算、数据传送等；大型 PLC 中还有模拟量的 PID 运算和其他高级运算功能。随着开放系统的出现，目前在 PLC 中都已具有通信功能，有些产品具有与下位机的通信功能，有些产品具有与同位机或上位机的通信功能，有些产品还具有与企业网进行数据通信的功能。设计选型时应从实际应用的要求出发，合理选用所需的运算功能。大多数应用场合只需逻辑运算和计时、计数功能，有些应用需要数据传送和比较，当用于模拟量检测和控制时才使用代数运算、数值转换和PID运算等。要显示数据时需要译码和编码等运算。

（2）调节功能。调节功能包括PID控制运算、前馈补偿控制运算、比值控制运算等，应根据控制要求确定。PLC主要用于顺序逻辑控制，因此，大多数场合采用单回路或多回路控制器解决模拟量的控制问题，有时也采用专用的智能输入输出单元完成所需的控制功能，提高PLC的处理速度和节省存储器容量。如采用PID控制单元、高速计数器、带速度补偿的模拟单元、ASC码转换单元等。

（3）通信功能。大、中型PLC系统应支持多种现场总线和标准通信协议（如TCP/IP），需要时应能与工厂管理网（TCP/IP）相连接。通信协议应符合ISO/IEEE通信标准，应是开放的通信网络。

PLC系统的通信接口应包括串行和并行通信接口（RS232C/422A/423/485）、RIO通信口、工业以太网、常用DCS接口等；大、中型PLC通信总线（含接口设备和电缆）应按1:1冗余配置，通信总线应符合国际标准，通信距离应满足装置实际要求。

在PLC系统的通信网络中，上级的网络通信速率应大于1 Mbit/s，通信负荷不大于60%。PLC系统的通信网络主要有下列几种形式：

1）PC为主站，多台同型号PLC为从站，组成简易PLC网络。

2）1台PLC为主站，其他同型号PLC为从站，构成主从式PLC网络。

3）PLC网络通过特定网络接口连接到大型DCS中作为DCS的子网。

4）专用PLC网络（各厂商的专用PLC通信网络）。

为减轻CPU通信任务，根据网络组成的实际需要，应选择具有不同通信功能的（如点对点、现场总线、工业以太网）通信处理器。

（4）编程功能

1）离线编程方式。PLC和编程器共用一个CPU，编程器在编程模式时，CPU只为编程器提供服务，不对现场设备进行控制。完成编程后，编程器切换到运行模式，CPU对现场设备进行控制，不能进行编程。离线编程方式可降低系统成本，但使用和调试不方便。

2）在线编程方式。PLC和编程器有各自的CPU，主机CPU负责现场控制，并在一个扫描周期内与编程器进行数据交换，编程器把在线编制的程序或数据发送到主机，下一扫描周期时，主机就根据新收到的程序运行。这种方式成本较高，但系统调试和操作方便，在大、中型PLC中常采用。

五种标准化编程语言包括顺序功能图（SFC）、梯形图（LD）、功能模块图（FBD）三种图形化语言和语句表（IL）、结构文本（ST）两种文本语言。选用的编程语言应遵守其标准（IEC6113123），同时，还应支持多种语言编程形式，如C、Basic等，以满足特殊控制场合的控制要求。

（5）诊断功能。PLC的诊断功能包括硬件和软件的诊断。硬件诊断通过硬件的逻辑判断确定硬件的故障位置，软件诊断分为内诊断和外诊断。通过软件对PLC内部的性能和功能进行诊断是内诊断，通过软件对PLC的CPU与外部输入输出等部件信息交换功能进行诊断是外诊断。

PLC的诊断功能直接影响对操作和维护人员技术能力的要求，并影响平均维修时间。

(6) 处理速度。PLC 采用扫描方式工作。从实时性要求来看，处理速度应越快越好，如果信号持续时间小于扫描时间，则 PLC 将扫描不到该信号，造成信号数据的丢失。

处理速度与用户程序的长度、CPU 处理速度、软件质量等有关。目前，PLC 接点的响应快、速度高，每条二进制指令执行时间为0.2～0.4 ms，因此能适应控制要求高、响应要求快的应用需要。扫描周期（处理器扫描周期）应满足：小型 PLC 的扫描时间不大于0.5 ms/K；大、中型 PLC 的扫描时间不大于0.2 ms/K。

三、机型的选择

1. PLC 的类型

PLC 按结构分为整体型和模块型两类，按应用环境分为现场安装和控制室安装两类；按 CPU 字长分为 1 位、4 位、8 位、16 位、32 位、64 位等。从应用角度出发，通常可按控制功能或输入输出点数选型。

整体型 PLC 的 I/O 点数固定，因此用户选择的余地较小，常用于小型控制系统；模块型 PLC 提供多种 I/O 卡件或插卡，因此用户可较合理地选择和配置控制系统的 I/O 点数，功能扩展方便灵活，一般用于大、中型控制系统。

2. 输入输出模块的选择

输入输出模块的选择应考虑与应用要求的统一。如对输入模块，应考虑信号电平、信号传输距离、信号隔离、信号供电方式等应用要求。对输出模块，应考虑选用的输出模块类型，通常继电器输出模块具有价格低、使用电压范围广、使用寿命短、响应时间较长等特点；晶闸管输出模块适用于开关频繁、电感性低功率因数负荷场合，但价格较贵，过载能力较差。输出模块还有直流输出、交流输出和模拟量输出等，与应用要求应一致。

可根据应用要求，合理选用智能型输入输出模块，以便提高控制水平和降低应用成本。

考虑是否需要扩展机架或远程 I/O 机架等。

3. 电源的选择

PLC 的供电电源，除了引进设备时同时引进 PLC 应根据产品说明书要求设计和选用外，一般 PLC 的供电电源应设计选用 220 VAC 电源，与电网电压一致。重要的应用场合应采用不间断电源或稳压电源供电。

如果 PLC 本身带有可使用电源，应核对提供的电流是否满足应用要求，否则应设计外接供电电源。为防止外部高压电源因误操作而引入 PLC，对输入和输出信号的隔离是必要的，有时也可采用简单的二极管或熔丝管隔离。

4. 存储器的选择

由于计算机集成芯片技术的发展，存储器的价格已下降，因此，为保证应用项目的正常投运，一般要求 PLC 的存储器容量按 256 个 I/O 点至少选 8 K 存储器。需要复杂控制功能时，应选择容量更大、档次更高的存储器。

5. 冗余功能的选择

(1) 控制单元的冗余

1) 重要的过程单元。CPU（包括存储器）及电源均应 1B1 冗余。

2) 在需要时也可选用 PLC 硬件与热备软件构成的热备冗余系统、两重化或三重化冗余容错系统等。

（2）I/O 接口单元的冗余

1）控制回路的多点 I/O 卡应冗余配置。

2）重要检测点的多点 I/O 卡可冗余配置。

3）根据需要对重要的 I/O 信号可选用两重化或三重化的 I/O 接口单元。

6. 经济性的考虑

选择 PLC 时，应考虑性价比。考虑经济性时，应同时考虑应用的可扩展性、可操作性、投入产出比等因素，进行比较和兼顾，最终选出较满意的产品。

输入输出点数对价格有直接影响。每增加一块输入输出卡件就需增加一定的费用。当点数增加到某一数值后，相应的存储器容量、机架、母板等也要相应增加，因此，点数的增加对 CPU 选用、存储器容量、控制功能范围等选择都有影响。在估算和选用时应充分考虑，使整个控制系统有较合理的性价比。

第三节　软件控制流程

轨道交通设备监控系统控制主要是对被控设备进行模式控制、设备联动保护及控制器数据处理的编程，具体软件编程根据采用的控制系统不同而不同，其控制流程基本一致。

一、模式控制

设备监控系统正常运行时根据被控设备的工艺要求，以外界条件自动判断进行模式控制，在自动判断不能满足要求时人工介入进行模式控制，因此，模式控制通常有自动及手动模式控制两种。自动模式的启动有正常模式及事故模式两种，正常运行模式由系统根据车站内、外温度及湿度判断，事故模式则由车站事故信息启动事件运行。手动模式一般由手动事件启动模式运行。图 12—1 所示为模式控制基本流程，通过设置模式手/自动开关选择执行自动还是手动模式控制。

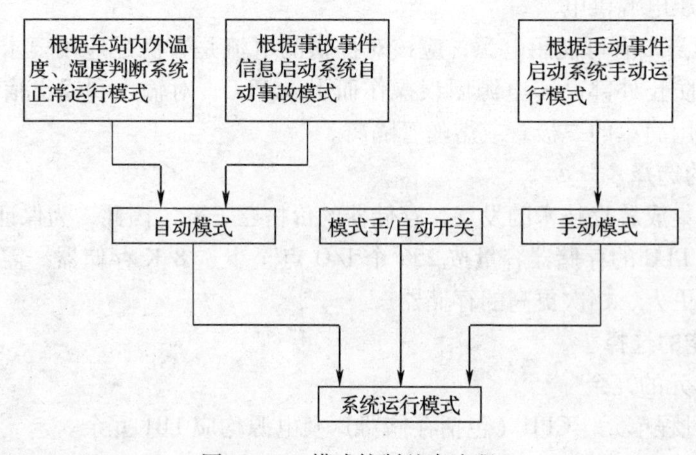

图 12—1　模式控制基本流程

模式控制是设备监控系统对被控设备实施监控的基本控制方式，被控设备可分为大系统、小系统、隧道通风系统、冷水系统等。对模式控制主要以大系统为例进行介绍。模式控制主要介绍空调模式控制、全新风模式控制、大系统正常自动控制、大系统事故控制等。

1. 空调模式控制

系统空调模式控制是以环控工艺中空调模式运行条件为基础的，判断条件为：新风焓值+1≥设定值。在设备监控系统中，控制流程是通过系统采集新风温湿度，运算得出新风焓值，为避免温度波动给系统控制带来频繁转换，设备监控系统每20 min使用系统运算得出平均新风焓值与空调模式焓值设定值进行比较；同时要设定死区，避免焓值在边界区域波动时系统频繁动作。图12—2及图12—3所示为空调模式控制流程及空调模式死区设置。

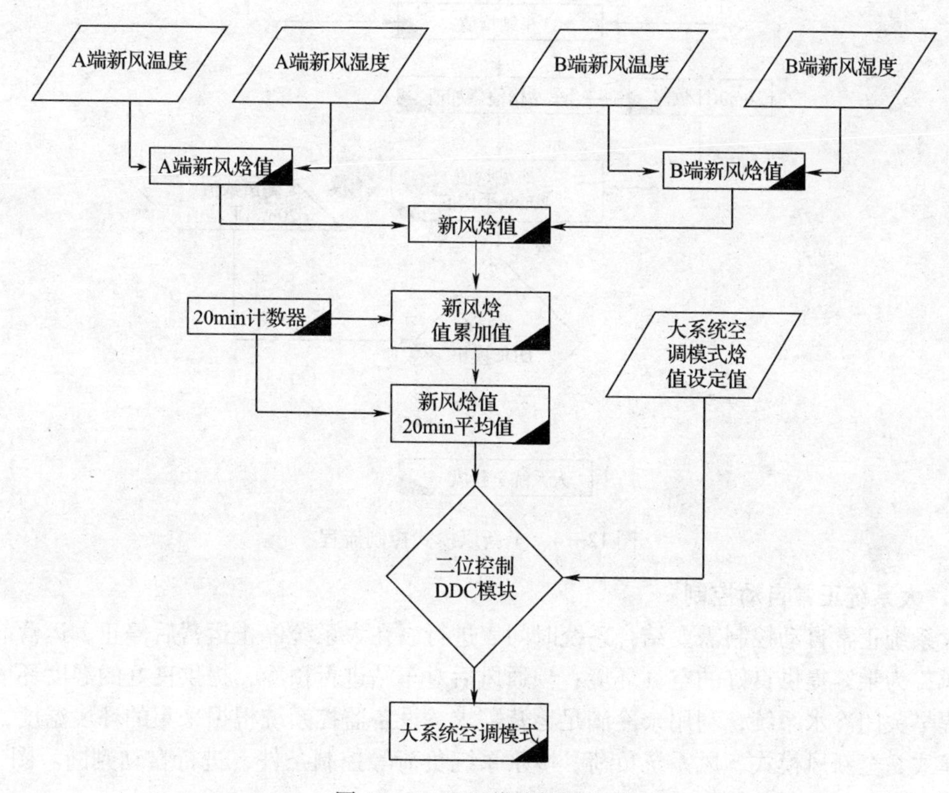

图12—2 空调模式控制流程

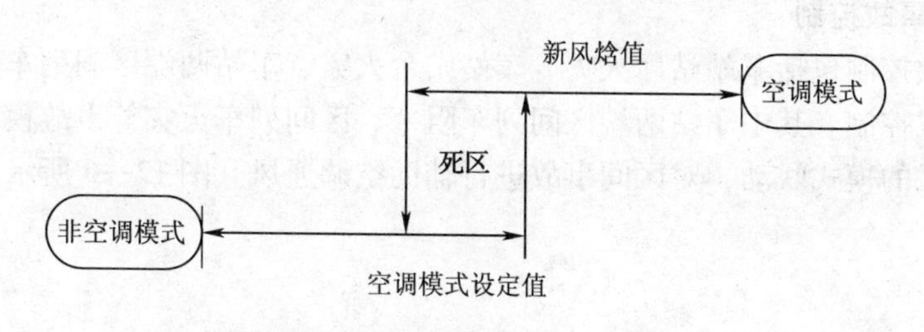

图12—3 空调模式死区设置

2. 全新风模式控制

系统全新风模式控制是以环控工艺中全新风模式运行条件为基础的，环控工艺的判断条件为：新风焓值 -1≤车站焓值，小新风条件室外焓值 +1≥车站焓值。设备监控系统采集车站新风温度及湿度和具有代表性的回风点温度及湿度，获得室外、站内的焓值，车站及室外焓值每分钟取样一次，取 20 min 的平均值进行比较并设定死区，图 12—4 所示为全新风模式控制流程。

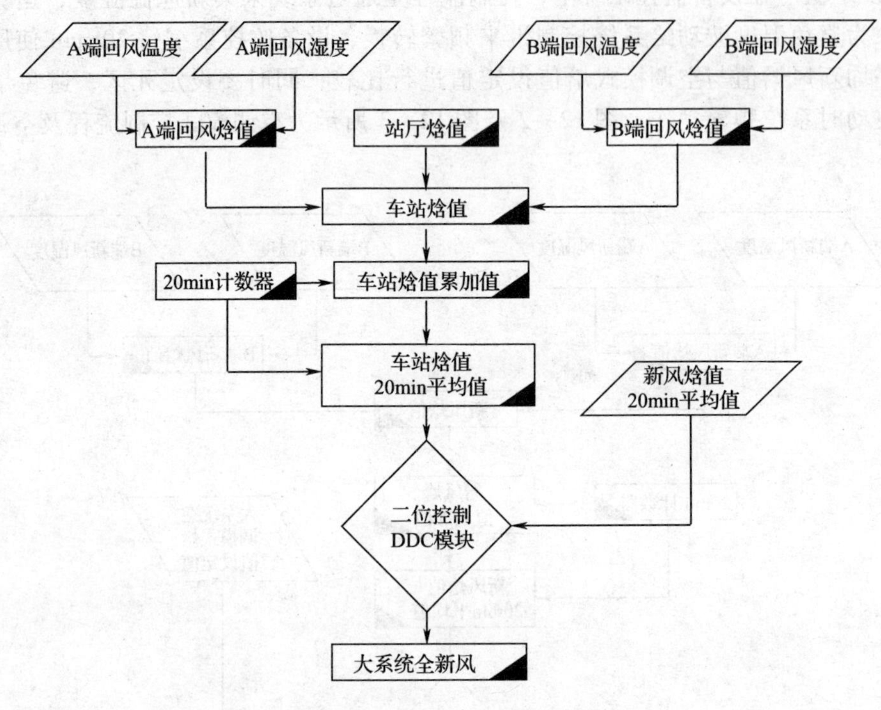

图 12—4　全新风模式控制流程

3. 大系统正常自动控制

大系统正常自动控制需要结合系统时间表进行，在大系统停止运营后停止，运营前需要预通风，为乘客提供良好的空气环境；预通风后对车站进行预冷，提供良好的温度环境，停运前提早关闭冷水系统，利用余冷满足运营需求。设备监控系统根据采集的环境温度，判断空调模式、全新风模式、风系统负荷、冷水系统负荷等控制条件，进行自动判断。图 12—5 所示为大系统正常自动控制流程。

4. 大系统事故控制

大系统事故控制包括车站站厅火灾、车站站台火灾、车站两端区间列车阻塞、区间列车火灾等事故模式控制。其中车站两端区间列车阻塞、区间列车火灾等事故模式控制是隧道通风系统事故模式的模式联动，对区间事故进行辅助空调通风。图 12—6 所示为大系统事故控制流程。

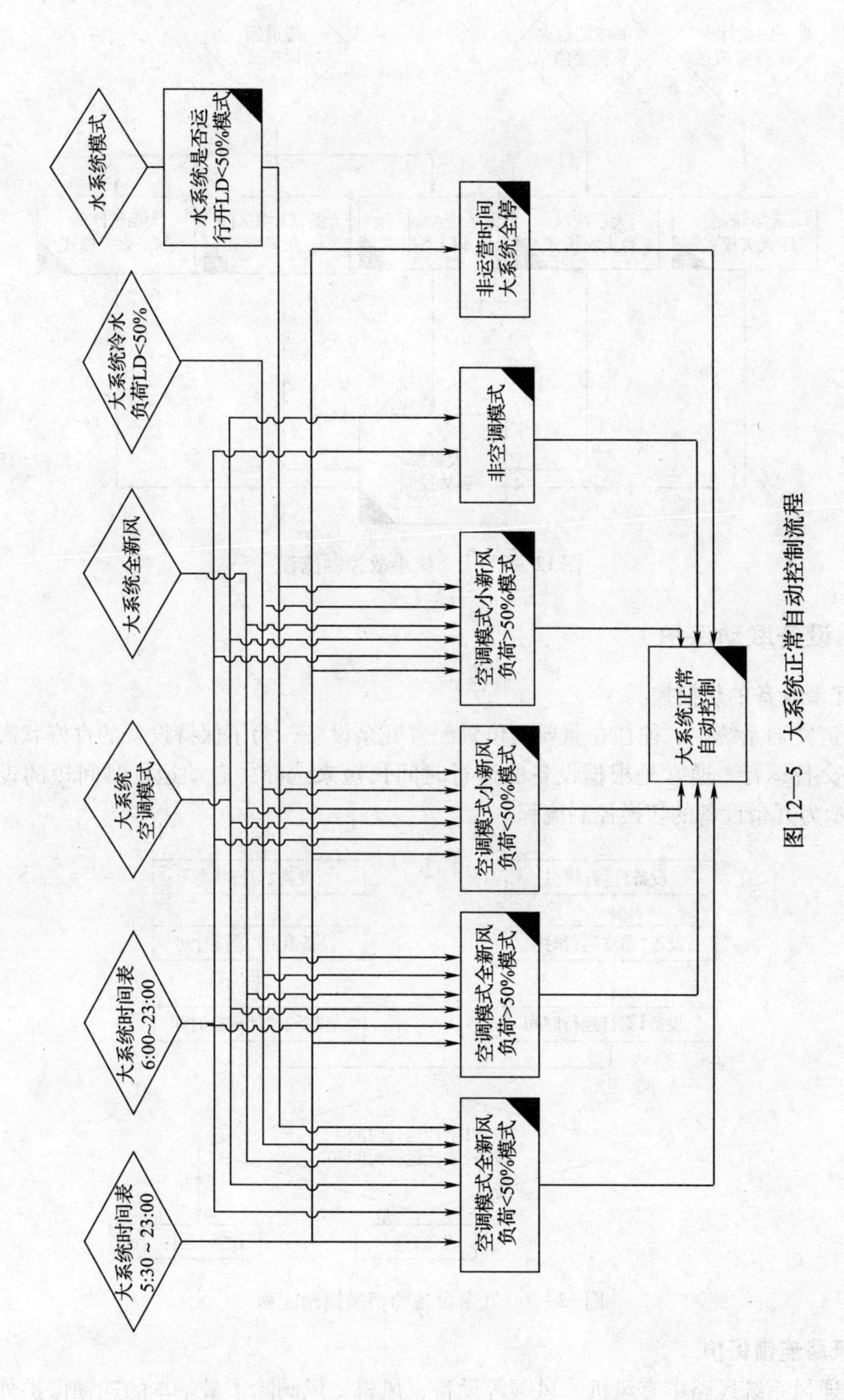

图12—5 大系统正常自动控制流程

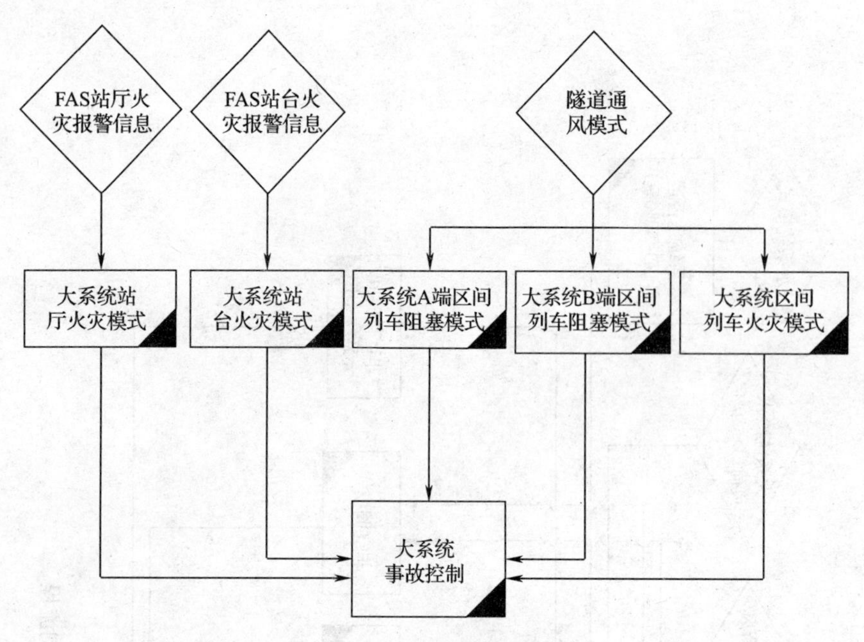

图12—6　大系统事故控制流程

二、设备联动保护

1. 冗余设备的切换控制

在轨道交通系统中，往往在重要的位置配置冗余设备，为了保持设备的良好状态，这些设备需要交替运行，通常是根据设备的运行时间长短来选择，启动运行时间短的设备。图12—7所示为冗余设备的切换控制流程。

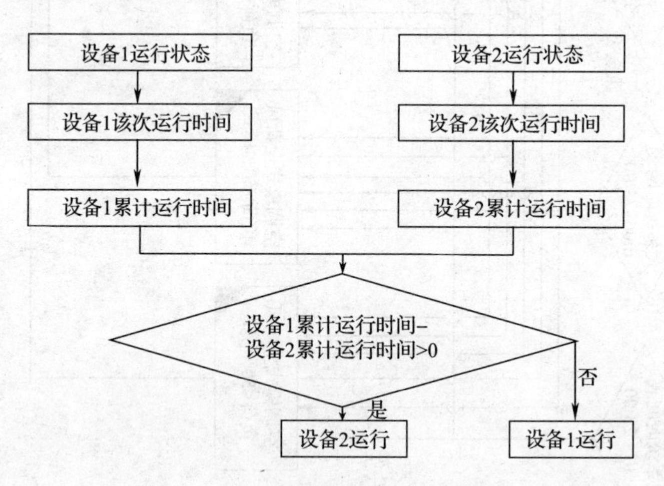

图12—7　冗余设备的切换控制流程

2. 风路连锁保护

空调通风系统风路中有风机、风阀等设备，风机、风阀除了最基本的连锁保护外还需要考虑风路保护。新风机的开启和关闭必须考虑对应风路上风阀、空调柜是否开启，下面以新

风机控制进行介绍。图 12—8 所示为新风机开启条件，新风机在轨道交通系统中通常有冗余设置，风路上有联动阀、调节阀、空调机，需要满足图 12—8 所示的条件，新风机才可以达到开启条件。

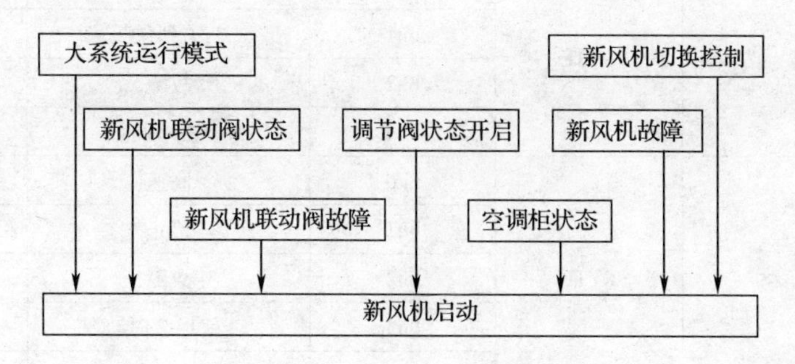

图 12—8　新风机开启条件

三、控制器数据处理

1. 数据传输

设备监控系统各子系统需要主控制器通过通信方式进行集成，通信协议虽然各有不同，实现方式都是将设备的信息封装为字或字节的形式，通过通信协议的封装进行传输。为了减少系统的通信量及 CPU 的通信负荷，需要将设备信息进行预封装。表 12—1 所列为设备数据封装形式。

表 12—1　　设备数据封装形式

设备类型	数据类型	位号	状态点	控制点
双向风机	BYTE	bit0	正转	正转
		bit1	反转	反转
		bit2	停止	停止
		bit3	故障	
		bit4	就地/环控	
		bit5	环控/车控	
双速风机	BYTE	bit0	高速	高速
		bit1	低速	低速
		bit2	停止	停止
		bit3	故障	
		bit4	就地/环控	
		bit5	环控/车控	
风机	BYTE	bit0	启停状态	启动
		bit1	故障	停止
		bit2	就地/环控	
		bit3	环控/车控	

续表

设备类型	数据类型	位号	状态点	控制点
风阀、水阀	BYTE	bit0	开到位	打开
		bit1	关到位	关闭
		bit2	故障	
		bit3	环控/车控	
冷却塔	BYTE	bit0	高速	
		bit1	停止	
		bit2	故障	
		bit3	就地/环控	
		bit4	环控/主机	

2. 控制器数据处理

控制系统控制与通信内容的联系，通过 PLC 控制系统的下位机软件可以得到良好的封装和解析，实现系统的集成控制。首先将数据信息解析，将字节的设备信息分解，字节位对应设备信息变成控制器的变量，按照控制工艺的要求，实现设备控制器计算，得出控制结果，然后再将控制结果进行封装，通过接口通信传送到相应的子系统控制器。设备信息的传输过程如图 12—9 所示。

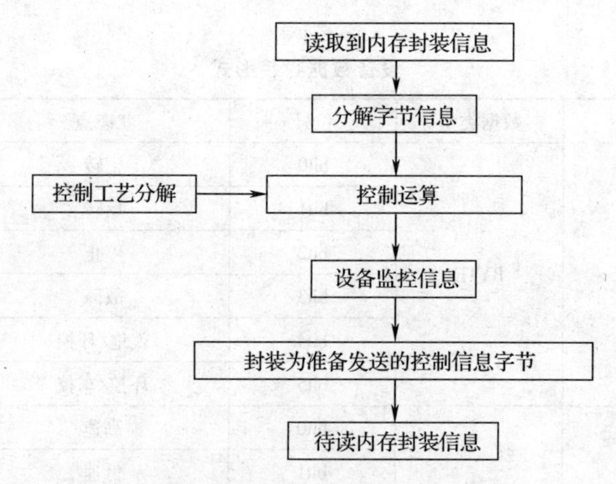

图 12—9 设备信息的传输过程

第十三章

电子板件维修及保养

设备监控系统控制器多由电子板件组成。系统电子板件的维修及保养包括控制系统电子板件元件的检测及电子板件维修、保养等内容。

第一节 电子元件检测

一、控制系统电子板组成

1. 电源模块

电子板件电源模块一般包括整流电路、稳压电路、滤波电路及电源监控电路。

2. 核心处理模块

电子板件核心处理模块包含 CPU（或单片机、DSP 处理器）、EEPROM、RAM、地址信号译码电路、振荡电路、复位电路及看门狗电路。

3. 信号模块

（1）输入模块。电子板件信号输入模块包含降压电路、信号隔离电路（一般情况用光耦和微型变压器）、缓冲锁存电路。

（2）输出模块。电子板信号输出模块包含缓冲锁存电路、信号隔离电路（一般情况用光耦和微型变压器）、功率放大电路。

（3）通信模块。电子板件的通信技术主要是 RS232、RS485 或现场总线，其中 RS232 用于与调试器、计算机连接，内部通信一般采用 RS485 或现场总线技术。

二、基本电子元件检测

元器件是控制系统各组成模块的基础，它们包括电阻器、电容器、电感器、变压器及集成电路等，故障点多集中在集成电路外的外部节点或电源部分。为准确有效地检测这些元器件的相关参数，判断元器件是否正常，必须根据不同的元器件采用不同的方法，从而判断元器件正常与否。

1. 电阻器的检测

（1）固定电阻器

1）将两表笔（不分正负）分别与电阻的两端引脚相接即可测出实际电阻值。为了提高测量精度，应根据被测电阻标称值的大小来选择量程。由于欧姆挡刻度的非线性关系，它的中间一段分度较为精细，因此应使指针指示值尽可能落到刻度的中段位置，即全刻度起始的20%～80%弧度范围内，以使测量更准确。根据电阻误差等级不同，读数与标称阻值之间分别允许有±5%、±10%或±20%的误差。如不相符，超出误差范围，则说明该电阻值变值了。

2）测试时，特别是在测几十千欧以上阻值的电阻时，手不要触及表笔和电阻的导电部分；将被检测的电阻从电路中焊下来，至少要焊开一个头，以免电路中的其他元件对测试产生影响，造成测量误差；色环电阻的阻值虽然能以色环标志来确定，但在使用时最好还是用万用表测量一下其实际阻值。

（2）水泥电阻。检测水泥电阻的方法及注意事项与检测普通固定电阻完全相同。

（3）熔断电阻器。在电路中，当熔断电阻器熔断开路后，可根据经验做出判断：若发现熔断电阻器表面发黑或烧焦，可断定是其负荷过重，通过它的电流超过额定值很多倍所致；如果其表面无任何痕迹而开路，则表明流过的电流刚好等于或稍大于其额定熔断值。对于表面无任何痕迹的熔断电阻器好坏的判断，可借助万用表R×1挡来测量，为保证测量准确，应将熔断电阻器一端从电路上焊下。若测得的阻值为无穷大，则说明此熔断电阻器已失效开路；若测得的阻值与标称值相差甚远，表明电阻变值，也不宜再使用。在维修实践中发现，也有少数熔断电阻器在电路中被击穿短路的现象，检测时也应予以注意。

（4）电位器。检查电位器时，首先要转动轴柄，看轴柄转动是否平滑，开关是否灵活，开关通、断时“咔嗒”声是否清脆，并听一听电位器内部接触点和电阻体摩擦的声音，如有“沙沙”声，说明质量不好。用万用表测试时，先根据被测电位器阻值的大小选择好万用表的合适电阻挡位，然后可按下述方法进行检测。

1）用万用表的欧姆挡测“1”“2”两端，其读数应为电位器的标称阻值，如万用表的指针不动或阻值相差很多，则表明该电位器已损坏。

2）检测电位器的活动臂与电阻片的接触是否良好。用万用表的欧姆挡测“1”“2”（或“2”“3”）两端，将电位器的转轴按逆时针方向旋至接近“关”的位置，这时电阻值越小越好。再顺时针慢慢旋转轴柄，电阻值应逐渐增大，表头中的指针应平稳移动。当轴柄旋至极端位置“3”时，阻值应接近电位器的标称值。如万用表的指针在电位器的轴柄转动过程中有跳动现象，说明活动触点有接触不良的故障。

（5）正温度系数热敏电阻。检测时，用万用表R×1挡，具体可分以下两步操作：

1）常温检测（室内温度接近25℃）。将两表笔接触正温度系数热敏电阻的两引脚，测出其实际阻值，并与标称阻值对比，两者相差在±2 Ω内即为正常。实际阻值若与标称阻值相差过大，则说明其性能不良或已损坏。

2）加温检测。在常温测试正常的基础上，即可进行第二步测试——加温检测，将一热源（如电烙铁）靠近正温度系数热敏电阻对其加热，同时用万用表监测其电阻值是否随温度的升高而增大。如是，说明热敏电阻正常；若阻值无变化，说明其性能变差，不能继续使用。注意不要使热源与正温度系数热敏电阻靠得过近或直接接触热敏电阻，以防止将其烫坏。

（6）负温度系数热敏电阻（NTC）

1）测量标称电阻值 R_t。用万用表测量负温度系数热敏电阻阻值的方法与测量普通固定电阻阻值的方法相同，即根据负温度系数热敏电阻的标称阻值选择合适的电阻挡，可直接测出 R_t的实际值。但因负温度系数热敏电阻对温度很敏感，故测试时应注意以下几点：

①R_t是生产厂家在环境温度为25℃时所测得的，所以用万用表测量 R_t时，也应在环境温度接近25℃时进行，以保证测试的可信度。

②测量功率不得超过规定值，以免电流热效应引起测量误差。

③测试时，不要用手捏住热敏电阻体，以防止人体温度对测试产生影响。

2）估测温度系数 α_t。先在室温 t_1下测得电阻值 R_{t1}，再用电烙铁作为热源，靠近热敏电阻，测出电阻值 R_{t2}，同时用温度计测出此时热敏电阻表面的平均温度 t_2再进行计算。

（7）压敏电阻。用万用表的 R×1 k 挡测量压敏电阻两引脚之间的正、反向绝缘电阻，若均为无穷大，则说明电阻正常；否则，说明漏电流大。若所测电阻很小，说明压敏电阻已损坏，不能使用。

（8）光敏电阻

1）用一黑纸片将光敏电阻的透光窗口遮住，此时万用表的指针基本保持不动，阻值接近无穷大。此值越大说明光敏电阻性能越好；若此值很小或接近零，说明光敏电阻已烧穿损坏，不能再继续使用。

2）将一光源对准光敏电阻的透光窗口，此时万用表的指针应有较大幅度的摆动，阻值明显减小。此值越小说明光敏电阻性能越好；若此值很大甚至无穷大，表明光敏电阻内部开路损坏，不能再继续使用。

3）将光敏电阻透光窗口对准入射光线，用小黑纸片在光敏电阻的遮光窗上部晃动，使其间断受光，此时万用表指针应随黑纸片的晃动而左右摆动。如果万用表指针始终停在某一位置不随纸片晃动而摆动，说明光敏电阻的光敏材料已经损坏。

2. 电容器的检测

（1）固定电容器

1）检测 10 pF 以下的小电容。因 10 pF 以下的固定电容器容量太小，用万用表进行测量只能定性地检查其是否有漏电、内部短路或击穿现象。测量时，可选用万用表 R×10 k挡，用两表笔分别任意接电容的两个引脚，阻值应为无穷大。若测出阻值（指针向右摆动）为零，则说明电容漏电损坏或内部击穿。

2）检测 10 pF～0.01 μF 固定电容器是否有充电现象，进而判断其好坏。万用表选用 R×1 k 挡。两只三极管的 β 值均为 100 以上，且穿透电流要小些。可选用 3DG6 等型号三极管组成复合管。万用表的红、黑表笔分别与复合三极管的发射极 e 和集电极 c相接。由于复合三极管的放大作用，把被测电容的充、放电过程予以放大，使万用表指针摆动幅度加大，从而便于观察。应注意的是：在测试操作时，特别是在测较小容量的电容时，要反复掉换被测电容引脚接触的 A、B 两点，才能明显地看到万用表指针的摆动。

3）对于 0.01 μF 以上的固定电容，可用万用表的 R×10 k 挡直接测试其有无充电过程以及有无内部短路或漏电现象，并可根据指针向右摆动的幅度大小估计出电容器的容量。

(2) 电解电容器。电解电容的容量比一般固定电容大得多，测量时应针对不同容量选用合适的量程。根据经验，一般情况下，1～47 μF 的电容可用 R×1 k 挡测量，大于47 μF 的电容可用 R×100 挡测量。同时也可使用万用表电阻挡，采用给电解电容进行正、反向充电的方法，根据指针向右摆动幅度的大小估测出电解电容的容量。

1）将万用表红表笔接负极，黑表笔接正极，在刚接触的瞬间，万用表指针即向右偏转较大幅度（对于同一电阻挡，容量越大，摆幅越大），接着逐渐向左回转，直到停在某一位置。此时的阻值便是电解电容的正向漏电阻，此值略大于反向漏电阻。实际使用经验表明，电解电容的漏电阻一般应在几百千欧以上；否则将不能正常工作。在测试中，若正向、反向均无充电的现象，即表针不动，则说明容量消失或内部断路；如果所测阻值很小或为零，说明电容漏电量大或已击穿损坏，不能再使用。

2）对于正、负极标志不明的电解电容器，可利用上述测量漏电阻的方法加以判别。即先任意测一下漏电阻，记住其大小，然后交换表笔再测出一个阻值。两次测量中阻值大的那一次便是正向接法，即黑表笔接的是正极，红表笔接的是负极。

(3) 可变电容器

1）用手轻轻旋动转轴，应感觉十分平滑，不应感觉时松时紧甚至有卡滞现象。将转轴向前、后、上、下、左、右等各个方向推动时，转轴不应有松动的现象。

2）用一只手旋动转轴，另一只手轻摸动片组的外缘，不应感觉有任何松脱现象。转轴与动片之间接触不良的可变电容器不能再继续使用。

3）将万用表置于 R×10 k 挡，一只手将两个表笔分别接可变电容器的动片和定片的引出端，另一只手将转轴缓缓旋动几个来回，万用表指针都应在无穷大位置不动。在旋动转轴的过程中，如果指针有时指向零，说明动片和定片之间存在短路点；如果碰到某一角度，万用表读数不为无穷大而是出现一定阻值，说明可变电容器动片与定片之间存在漏电现象。

3. 电感器和变压器的检测

(1) 色码电感器。将万用表置于 R×1 挡，红、黑表笔各接色码电感器的任一引出端，此时指针应向右摆动。根据测出的电阻值大小，可具体分为下述两种情况进行鉴别：

1）被测色码电感器电阻值为零，其内部有短路性故障。

2）被测色码电感器直流电阻值的大小与绕制电感器线圈所用的漆包线线径、绕制圈数有直接关系，只要能测出电阻值，则可认为被测色码电感器是正常的。

(2) 中周变压器

1）将万用表拨至 R×1 挡，按照中周变压器的各绕组引脚排列规律，逐一检查各绕组的通断情况，进而判断其是否正常。

2）检测绝缘性能，将万用表置于 R×10 k 挡，做如下几种状态测试：

①一次绕组与二次绕组之间的电阻值。

②一次绕组与外壳之间的电阻值。

③二次绕组与外壳之间的电阻值。

上述测试结果分别出现三种情况：阻值为无穷大时正常；阻值为零则有短路性故障；阻值小于无穷大但大于零则有漏电性故障。

（3）电源变压器

1）通过观察变压器的外貌来检查其是否有明显异常现象。如绕组引线是否断裂、脱焊，绝缘材料是否有烧焦痕迹，铁心紧固螺杆是否松动，硅钢片有无锈蚀，绕组是否有外露等。

2）绝缘性测试。用万用表 R×10 k 挡分别测量铁心与一次绕组、一次绕组与各二次绕组、铁心与各二次绕组、静电屏蔽层与二次绕组、各二次绕组间的电阻值，万用表指针均应指在无穷大位置不动；否则，说明变压器绝缘性能不良。

3）绕组通断的检测。将万用表置于 R×1 挡，测试中，若某个绕组的电阻值为无穷大，则说明此绕组有断路性故障。

4）判别一次、二次绕组。电源变压器一次引脚和二次引脚一般都是分别从两侧引出的，并且一次绕组多标有 220 V 字样，二次绕组则标出额定电压值，如 15 V、24 V、35 V 等。再根据这些标记进行识别。

5）空载电流的检测

①直接测量法。将所有二次绕组全部开路，把万用表置于交流电流挡（500 mA），串入一次绕组。当一次绕组的插头插入 220 V 交流市电时，万用表所指示的便是空载电流值。此值应不大于变压器满载电流的 10% ~20%。一般常见电子设备电源变压器的正常空载电流应在 100 mA 左右。如果超出太多，则说明变压器有短路性故障。

②间接测量法。在变压器的一次绕组中串联一个 10 Ω/5 W 的电阻，二次绕组仍全部空载。把万用表拨至交流电压挡。加电后，用两表笔测出电阻 R 两端的电压降 U，然后用欧姆定律算出空载电流 $I_{空}$，即 $I_{空}=U/R$。

6）空载电压的检测。将电源变压器的一次绕组接 220 V 市电，用万用表依次测出各绕组的空载电压值（U_{21}、U_{22}、U_{23}、U_{24}），应符合要求，允许误差范围一般为：高压绕组不大于 ±10%，低压绕组不大于 ±5%，带中心抽头的两组对称绕组的电压差应不大于 ±2%。

7）允许温升。一般小功率电源变压器允许温升为 40 ~50℃，如果所用绝缘材料质量较好，允许温升还可提高。

8）检测判别各绕组的同名端。在使用电源变压器时，有时为了得到所需的二次电压，可将两个或多个二次绕组串联起来使用。采用串联法使用电源变压器时，参加串联的各绕组的同名端必须正确连接，不能弄错；否则，变压器不能正常工作。

9）电源变压器短路性故障的综合检测判别。电源变压器发生短路性故障后的主要现象是发热严重和二次绕组输出电压失常。通常，线圈内部匝间短路点越多，短路电流就越大，而变压器发热就越严重。检测判断电源变压器是否有短路性故障的简单方法是测量空载电流。存在短路性故障的变压器，其空载电流值将远大于满载电流的 10%。当短路严重时，变压器在空载加电后几十秒内便会迅速发热，用手触摸铁心会有烫手的感觉。此时不用测量空载电流便可断定变压器有短路点存在。

第二节 电子板件维修保养

电子板件维修及保养包括电子板件的维修方法、常见问题的解决及日常保养等内容。

一、电子板件的维修方法

在各种电子板件故障中，在正常使用的情况下，核心元件损坏的概率较小。一定要详细询问故障现象，了解清楚相关接口的作用，这样能缩短判断故障所需的时间。维修电子板一定要心细，未明白信号作用的情况下不得短接信号，以避免故障进一步扩大。

1. 直观检查

拿到一块线路板，首先观察线路板上的元件有无异常，如电容有无爆裂、漏液，电阻有无变色、烧焦，熔丝有无烧断，烧断情况如何，功率元件有无虚焊，印制电路板有无裂纹等。找到损坏元件后不要立即更换，应查找出元件的损坏原因后，再进行全面处理才能彻底修复。

2. 仪表测量

对于那些难以用直观法查找的故障，可借助于万用表、示波器、频率仪等测试工具，测试各工作点的静态及运行电压、电流、电阻、波形等与正常工作数据相比较，从而找到故障点，修复线路板。

3. 经验维修

根据实际工作经验及日常维修记录，找出损坏规律，迅速查找故障点。例如，电解电容使用5年以上就得全部更换，靠近发热元件的电容容量容易减小，限流电阻易烧断，功率元件引脚易脱焊，光电元件易老化，发热元件易烧毁等。

4. 元件代换法

对于用以上三种方法不能查找的软故障，可用好的元器件代换怀疑有故障的元件，这样有时会起到事半功倍的效果。

二、常见问题

1. 初始化故障

判断主板是否初始化操作最简单的方法就是检查输出继电器是否吸合，显示灯是否正常，有无报错声响等。如果有报警声、有数字或字符显示，基本可判断核心处理模块正常。

如果不正常，首先应检查主板外部输入电压是否正常，电流是否正常；在确认电源正常后，可依次检查CPU的电压是否正常（一般为5 V）、复位电路是否正常、振荡电路是否正常。

2. 输入模块故障

首先确认电源是否正常，确定CPU是否正常工作。遇到这种故障一般检查输入电路接

口部分，检查保护二极管、限流电阻是否被击穿，光电耦合器、隔离变压器是否正常。在有光电耦合器的电路中，锁存电路基本上不会损坏。所以可以以光电耦合器为分界线，判断故障出现在光电耦合器前端还是后端。

3. 输出模块故障

首先确认电源是否正常，确定 CPU 是否正常工作，检查相对应的输入信号是否正常。在以上都确认正常后，再依次检查输出接口的功率放大接口电路、功率元件驱动电路、信号隔离电路（光电耦合器或变压器）、信号锁存电路。

4. 通信模块故障

电子板通信从原理上来说，一个通信节点出错不会影响整个通信网络，但实际应用中，由于程序设计加上硬件设计上的原因，一个节点出错会导致整个通信不正常，出现各种奇怪的现象。

三、日常保养

1. 清除灰尘

灰尘通常都是带正电荷的，电路板上积累灰尘的部位一般是电路板负极，灰尘容易导致电路板不正常工作。清除电路板灰尘的基本步骤如下：

（1）若灰尘较多，应先用吸尘器吸取表面，然后在空气流通的地方用吹风机除尘，有利于尘埃的散去。

（2）清除表面浮尘后，用毛刷清理缝隙处，再用干净的白布进行擦拭，清除表面的污迹。

（3）仍然沾有污垢的，使用清洁剂清理。

2. 清洗电子板

清洗电子板时要保证污渍的清除及板件的完好，步骤如下：

（1）用棉签蘸浓度为 99% 的工业酒精对电子板进行初步的清擦。

（2）锈蚀严重的元件要将其拆出清洗后再补焊或更换。

（3）用 99% 的工业酒精对电子板进行超声波清洗或浸泡（注意：对不能浸泡的器件，如液晶显示器件等必须先拆除后再进行浸泡），酒精刚好完全浸过底板，对黏附物再用棉签小心擦拭污迹处。

（4）超声波清洗或浸泡完成后，将板卡取出放在通风的地方晾干，可用吹风机加速酒精的蒸发。

（5）如仍残留污迹，可用棉签蘸酒精对电子板及焊盘进行初步的清擦。

（6）烘干。清洗后最好使用专用设备在合适温度下烘干。为避免再次被灰尘污染，最好不用电吹风机。

注意：

■ 清洗作业前作业人员应视情况进行人体静电释放，清洗作业过程中应佩戴防静电手腕带。

■ 清洗电路板时应保持通风，严禁烟火，并设置清洗防护区。

■ 使用酒精时应佩戴防毒面具，酒精严禁接触塑料或有漆包线的元件。

3. 使用保护剂

选用合适的电子板保护剂刷涂、喷涂或浸涂在电子板上，保护剂对各种电路板有良好的附着力，可使设备免受环境的侵蚀，从而延长它们的使用寿命，确保使用的安全性和可靠性。选用时应注意保护剂的固化速度及对电子板件材料的腐蚀性。

技师理论知识考核模拟试题

一、填空题（请将正确的答案填在横线空白处，每题 2 分，共 20 分）

1. 数据库设计就是根据所选择的数据库________和________对一个单位或部门的数据进行重新组织和构造的过程。

2. 概念结构设计方法有________、________、________及________。

3. 设备监控调试包括点动测试、________及________。

4. VLAN 通过________和________划分原则来提高交换式网络的整体性能和安全性。

5. 传感器技术沿着________、________、________、________等方向发展。

6. 电子板件容易出现的故障为________、________、________、________部分的电路。

7. 数据库设计需求分析的重点是________、________与分析用户在数据管理中的信息要求、处理要求、安全性与完整性要求。

8. 空调通风系统风路中风机、风阀除了最基本的连锁保护外，还需要考虑________。

9. 大系统事故控制包括车站站厅火灾、________、________、区间列车火灾等事故模式控制。

10. PLC 控制系统 I/O 点数估算时应考虑适当的余量，需考虑增加________的可扩展余量，还需根据制造厂商 PLC 的产品特点，对输入输出点数进行________。

二、判断题（下列判断正确的请打“√”，错误的打“×”，每题 2 分，共 20 分）

1. 数据库理论与技术的深入研究和开发是信息系统发展最重要的推动因素。（　）

2. VLAN 可以控制用户访问权限和逻辑网段大小，将不同用户群划分在不同 VLAN，从而提高交换式网络的整体性能和安全性。（　）

3. 系统新技术应用主要是系统控制器的新应用。（　）

4. 设备监控调试包括点动测试、车站级功能测试及系统联调，同步进行可相互促进。（　）

5. 联调存在问题较多时，应对问题做好详细记录后再继续进行测试。（　）

6. PLC 的 CPU 字长为 16 位。（　）

7. 系统的操作等级一般分为操作员级、维修员级和管理员级。（　）

8. 用户可以根据当前交换系统上可用端口的情况灵活地构建聚合链路。（　）

9. 系统被控设备的变频主要应用在冷却系统、通风系统设备上。（　）

10. 电子板的清洗可随意选择市售的板件清洗剂进行清洗。（　）

三、单项选择题（下列每题的选项中，只有1个是正确的，请将其代号填在横线空白处，每题2分，共20分）

1. 电子板件电源模块一般包括整流电路及__________。

A. 电源监控电路　B. 稳压电路　C. 滤波电路　D. 以上选项都正确

2. DCS的特点是__________。

A. 集中管理　B. 分散控制　C. A+B　D. 以上都不是

3. 轨道交通系统中阀门、挡板相关设备的节流损失以及维护、维修费用占到生产成本的__________。

A. 7%～25%　B. 7%～35%　C. 7%～45%　D. 7%～55%

4. 直观检查电子板件找到损坏元件后，应该__________。

A. 不要立即更换，应查找出元件的损坏原因后，再进行全面处理才能彻底修复

B. 立即更换受损元件，再继续全面测试板件功能

C. 立即更换受损元件，应查找出元件的损坏原因后，再进行全面处理才能彻底修复

D. 以上选项都不正确

5. VLAN的实现原理非常简单，通过交换机的控制，某VLAN成员发出的数据包交换机__________。

A. 只发给处于同一VLAN的其他成员　B. 发给该网段所有成员

C. 发给所有局域网的成员　D. 以上选项都不对

6. 逻辑结构设计是将概念结构转化为一般的__________模型。

A. 关系　B. 网状　C. 层次　D. 以上选项均正确

7. 系统空调模式控制是根据通风空调工艺的判断条件进行判断，同时要设定__________。

A. 设定值　B. 最大值　C. 最小值　D. 死区

8. 大系统事故控制包括__________事故模式控制。

A. 车站站厅、站台火灾　B. 车站两端区间列车阻塞

C. 区间列车火灾　D. 以上选项均正确

9. I/O点数估算时应考虑适当的余量，通常根据统计的输入输出点数，需__________。

A. 增加10%～20%余量　B. 对输入输出点数进行圆整

C. 根据厂家具体确定　D. 以上都要考虑

10. 字段设计原则中每个表中都应该添加__________个有用的字段。

A. 1　B. 3　C. 5　D. 7

四、简答题（每题10分，共40分）

1. 简述数据库设计的特点。

2. 简述新风机开启条件。

3. 谈谈如何进行系统节能控制。

4. 简述电子板件的维修方法。

技师技能操作考核模拟试题

设计大系统自动控制主要程序（共 100 分）。

技师理论知识考核模拟试题答案

一、填空题

1. 管理系统　用户需求
2. 自顶向下　自底向上　逐步扩张　混合策略
3. 车站级功能测试　系统联调
4. 路由访问列表　MAC 地址分配
5. 新材料　集成化　智能化　总线型
6. 初始化　输入　输出　通信
7. 调查　收集
8. 风路保护
9. 车站站台火灾　车站两端区间列车阻塞
10. 10% ~20%　圆整

二、判断题

1. √　2. √　3. ×　4. ×　5. ×　6. ×　7. √　8. √　9. √　10. ×

三、单项选择题

1. D　2. C　3. A　4. A　5. A　6. D　7. C　8. D　9. D　10. B

四、简答题

1. 答：

(1) 反复性。

(2) 试探性。

(3) 多步性。

(4) 面向数据。

2. 答：

新风机在轨道交通系统中通常有冗余设置，风路上有联动阀、调节阀、空调机，需要满足图中所示的条件，新风机才可以达到开启条件。

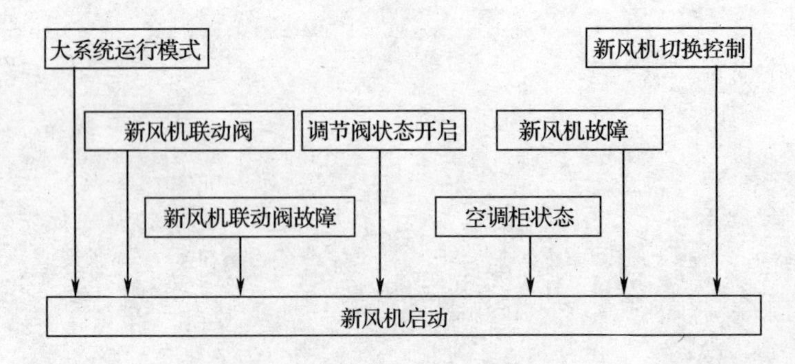

3. 答：

(1) 系统本身。首先，系统投资方面，系统功能与投资性价比合理；其次，系统维修成本方面是否合理；最后，作业时间和人工成本是否合理。

（2）被控系统节能。运行工艺的优化，包括优化运行模式及优化设备运行时间。

（3）控制算法优化，在不同的条件下，投运最合适的工况模式，达到最佳控制效果。

（4）节能设备的使用。如风机、水泵使用变频设备，减少管路损耗，降低系统调节时的设备损耗。

4. 答：

（1）直观检查。观察线路板上的元件有无异常，找到损坏元件后不要立即更换，应查找出元件的损坏原因后，再进行全面处理才能彻底修复。

（2）仪表测量。借助于万用表、示波器、频率仪等测试工具，找到故障点，修复线路板。

（3）经验维修。根据实际工作经验及日常维修记录，找出损坏规律，迅速查找故障点。

（4）元件代换法。使用相同的元件代替故障元件，但存在重复故障的风险。

技师技能操作考核模拟试题答案

答：

1．系统控制权设计（5分）

（1）自动控制设计（5分）

1）正常控制设计（5分）。

2）灾害控制设计（5分）。

（2）人工控制设计（5分）。

（3）就地控制设计（5分）。

2．大系统正常自动控制设计（5分）

（1）空调模式控制设计（5分）。

（2）全新风模式控制设计（5分）。

（3）风系统负荷设计（5分）。

（4）冷水系统负荷设计（5分）。

3．大系统事故控制设计（5分）

（1）灾害事件自动控制设计（5分）。

（2）人工控制设计（5分）。

4．设备联动保护设计（5分）

（1）冗余设备的切换控制设计（5分）。

（2）风路连锁保护设计（5分）。

5．控制器数据处理设计（5分）

（1）数据传输设计（5分）。

（2）数据处理设计（5分）。